KB021170

요리별 재료 손질부터 익히는

나만의 일본 가정식

요리별 재료 손질부터 익히는

나만의 일본 가정식

다카키 하츠에 지음 | 김영주 옮김

북스토리 Life

우선은 요리를 하고 싶다는 마음가짐부터!

요리가 처음이고, 요리를 하는 것이 아직 능숙하지 않은 사람은 우선 외적인 부분부터 갖추고 시작하는 것이 좋아요. 마음에 드는 예쁜 앞치마를 두르고 요리를 하는 데 필요한 도구를 장만하는 거죠. 그렇게 요리 모드로 기분을 전환시켜서 요리를 해보고 싶다는 마음을 갖는 것이 중요하답니다.

처음에는 레시피대로 만들어보세요.

맛에 대한 취향은 사람마다 다릅니다. 그렇다고 기본 레시피를 무시한 채 자기 식대로 양념을 하고 순서를 뒤섞어버리면 요리가 능숙해지지 않아요. 양념의 양은 식재료의 양과 조리 순서, 가열 시간 등과 관계가 있어요. 염분을 줄이기 위해서 그저 소금의 양을 줄여버리면 싱거워지거나 독특한 맛이 나면서 실패하는 경우도 생기지요. 우선 처음에는 레시피대로 만들어보는 것이 중요합니다. 기본을 잘 익힌 다음에 자신만의 방식으로 응용해보세요.

이것저것 욕심내지 말고 한 가지씩 배워보세요.

레시피를 보면서 요리하는 것은 그리 쉬운 일이 아니랍니다. 한 번에 몇 가지 요리를 만드는 것은 초보자에게는 더더욱 부담스러울 수밖에 없어요. 한 번에 식단에 있는 모든 음식을 만들겠다고 욕심내지 말고 한 가지씩 정성껏 배워봅시다. 그런 과정을 반복해서 자신 있는 요리로 만든 다음, 레퍼토리를 조금씩 늘려가겠다는 자세가 중요합니다.

이 책에는 요리 초보자를 위한
일본 가정식의 모든 것이 담겨 있어요.
하나씩 차근차근 따라 하다 보면,
어느새 그럴 듯한 일본 가정식이 완성될 거예요.
어떤 내용이 담겨 있는지 한번 살펴볼까요?

PART 1

요리를 시작하기 전에 꼭 알아야 할
기본 조리 도구와 기본 양념 재료, 불 조절법 등에 대해서 배웁니다.
기본 중의 기본을 익히는 시간이랍니다.

PART 2

채소, 육류, 어패류, 두부, 건어물, 해조류 등
우리가 자주 사용하는 식재료 70여 개의 손질법을 자세하게 배웁니다.
재료 손질만 잘해도 요리의 절반은 완성!

PART 3

구이, 볶음, 조림, 튀김, 찜 등 다양한 조리 테크닉을 배우고
조리별 테크닉에 맞는 레시피를 익힙니다.
일본식 요리의 조리 테크닉을 익히고 나면 더욱 자신 있고 맛있는 요리를 만들 수 있답니다.

PART 4

일본 가정식 밥상에 자주 오르는 인기 레시피를 만나볼 수 있습니다.
치킨 데리야키, 돼지고기 파 생강구이, 야키소바 등 남녀노소 누구나 좋아하는 요리의 레시피를 익히고 나면
요리 초보자도 맛있게 일본 가정식 요리를 만들 수 있을 거예요.

PLUS

여기에 더해, 맛을 한층 높여주는 비법 양념장과 소스 만드는 법까지 익히고 나면
여러분의 레퍼토리가 훨씬 더 다양해질 거예요.

자, 이제 준비되셨나요?

차례

이 책의 규칙과 주의사항

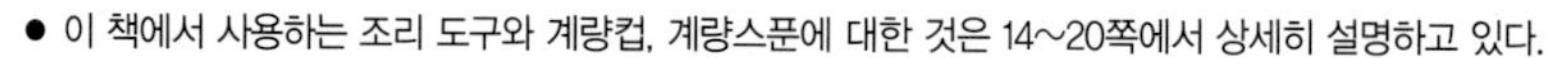

- 이 책에서 사용하는 조리 도구와 계량컵, 계량스푼에 대한 것은 14~20쪽에서 상세히 설명하고 있다.
- 전자레인지 등의 조리 기구를 사용할 경우에는 사용 설명서를 잘 읽고 바르게 사용한다. 본문 중에 표시된 전자레인지의 조리 시간은 600W 기준이다. 700W일 경우에는 약 0.8배, 500W일 경우에는 약 1.2배이다.

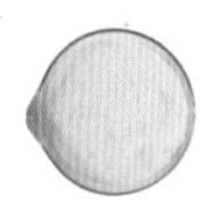

PART 4

요리 초보자도 맛있게 만드는 인기 레시피

두부 인기 레시피

달걀 인기 레시피

채소 인기 레시피

건어물&해조류 인기 레시피

밥이 들어간 인기 레시피

면 인기 레시피

국물 인기 레시피

부록

요리가 더 맛있어지는 양념장&소스

쓰임이 많은 '양념장'

수제 '소스'

PART 1

기본 중의 기본

이 장에서는 요리를 시작하기에 앞서 알아두면 좋을 기초 지식에 대해 이야기할 거예요.
요리하기 전에 준비해둘 도구와 양념에 대해 설명할 텐데요.
실패를 줄이고 더욱 맛있게 요리하기 위해 꼭 필요한 기본 중의 기본이지요.
요리를 시작하기 전에 기본을 확실하게 아는 것은 무척 중요하답니다.

기본 조리 도구

맛있는 요리를 만들기 위해서는 조리에 적합한 도구를 준비해야 합니다. 기본으로 갖추어야 할 조리 도구를 소개하고, 초보자가 사용하기 쉬운 크기와 특징 등 도구 선택의 포인트를 알려드릴게요.

도마

식재료를 자르고, 작업을 하는 판. 2인 기준일 경우에도 25×37cm 정도로 약간 큰 것이 사용하기에 편하고, 또 두꺼운 것이 안정감이 있어 좋습니다. 초보자에게는 관리하기 쉬운 합성수지 제품을 추천합니다.

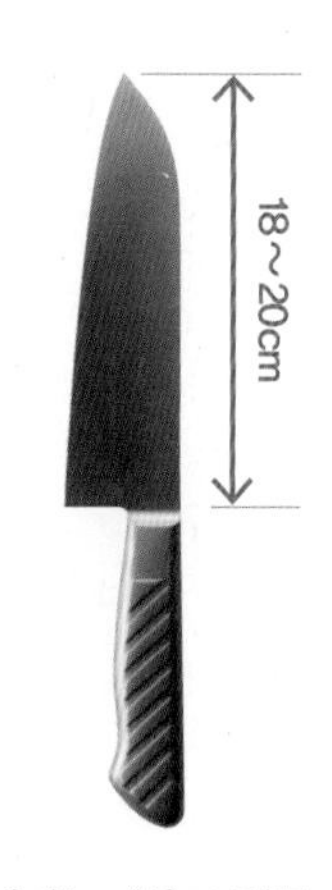

부엌칼

초보자에게는 '산토쿠'를 추천합니다. 고기, 생선, 채소, 빵 등 무엇에나 사용 가능한 만능 타입입니다. 칼날 부분의 길이는 18~20cm의 것으로, 쉽게 녹슬지 않는 스테인리스 재질의 제품이 초보자에게 알맞습니다. 칼날이 적당히 두껍고 무게가 있는 편이 자르기 편합니다.

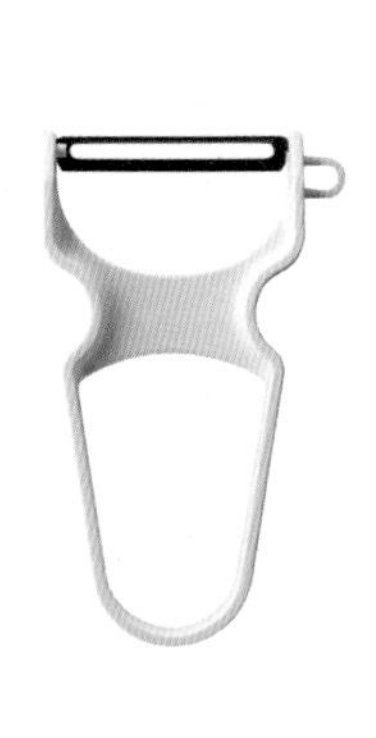

필러

껍질을 벗길 때 이용하는 제품으로, 초보자에게는 칼날이 수평으로 붙은 것이 좋습니다. 가볍고 몸통을 쥐기 편한 모양의 제품을 추천합니다.

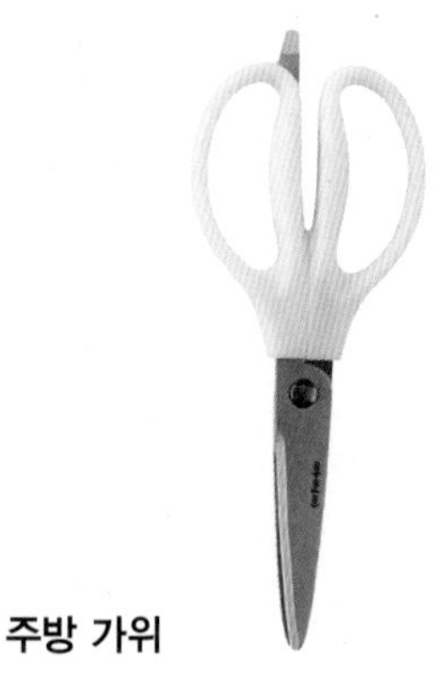

주방 가위

얇은 것, 딱딱한 것, 냄새가 강한 것 등을 자를 때 편리합니다. 손가락 넣는 부분이 넓고 잡기 편한 것, 가윗날이 잘 움직이는 것, 쥐었을 때 너무 가볍지 않은 것을 선택하는 것이 좋습니다.

◆ 부엌칼, 올바르게 사용하면 무섭지 않아요!

안전하게 자르기 위해서는 우선 도마를 안정적으로 두는 것이 중요해요. 물에 적신 행주의 물기를 짜서 짝 펼친 다음 그 위에 도마를 올립니다. 부엌칼을 쥘 때는 칼날과 연결된 손잡이 쪽을 제대로 쥐고, 다른 손은 손가락을 살짝 구부려 식재료를 붙잡습니다. 등을 곧게 펴고, 손 주위를 잘 보고 자릅니다.

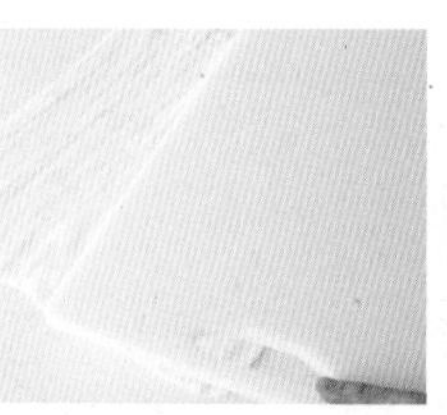

젖은 행주 위에 도마를 올린다.

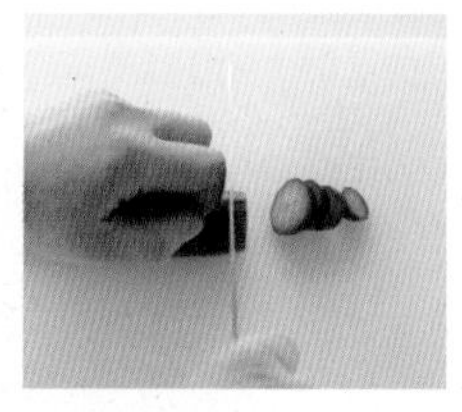

손가락을 살짝 구부려 식재료를 잡는다.

프라이팬

여러 가지 요리에서 다양하게 쓰이는 프라이팬. 2인 기준이라면 직경 24~26cm가 사용하기 편하고, 더 작은 직경 18~20cm도 있으면 유용합니다. 재질은 쉽게 눌어붙지 않고 세척하기 손쉽게 표면이 코팅되어 있는 것이 좋습니다. 뚜껑은 안이 보이는 내열유리제가 편리해요. 각자 필요한 사이즈에 맞는 것을 준비하면 됩니다.

양수 냄비

편수 냄비

Q&A

도구는 비싼 것을 사용하는 편이 좋겠지요?

꼭 그런 것은 아니에요. 만져봐서 손에 착 감기는 것, 쓰기 편할 것 같은 물건을 고르면 됩니다.

냄비

재료 손질에서 완성까지, 냄비는 결코 빼놓을 수 없는 조리 도구입니다. 직경 20~22cm의 양수 냄비와 직경 16~18cm의 작은 편수 냄비(혹은 양수 냄비)를 기본으로 준비합니다. 두꺼운 스테인리스 제품 같은 안정감이 있는 것이 좋습니다. 뚜껑은 딱 맞는 사이즈로 약간 무게감이 있는 것을 추천합니다.

볼

채소 손질이나 식재료를 섞을 때에 빼놓을 수 없는 조리 도구이지요. 크기별로 대·중·소 3가지 크기를 준비하면 좋습니다. 2인 기준이라면 직경 약 26cm, 22cm, 16cm를 추천합니다. 재질은 가볍고 튼튼한 스테인리스가 초보자에게 알맞습니다.

트레이

고기나 생선에 밑간을 하거나 튀김옷을 입힐 때에 사용합니다. 볼과 마찬가지로 대·중·소 3가지 크기가 있으면 편리합니다. 큼지막한 고기 2장이 들어가는 24cm×18cm 정도를 중간 크기로 하고, 이것보다 약간 큰 것과 작은 것으로 구색을 맞추면 좋습니다.

체

용도에 맞춰서 나눠 쓸 수 있도록 2가지 크기를 준비합니다. 큰 것은 내려놓고 사용할 수 있도록 안정감이 있는 것을, 작은 것은 손잡이가 달린 것으로 하면 손으로 잡고 사용할 수 있어서 편리합니다.

◆ 체는 볼이나 냄비에 맞는 사이즈로!

체는 볼이나 냄비에 넣어 물기를 뺀다거나 재료를 거를 때 사용하는 경우가 많아요. 사용 중인 볼이나 냄비의 크기를 확인하고 겹쳐서 사용할 수 있는 사이즈가 있으면 편리합니다. 큰 체는 큰 볼에, 손잡이 달린 작은 체는 냄비에 맞춰서 고르면 좋습니다.

조리용 젓가락

조리할 때나 음식을 담을 때 사용하는 조리용 젓가락으로, 일반적인 젓가락보다 길이가 길어서 열이 쉽게 전도되지 않지요. 가볍고 잘 미끄러지지 않는 대나무 제품을 추천합니다.

집게

두께가 있는 것이나 잘 미끄러지는 것 등 조리용 젓가락으로 집기 어려운 것을 잡아서 들 때 편리합니다. 손잡이가 길고, 무게는 가벼운 것이 좋아요. 앞부분이 열에 강한 실리콘 재질로 된 것은 표면이 코팅된 프라이팬에도 사용할 수 있습니다.

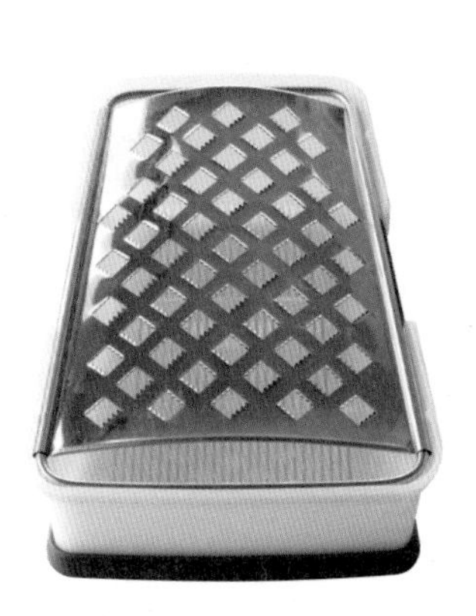

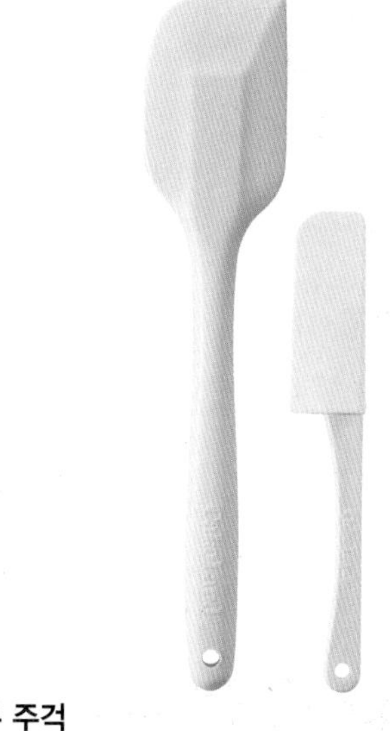

강판

강판은 재질과 형태가 다양합니다. 초보자는 약간 크고 받침이 달린 것을 사용하는 것이 편합니다.

나무 주걱

여러 가지 모양이 있지만, 초보자에게는 주걱 부분이 비교적 평평하고 한쪽의 각도가 아주 살짝 뾰족한 것이 좋습니다. 가열 조리 시에는 손잡이가 긴 것을 추천합니다.

고무 주걱

주걱 부분에 적당한 탄력이 있고 손잡이가 잡기 편한 것이 좋습니다. 내열 온도가 높은 실리콘 제품은 볶음 등에도 사용할 수 있으므로 대 · 소 2가지 크기를 준비하면 좋습니다.

Q&A

조리용 젓가락 대신 일반 젓가락이나 나무젓가락을 사용해도 되나요?

칠이 벗겨진다거나 젓가락이 망가지는 경우도 있고, 또 짧은 것은 가열 조리에 적합하지 않기 때문에 가급적 조리용 젓가락을 사용하는 것이 좋아요.

정확하게 계량하기

재료의 분량이 틀리면 요리가 맛없어질 수밖에 없습니다. 특히 간을 할 때 사용하는 양념은 정확하게 계량하는 것이 중요해요. 계량컵과 계량스푼의 올바른 사용법을 익혀둡시다.

계량스푼

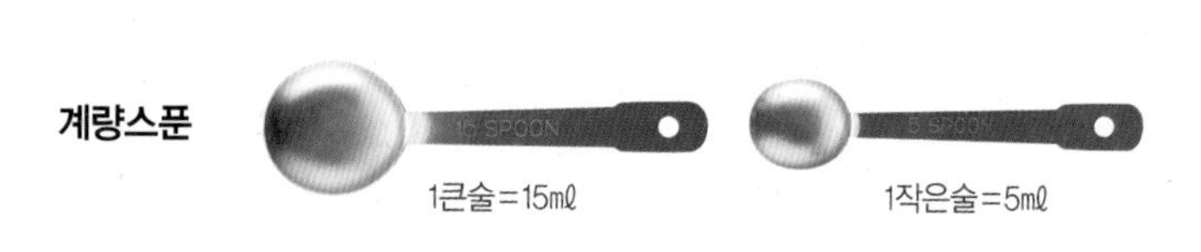

1큰술=15㎖

1작은술=5㎖

계량컵

1컵=200㎖

{ 스푼으로 계량할 때 : 분말류 }

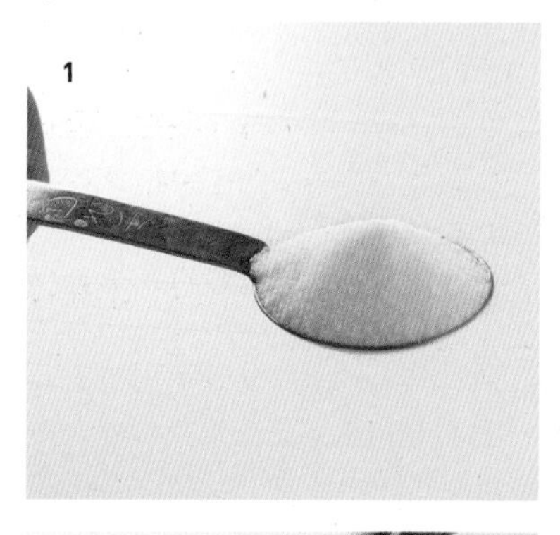

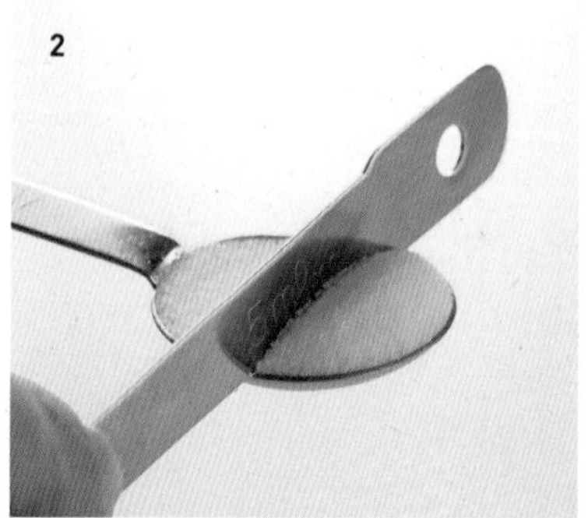

1큰술과 1작은술

1 계량스푼에 수북이 담는다.
2 다른 스푼의 손잡이 등으로 튀어나온 부분을 수평으로 깎아 표면을 평평하게 한다. 이것을 '평미레질'이라고 부른다.

1

½큰술과 ½작은술

1 1큰술, 1작은술과 같은 요령으로 평평하게 한 다음 다른 스푼의 손잡이 등을 세워 반으로 나눈다.
2 스푼 손잡이로 반을 덜어낸다.

{ 스푼으로 계량할 때 : 액체류 }

1큰술과 1작은술

계량스푼을 수평으로 잡고 조금씩 따른다. 가장자리가 볼록 솟아올라 이 이상 담으면 넘칠 것 같을 때까지 담는다.

½큰술과 ½작은술

계량스푼 깊이의 7부까지 따른다. 절반 정도로는 부족하기 때문에 주의하도록 한다. 계량 눈금이 새겨진 것도 있다.

◆ 3자루 세트는 작은술½에 주의!

계량스푼에는 큰술, 작은술 외에 작은술½(2.5㎖)을 계량할 수 있는 작은 스푼이 세트로 되어 있는 경우가 있습니다. 가장 작은 것을 '작은술'로 착각해서 사용하면, 양이 적어지니 주의합시다.

{ 스푼으로 계량할 때 : 페이스트류 }

1

2

1큰술과 1작은술

1 계량스푼에 수북하게 담는데, 빈틈을 채워 확실하게 눌러 담는다. 고무 주걱을 사용하면 채우기 쉽다.
2 다른 스푼의 손잡이 등으로 표면을 평평하게 한다.

1

2

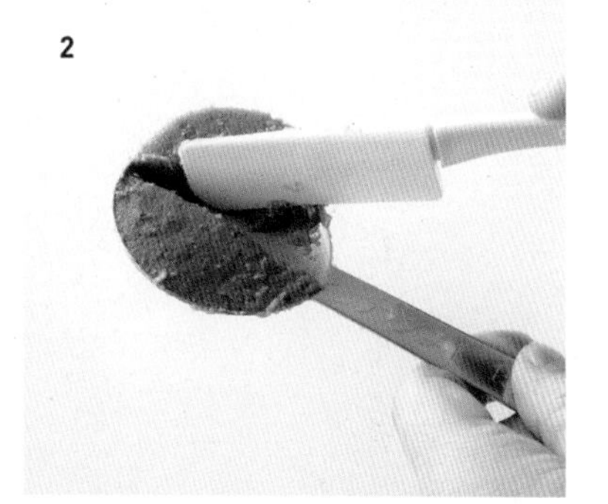

½큰술과 ½작은술

1 1큰술, 1작은술과 같은 요령으로 계량하고, 다른 스푼 손잡이 등을 이용해 세로로 절반 부분에 선을 넣는다.
2 고무 주걱 등으로 절반을 덜어낸다.

{ 컵으로 계량할 때 : 분말류 }

1컵

설탕이나 밀가루 등의 분말류는 수북하게 담아 표면을 평평하게 깎는다.

이렇게 하면 NG!

스푼으로 꾹꾹 눌러 담으면 안 된다!

{ 컵으로 계량할 때 : 액체류 }

1컵

계량컵을 평평한 장소에 놓고 눈금을 보며 따른다.

이렇게 하면 NG!

계량컵을 손에 쥔 채 따르면 수평이 되지 않아서 정확하게 계량하기 어렵다.

{ 손가락으로 계량할 때 }

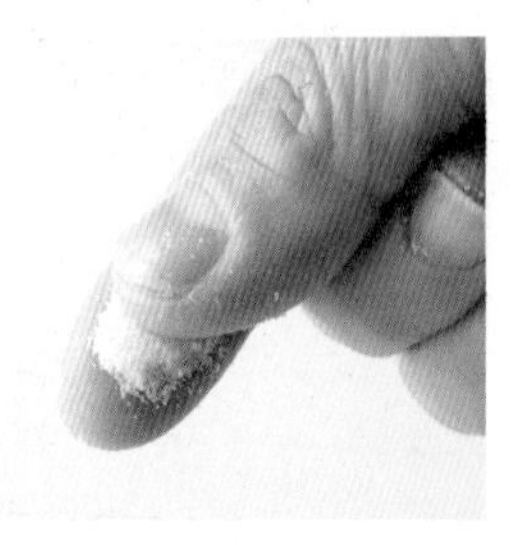

약간

소금 같은 것은 엄지와 검지로 집어 올린다. 또는 식재료 표면에 얇게 뿌리거나 소량을 첨가해 맛을 조절하기도 한다.

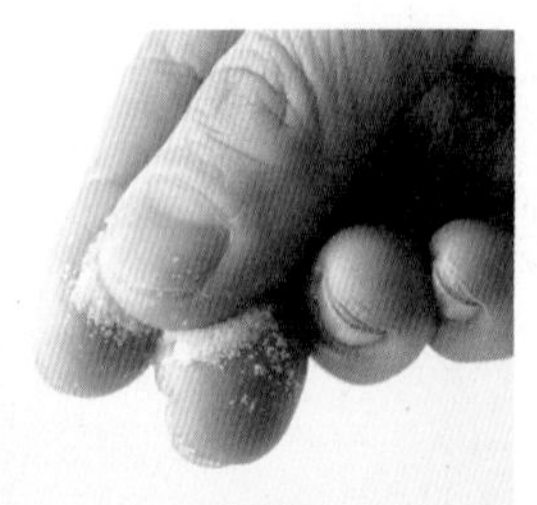

한 꼬집

엄지와 검지, 중지의 세 손가락으로 집은 양. ¼작은술보다 적고, '약간'보다는 많은 정도다.

◆ 저울이나 타이머가 있으면 좋아요!

식재료의 무게를 재는 저울이나 타이머가 있으면 분량이나 조리 시간을 정확히 잴 수 있으므로 요리할 때 실패할 확률이 줄어듭니다. 숫자가 잘 보이는 디지털 제품을 추천합니다.

Q&A

조미료를 계량할 때
일반적인 스푼을 사용하면 안 되나요?

엄밀히 말하면 스푼의 용량은 제각각이기 때문에 정확한 계량을 위해서 계량스푼을 사용하는 것이 좋아요.

기본 양념 재료

소금이나 간장 등 요리에서 빼놓을 수 없는 '기본 양념'에 대해 알아볼게요. 레시피에 자주 등장하는 그 외의 조미료는 필요에 따라 적절하게 준비합니다.

{ 기본 양념 }

소금

짠맛을 내는 것 외에도 식재료의 수분을 배출시킨다거나 보존성을 높이는 작용도 합니다. 조심해야 할 것은 입자의 크기입니다. 입자가 고운 소금의 1작은술의 무게는 6g이지만, 굵은 소금 등 입자가 큰 소금은 5g입니다. 일반적으로 레시피는 입자가 작은 소금을 기준으로 하고 있으므로 주의해주세요.

간장

간장은 콩, 밀, 소금, 누룩을 원료로 발효, 숙성시켜 만든 것이지요. 짠맛과 더불어 감칠맛과 풍미가 있습니다. 일반적으로 간장이라 하면 '양조간장'을 가리킵니다. 진한 적갈색으로, 폭넓게 사용할 수 있는 만능 타입이지요. '국간장'은 양조간장보다 색이 연하고 염분은 더 많습니다.

미소(일본식 된장)

콩을 쪄서 으깬 다음 누룩과 소금을 첨가해 발효시켜 만듭니다. 누룩은 쌀, 보리, 콩에 누룩 균을 번식시켜 만드는데, 사용한 누룩의 종류(원료)에 따라 쌀 미소, 보리 미소, 콩 미소로 분류됩니다. 또한 색에 따라 아카 미소(붉은 된장), 시로 미소(흰 된장)로 나뉘며, 맛(염도)에 따라서도 가라쿠치(쌉쌀한 맛), 아마쿠치(단맛) 등으로 나눌 수 있습니다.

◆ 미소와 간장의 염분 비교

제품에 따라 염분의 농도는 다르겠지만, 평균적인 염분 농도를 비교해보면 간장 1큰술이 미소 1½큰술과 거의 비슷한 염분으로, 소금 ½작은술에 해당합니다. 이것을 기준으로 양념을 조절해보면 취향대로 간을 맞출 수 있답니다.

설탕

단맛을 내는 양념이나 요리에 윤기를 더해주거나 노릇노릇한 색을 입히는 작용을 하기도 합니다. 특별한 언급이 없을 경우 설탕이라 하면 보통 백설탕을 가리킵니다. 백설탕은 희고 입자가 곱고 촉촉한 것이 특징으로, 잘 녹고 감칠맛이 있습니다.

미림

미림은 술의 일종으로 분류되는 감미조미료입니다. 쌀과 쌀누룩, 소주나 알코올로 만들어지며, 설탕보다 고급스러운 단맛을 냅니다.

식초

곡물을 주원료로 한 곡물 식초, 쌀을 원료로 한 쌀 식초, 사과 과즙을 발효시켜 만드는 사과 식초 등이 있습니다. 흑초(쌀 흑초)는 쌀 식초의 일종으로, 독특한 방법을 이용해 숙성, 발효시켜 만든 것입니다. 초보자에게는 무난하고 깔끔한 맛의 곡물 식초를 추천합니다.

청주

고기나 생선의 잡냄새를 없앨 때나, 식재료를 부드럽게 하거나 감칠맛을 내기 위해 사용합니다. 일반적으로 레시피에 등장하는 술은 청주입니다. 조리용으로 만들어진 '요리 술'에는 염분이 포함되어 있기도 하므로 표시된 성분을 잘 확인합니다.

Q&A

설탕, 소금, 식초, 간장, 미소 된장의 순서대로 넣어야 한다는 말을 들은 적이 있는데, 그 말이 사실인가요?

요리나 만드는 양에 따라 달라지기 때문에 레시피에 따라 그대로 넣는 게 좋아요.

{ 그 외 조미료 }

식용유

잘 정제된 식용 식물성 기름. 가열용으로도 사용할 수 있어요. 무난하고 폭넓게 사용할 수 있는 만능 조미료입니다.

올리브유

올리브 열매를 짜서 만든 기름. 드레싱이나 생식용으로는 향이 좋은 엑스트라 버진 오일을 추천합니다.

참기름

참깨를 볶아서 짠 기름으로, 고소한 참깨 향이 특징입니다. 참깨를 볶지 않고 짠 것은 투명한 색을 띱니다.

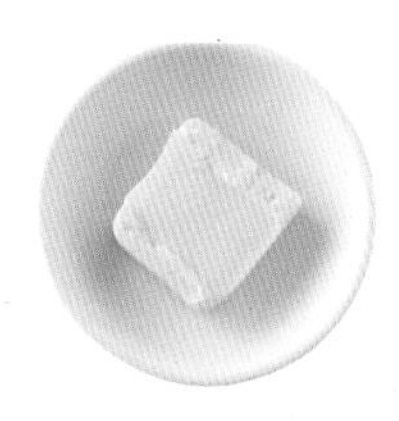

버터

우유의 지방분을 분리시켜 만듭니다. 소금을 첨가한 것과 첨가하지 않은 것이 있으며, 특별한 언급이 없을 경우 조리용으로는 유염 버터를 사용합니다.

마요네즈

달걀과 식물성 기름, 식초, 소금, 향신료 등을 섞어 유화시켜 만듭니다. 감칠맛을 살려 조리에도 사용합니다.

중화소스

채소나 과일에 조미료나 향신료를 첨가해 만들 수 있습니다. 소스류 중에서도 농도나 맛이 중간인 조미료입니다.

토마토케첩

토마토 과육을 바짝 졸여 소금, 설탕, 식초, 마늘, 양파, 향신료 등으로 조미한 것입니다. 그대로 뿌려서 사용하기도 하고, 간을 맞출 때 사용하기도 합니다.

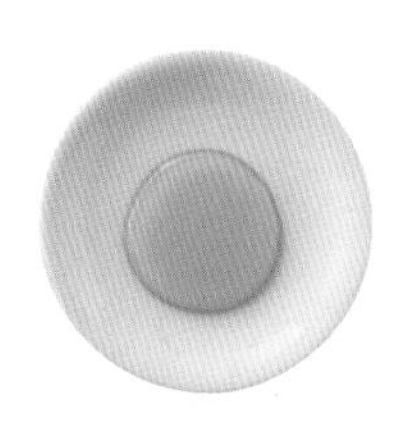

벌꿀

꿀벌이 채집한 꿀을 벌집 안에서 농축시켜 만들어지는 당액. 꽃의 종류에 따라 색과 맛, 향, 성분 등이 달라집니다.

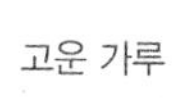

고운 가루

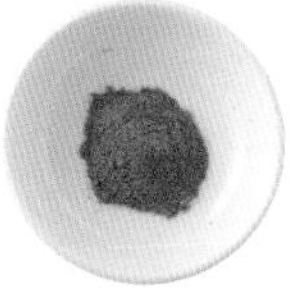

거친 가루

알갱이

후추

열대성 식물의 과실을 건조시킨 것. 매콤한 맛과 상쾌하고 자극적인 향이 있습니다. 덜 익은 후추 열매로 만드는 흑후추, 완전히 익은 열매의 껍질을 벗겨 만드는 백후추가 있습니다.

넛맥

향신료의 일종으로, 육두구나무의 과실 종자를 말합니다. 냄새 제거 효과가 높아 고기나 생선 요리에 주로 사용됩니다.

믹스 허브

여러 종류의 말린 허브를 블렌드한 것. 이탈리안 믹스, 남프랑스의 요리에 어울리는 에르브 드 프로방스 등이 유명합니다.

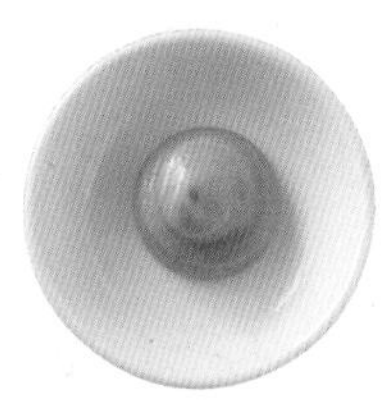

겨자

겨자 종류로 만드는 향신료 '겨자씨' 분말을 미지근한 물로 갠 것. 톡 쏘는 자극적인 매운맛이 있습니다.

홀그레인 머스터드

서양 겨자씨를 껍질째 으깨서, 식초나 조미료를 첨가한 것. 겨자보다 매운맛이 부드럽습니다.

산초가루

잘 익은 산초 열매의 껍질을 건조시켜 분말로 만든 것. 산뜻하고 자극적인 향과 매콤함이 있습니다.

시치미토가라시(시치미)

고추, 참깨, 겨자, 대마씨, 산초가루, 진피(귤껍질), 파래가루 등을 섞은 것. 제품에 따라 내용은 조금씩 다릅니다.

두반장

누에콩을 원료로 해서 만든 중국의 고추 된장. 맵고 짠맛, 발효로 인한 독특한 감칠맛과 풍미가 특징입니다.

굴소스

굴을 원료로 해서 만든 중국의 조미료. 달달하면서 매콤한 맛이 나고 진한 풍미와 감칠맛이 있습니다. '굴 기름'이라고도 불립니다.

춘면장(춘장)

중국 요리에서 사용되는 단맛 나는 된장. '면'은 원료인 밀을 의미하지만, 실제로는 콩으로 만든 된장을 베이스로 한 것이 주류입니다.

땅콩버터

땅콩을 볶아서 으깬 다음 설탕과 소금, 유지 등을 첨가해 페이스트 형태로 만든 것. 알갱이가 있는 타입(사진) 외에도 알갱이가 없거나 무설탕 타입도 있습니다.

간 깨

볶은 참깨를 갈아 으깬 것. 볶은 참깨보다 풍미가 있고 양념과도 잘 어우러집니다.

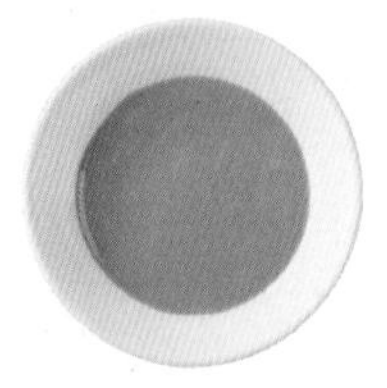

참깨 페이스트

참깨를 볶아 크림 상태가 될 때까지 잘 갈아 으깬 것. 조리용에는 단맛이 첨가되지 않은 것을 사용하는 것이 일반적입니다.

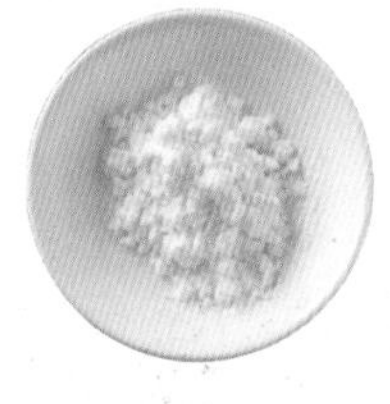

전분가루

본래는 녹말의 뿌리로 만들지만, 현재는 감자 등의 전분을 원료로 한 것이 주류입니다.

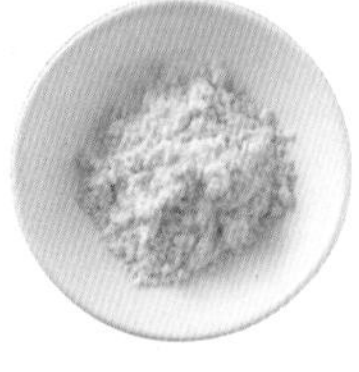

밀가루

밀을 제분한 것. 글루텐(단백질의 일종) 함유량에 따라 강력분, 중력분, 박력분으로 나뉩니다. 특별한 언급이 없을 경우, 밀가루라 하면 박력분을 가리킵니다.

Q&A

매운맛을 엄청 좋아하는지라 두반장은 레시피보다 좀 더 많이 넣는 편인데, 괜찮은가요?

매운맛은 취향에 따라 선택해도 괜찮습니다. 다만 두반장에는 염분이 포함되어 있으니 너무 많이 넣지 않도록 주의하세요.

불 조절과 물의 양 조절

식재료의 속까지 익지 않거나 수분이 부족해서 타는 것은 불 조절과 물의 양 조절에 실패했기 때문입니다. 기본 3단계를 기억하세요.

{ 기본 불 조절 }

센 불

불꽃이 냄비나 프라이팬의 측면으로 비어져 나오지 않고 바닥 전체에 닿는 상태로, 물을 끓이거나 볶아서 수분을 날릴 때 이용합니다.

중불

가열 조리의 기본적인 불 상태로, 불꽃이 냄비나 프라이팬의 바닥에 닿을락 말락 하는 상태입니다.

약불

불꽃의 길이가 냄비와 프라이팬의 바닥과 불씨의 반 정도인 상태로, 뭉근하게 조리하거나 저수분으로 찌면서 가열할 때 이용합니다.

◆ IH 인덕션

IH 인덕션은 전자 유도가열 방식이라고 하며, 상판에 놓은 냄비나 프라이팬의 바닥 자체가 발열하여 내부의 식재료를 데웁니다. 화력(W수)의 폭이 넓은 것이 특징이고, 화력을 표시하는 방식은 제조사에 따라 다르므로 사용 설명서를 잘 읽고 사용합니다.

{ 기본 물의 양 }

찰랑찰랑한 정도

냄비나 볼에 넣은 식재료의 윗부분이 살짝 나올 정도의 양. 적은 국물로 끓이는 조림 등에 적당합니다.

잠기는 정도

냄비나 볼에 넣은 식재료가 감춰질 정도의 양. 느긋하게 가열할 때 적당합니다.

충분한 양

냄비나 볼에 넣은 식재료가 완전히 잠기는 양. 잎채소나 면류는 충분한 양의 뜨거운 물로 삶으면 온도 변화가 적어 맛있게 완성됩니다.

◆ 뜨거운 물이나 국물이 언제 끓어오르는지를 체크!

'끓어오르면 약불로 한다' '국물이 끓어오르면 넣는다' 등 끓는 물과 국물의 상태는 조리 타이밍을 결정하는 기준이 됩니다. 끓어오른다는 것은 기포가 전체적으로 부글부글 끓어오르는 상태를 말합니다. 조리 중에는 냄비나 프라이팬 안의 상태도 확실하게 체크해야 합니다.

PART 2

자주 사용하는 식재료 손질하기

요리를 하려고 보면, 뭐부터 시작해야 할지,

또 식재료는 어떻게 손질해야 할지 막막한 경우가 많습니다.

레시피에 식재료 손질에 대한 정보가 없는 경우가 많아서 우왕좌왕 헤맬 때가 많지요.

이 장에서는 자주 사용하는 식재료의 손질법을 상세히 설명해드릴 거예요.

자, 그럼 하나하나 배워볼까요?

채소 손질

채소 본연의 맛을 살리기 위한 손질법을 익혀봅시다. 특별히 씻는 방법이 중요한 식재료에는 설명을 넣었으니, 따라서 해봅시다. 별다른 언급이 없는 채소들도 모두 씻어서 사용해야 합니다.

양배추

그대로 먹어도 맛있고, 볶거나 조림을 해도 맛있는 양배추.
우선 양배추를 다루는 기본 방법부터 자세하게 설명할게요. 채썰기를 할 때는 서두르지 말고 차분히 썰어야 한다는 점 잊지 마세요!

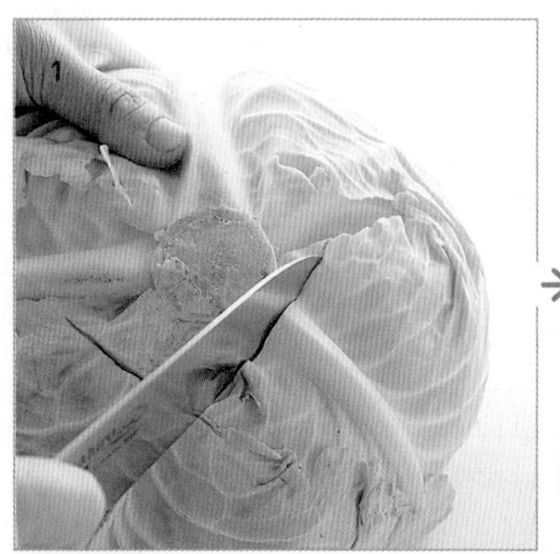

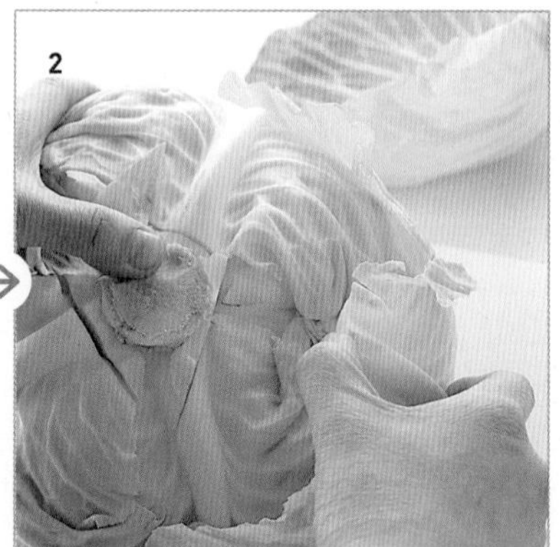

하나. 밑동부터 벗겨내기

1 심을 위쪽으로 두고 양배추 잎의 밑동 부분에 칼끝으로 칼집을 넣는다.
2 엄지손가락을 칼집 부분에 대고 찢어지지 않도록 벗겨낸다.

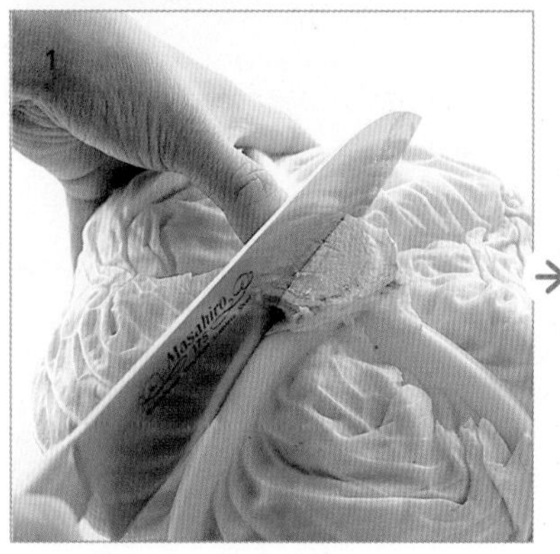

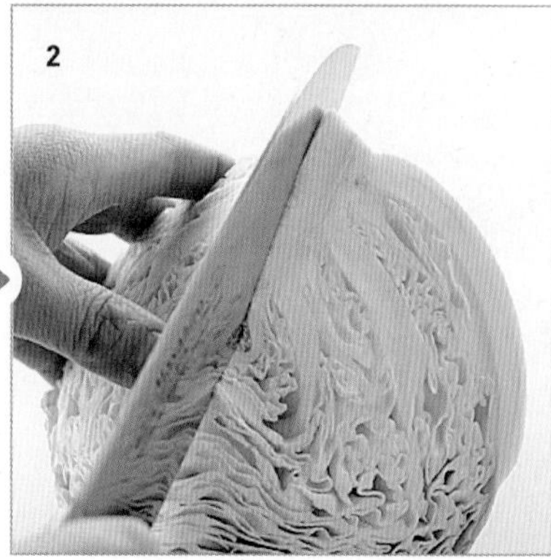

둘. 빗모양 썰기

1 절반 또는 4등분으로 자를 때는 심을 위로 두고 두꺼운 잎맥을 따라 가른다.
2 거기서 더 자를 때는 심부분에 칼을 대고 힘주어 그대로 자른다.

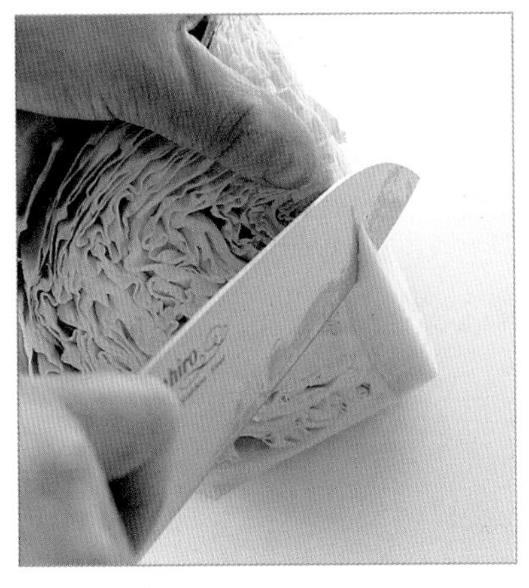

셋. 심 제거하기

자른 양배추는 절단면 부분에서 칼을 어슷하게 넣어 심을 잘라낸다.

넷. 사방 5cm 썰기

벗겨낸 양배추를 펼치고 3~4등분으로 잘라 포갠 다음 가로세로 5cm 폭으로 자른다. 이렇게 자른 양배추는 볶음 요리에 적합하다.

다섯. 잘게 찢기

먹기 편한 크기에 맞춰 손으로 잘게 찢는다. 절단면이 반듯하지 않고 들쑥날쑥해서 칼로 잘랐을 때보다 조미료가 더 잘 밴다.

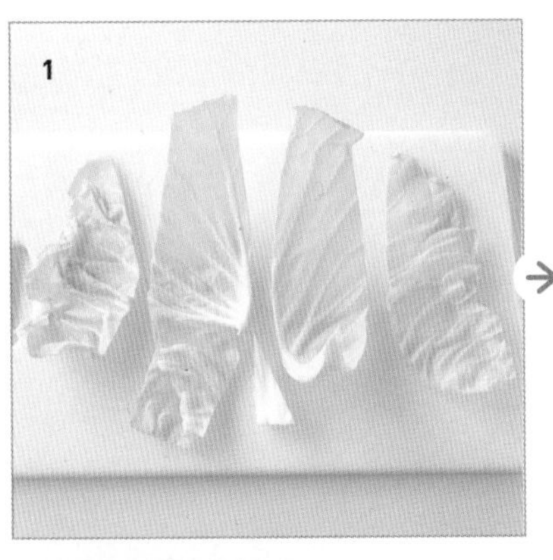

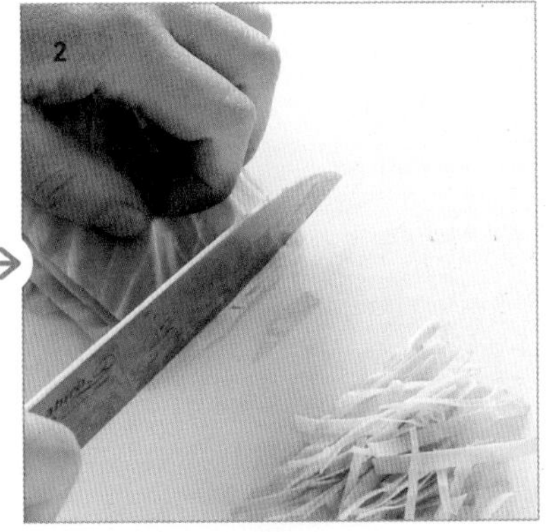

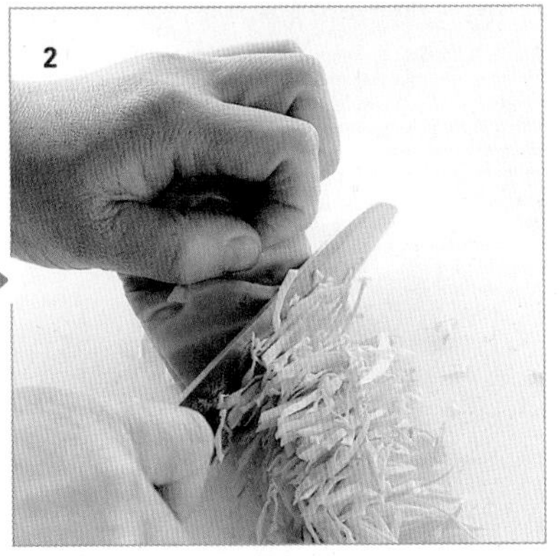

여섯. 채썰기

잎을 벗겨낸 다음

1 양배추 1장은 밑부분을 앞쪽으로 오게 펼치고 두꺼운 심대 부분을 잘라낸 후 세로로 4등분한다.

2 가로로 포개 놓고 끝에서부터 가늘게 썬다. 남은 양배추도 똑같이 썰고, 심대는 얇게 썬 다음 가늘게 썬다.

빗모양으로 썬 다음

1 심에서 가까운 안쪽 부분을 도려내고, 바깥쪽 부분을 위에서 눌러 평평하게 한다.

2 가는 쪽 단면부터 어슷하게 채썬다. 한 번에 자르는 길이가 짧기 때문에 폭을 맞추기가 쉽다. 안쪽 부분도 똑같이 눌러가면서 채썬다.

일곱. 굵게 다지기

양배추를 약간 두껍게(약 5mm 폭) 채를 썰고, 어슷하게 가로로 묶음을 만들어 끝에서부터 약간 가늘게(약 5mm 폭) 썬다.

여덟. 찬물에 담가서 아삭하게 한 다음 물기 닦기

1 볼에 충분한 양의 찬물을 담아 양배추를 약 20분간 담가둔다.
2 체에 밭쳐서 위아래로 크게 흔들어 물기를 빼고, 키친타월로 가볍게 감싸듯이 물기를 닦는다.

아홉. 소금에 버무려 물기 짜기

볼에 양배추를 넣고 소금을 뿌려 손으로 버무리듯이 약 1분간 섞은 다음 10분 정도 그대로 둔다. 숨이 죽어 부드러워지면 양손으로 물기를 꾹 짠다.

완성!

만들어봅시다! 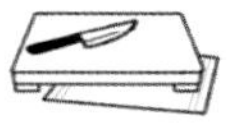

양배추 마늘 샐러드

재료 2인분
양배추 3~4장(200g) / 간 마늘 약간 / 참기름 2작은술 / 간장 1큰술 / 식초 1큰술

1 양배추는 찬물에 약 20분간 담가서 아삭하게 한 다음 물기를 닦고 사방 약 5cm로 잘게 찢는다.
2 볼에 양배추를 넣고 참기름과 마늘을 첨가해 손으로 버무리듯이 약 10회 섞는다. 간장, 식초를 넣고 똑같이 약 10회 섞는다.

1인분 70kcal
조리 시간 5분
–
양배추를 물에 담그는 시간은 제외한다.

Q&A

양배추 심을 버리기엔 왠지 아까워요. 먹을 수 있는 방법이 없을까요?

볶음에 넣거나 된장국 건더기로 이용할 수 있습니다. 딱딱하기 때문에 얇게 썰어서 사용하는 것이 포인트랍니다.

양파

다양한 요리에서 쓰이는 양파.
볶음이나 샐러드를 할 때의 '얇게 편 썰기'나
육류 요리에 넣을 때의 '다지기' 등 기본적인 양파 썰기를 배워봅시다.
매운맛이 강하기 때문에 생으로 먹을 때는 물에 담그는 것이 좋아요.

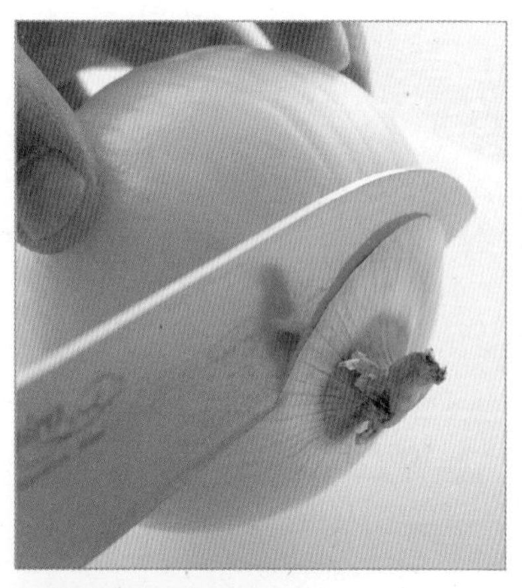

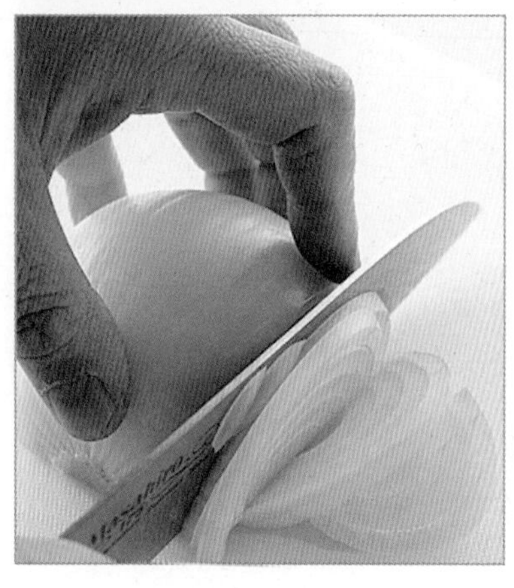

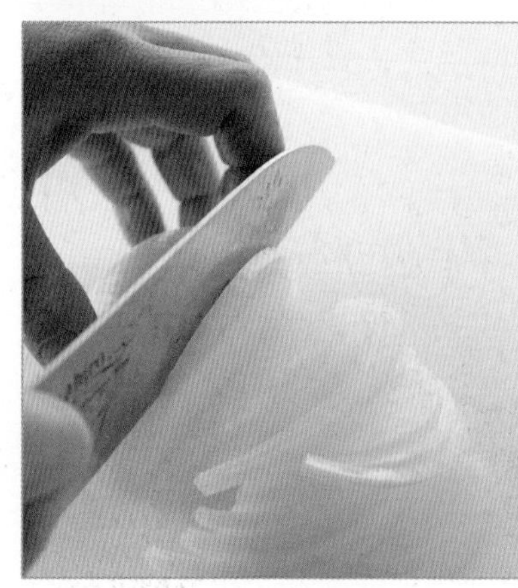

하나. 위아래 잘라내기

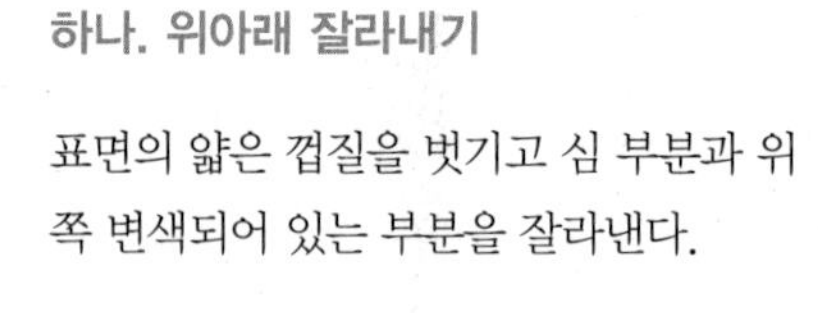

표면의 얇은 껍질을 벗기고 심 부분과 위쪽 변색되어 있는 부분을 잘라낸다.

둘. 빗모양 썰기

세로로 반을 잘라 섬유질 방향이 세로가 되게 놓고 중심부를 향해 방사상으로 썬다. 써는 간격은 요리에 따라 조절한다.

셋. 얇게 편 썰기

세로로 반을 잘라 섬유질 방향이 세로가 되게 놓고 끝에서부터 얇게 썬다. 식이섬유가 남기 때문에 아삭아삭한 식감이 있다.

넷. 섬유질을 끊듯이 얇게 썰기

세로로 반을 잘라 섬유질 방향이 가로가 되게 놓고 끝에서부터 얇게 썬다. 부드럽고 금방 연해진다.

Q&A

양파를 다지는 게 너무 귀찮은데 갈면 안 되나요?

갈면 물기가 나오기 때문에 햄버거 속 재료 등으로 쓰기에는 NG! 천천히 해도 좋으니 열심히 다져봅시다.

다섯. 1~1.5cm 크기로 썰기

섬유질 방향에 따라 1~1.5cm 간격으로 썰고, 방향을 바꿔서 섬유질을 끊듯이 1~1.5cm 간격으로 썬다. 양파의 풍미가 우러나오고 식감도 즐길 수 있다. 볶음이나 서양식 조림, 수프 등에 넣을 때에 적합하다.

여섯. 물에 담가두기

볼에 찬물을 가득 담아 양파를 넣고 약 20분간(햇양파는 약 5분간) 담가둔다. 매운맛이 빠지고 식감도 좋아진다.

일곱. 물기 빼기

체에 밭쳐서 펼쳐놓고 잠시 그대로 둬서 자연스럽게 물기를 뺀다. 시간이 없을 때는 키친타월로 물기를 닦는다.

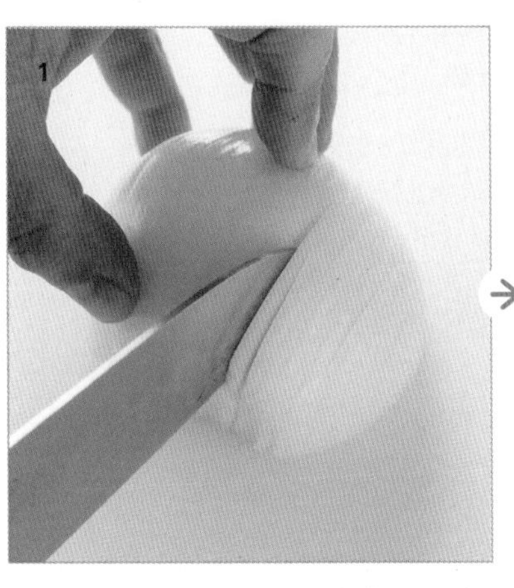

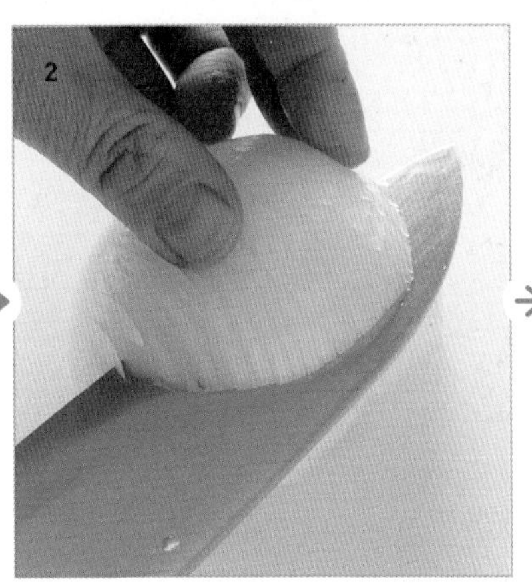

여덟. 다지기

1 세로로 반을 잘라 섬유질 방향을 따라 2~3mm 간격으로 칼집을 넣는다. 완전히 잘라내지 않고 끝은 붙여둔다.
2 섬유질 방향이 옆으로 가게 방향을 바꾸고, 칼을 눕혀서 수평으로 3~4개 칼집을 넣는다.
3 섬유질을 끊듯이 끝에서부터 잘게 썬다. 남은 끝부분은 섬유질 방향을 따라 2~3mm 간격의 칼집을 넣고 끝에서부터 잘게 썬다.

아홉. 굵게 다지기

재료의 입자가 약간 큰 다지기. 칼집이나 마지막에 써는 간격을 4~5mm로 넓게 한다. 너무 잘지 않기 때문에 씹는 맛이 있고 풍미도 강해진다.

열. 소금 묻히기

볼에 양파를 넣은 후 소금을 넣고 잘 섞어 약 10분간 둔다. 소금을 묻히면 양파의 매운맛과 여분의 수분을 제거하기 쉽다.

열하나. 물기 짜기

양파를 양손으로 주먹밥 만들 듯이 쥐고 물기를 짠다. 물기를 빼면 소를 만들거나 고기 속 재료에 넣었을 때 쉽게 싱거워지지 않는다.

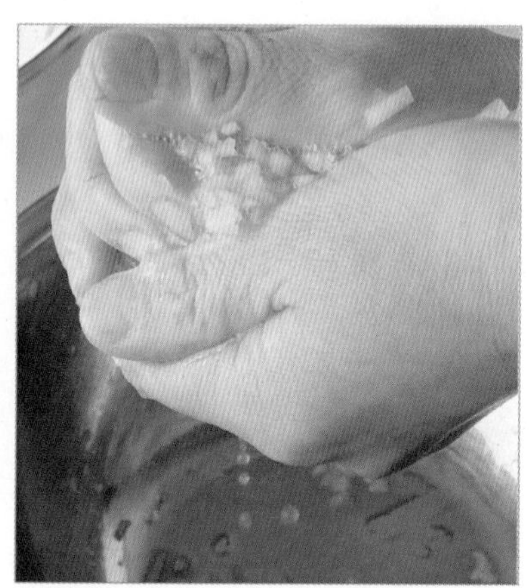

◆ 양파는 냉장고에 넣어 차갑게 보관해요!

양파를 썰면 눈물이 나는 것은 파괴된 세포에서 자극적인 냄새나 매운맛의 주된 성분이 발생해 눈과 코를 자극하기 때문입니다. 온도를 낮추면 발산이 억제되기 때문에 썰기 직전까지 냉장고에 넣어두면 좋아요. 또 잘 드는 칼을 사용해 세포가 으깨지지 않도록 써는 것도 효과적인 방법입니다.

양파 슬라이스 샐러드

재료 2인분
양파 1개 / 간장 1큰술 / 가츠오부시 5g(작은 거 1봉지)

1 양파는 위아래를 잘라내고 세로로 반을 잘라 섬유질 방향을 따라 얇게 썬다. 약 20분간 물에 담갔다가 체에 밭쳐서 물기를 뺀다.
2 그릇에 담아 간장을 뿌리고 가츠오부시를 올린다.

1인분 45kcal
조리 시간 5분
–
물에 담그는 시간, 물기 빼는 시간은 제외한다.

당근

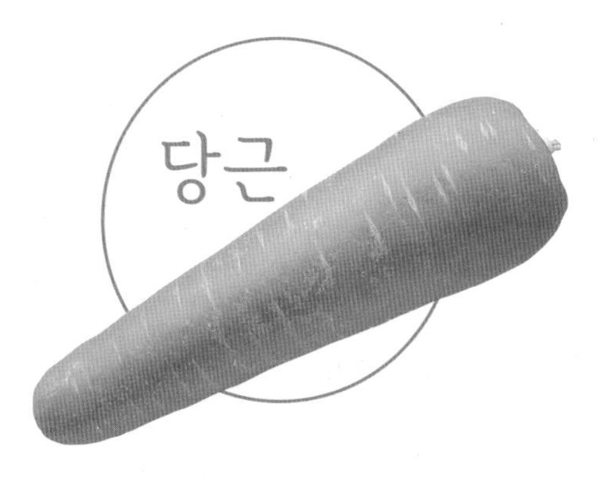

상큼한 빛깔로 요리를 더욱 먹음직스럽게 해주는 당근.
딱딱해서 익히는 데 시간이 걸리는 식재료이니
모양과 크기, 두께를 잘 맞춰서 레시피대로 써는 것이 중요합니다.

하나. 세척하기

물에 넣고 표면에 묻은 흙과 이물질을 수세미로 닦아낸다. 특히 껍질째 사용하는 경우에는 더 꼼꼼히 씻는다.

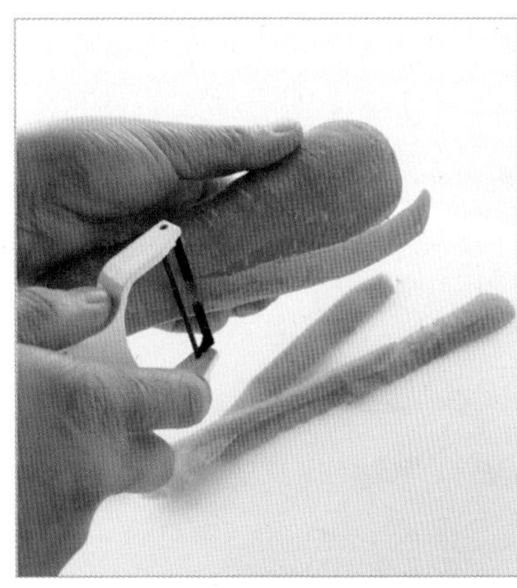

둘. 껍질 벗기기

껍질을 벗길 때는 필러를 사용하면 편리하다. 세로로 쥐고 두꺼운 쪽에서부터 곧게 쭉 당겨서 벗긴다.

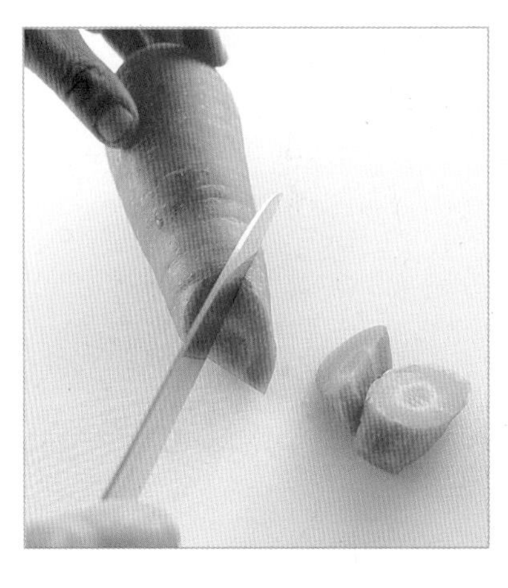

셋. 마구썰기

끝을 어슷하게 썬 뒤 약 90도로 돌려서 절단면을 또다시 어슷하게 썬다. 절단면이 크기 때문에 익히기 쉽고 간이 잘 밴다. 조림 요리에 적당하다.

넷. 통썰기

가로로 둔 상태로 단면이 둥글게 썬다. 도톰하게 썰어서 조림에 쓰거나 얇게 썰어 샐러드나 피클 등에 주로 사용한다.

다섯. 반달썰기

통썰기 한 것을 반으로 자른다. 익히기 쉬워 조림 요리에 적당하다. 세로로 반을 썰어 끝에서부터 잘라도 된다.

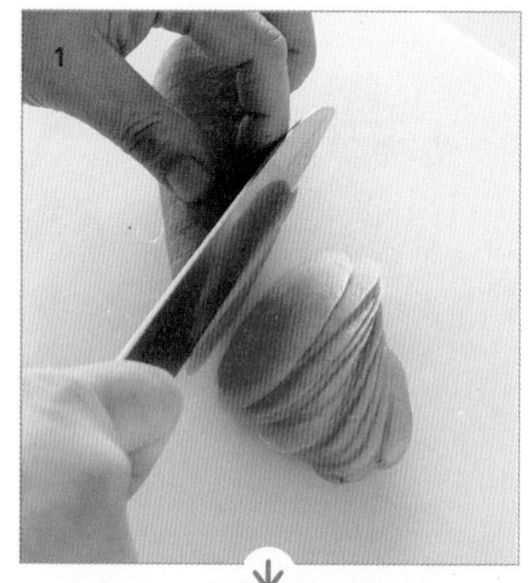

여섯. 은행잎 모양 썰기

통썰기 한 후 통썰기 한 것을 열십자(十)로 자른다. 모양이 은행잎과 닮았다고 해서 '은행잎 모양 썰기'라고 부른다. 국물 요리나 무침 등에 알맞다.

세로 4등분으로 자른 후 얇은 은행잎 모양으로 자를 때는 세로로 세워 반을 자른 상태로 놓으면 썰기 편하다.

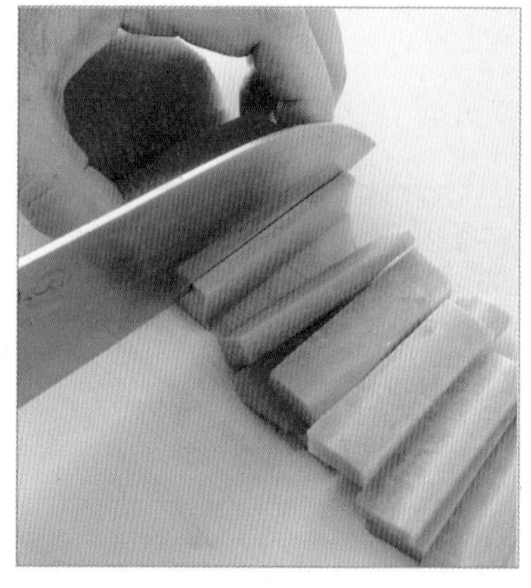

일곱. 1cm 폭의 막대썰기

먹기 편한 길이로 자른 다음, 세로 1cm 간격으로 섬유질 방향을 따라 자른다. 피클이나 조림 등에 알맞다.

여덟. 단책썰기

먹기 편한 길이로 자른 다음, 세로 1cm 간격으로 자르고 섬유질 방향을 따라 얇게 썬다. 익히기 쉬워 볶음 요리 등에 알맞다.

아홉. 채썰기

1 일단 끝쪽에서부터 어슷하게 얇게 썬다.
2 조금씩 포개어지게 늘어놓는다. 이렇게 하면 끝부분도 썰기 편하다.
3 끝에서부터 가늘게 썬다. 두께와 비슷한 폭으로 하면 모양이 예쁘다. 식감이 좋고 익히기도 쉬워 샐러드나 볶음 요리 등에 많이 사용된다.

Q&A

왜 비슷한 크기와 모양으로 썰어야 하죠? 달라도 괜찮지 않나요?

크기와 모양을 맞춰서 썰면 불 조절이나 맛이 배는 정도가 균등해집니다. 그릇에 담아낼 때도 편하고요.

감자는 너무 익히면 모양이 뭉개지고 반대로 덜 익으면 서걱거립니다.
실패하지 않기 위해선 요리에 맞춰 손질하는 것이 중요하지요.
친숙한 품종으로는 포슬포슬한 남작 감자,
모양이 쉽게 뭉개지지 않는 메이퀸 등이 있습니다.

하나. 세척하기

물에 넣어 수세미로 문질러 표면에 붙어 있는 흙과 이물질을 닦는다. 껍질째 사용할 경우에는 더 꼼꼼하게 닦는다.

둘. 싹 제거하기

숟가락을 대고 싹 주변을 한 바퀴 돌리듯 도려낸다.

셋. 껍질 벗기기

필러를 이용해 굴곡을 따라 벗긴다. 굴곡이 심한 부분은 필러를 약간씩 짧게 당기듯이 하면 좋다.

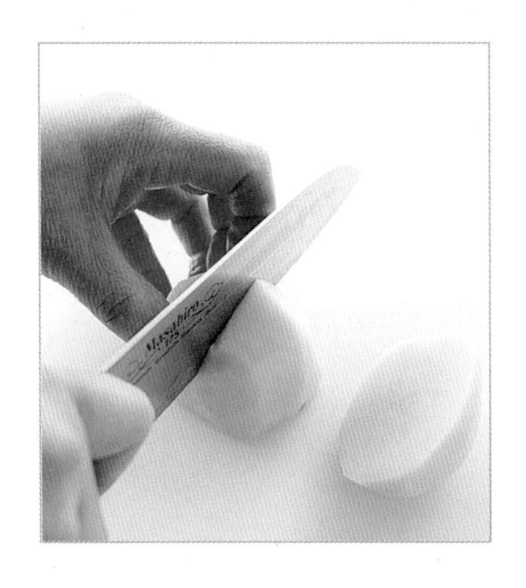

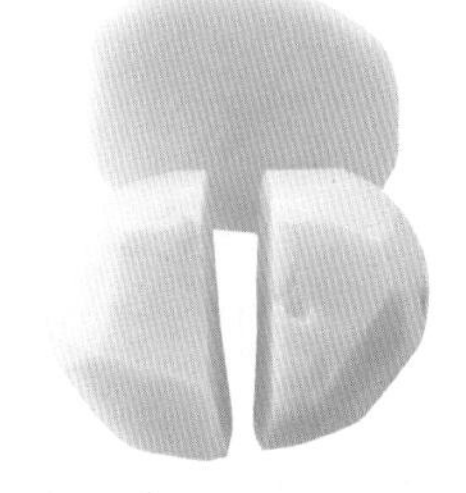

넷. 2~3등분하기

작은 것은 반으로 크기가 다를 경우에는 우선 작은 것을 2등분한다.

큰 것은 3등분으로 3등분할 때는 길이의 ⅓지점에서 자르고, 나머지를 세워서 반으로 썰면 모양과 크기가 비슷하게 맞춰진다. 조림, 서양식 찜 종류에 적당하다.

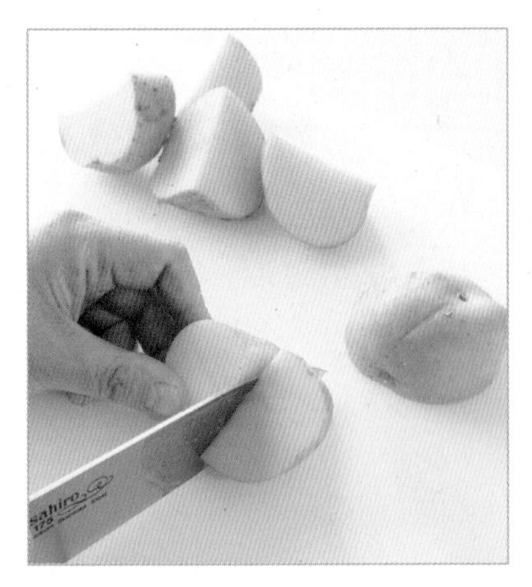

다섯. 4등분하기

반으로 자른 다음 방향을 바꿔서 절단면에(또는 절단면을 아래로 해서) 대고 반으로 자른다. 푹 끓이거나 찌는 요리를 할 때 적당하다.

여섯. 2~3cm 크기로 썰기

세로로 4등분해서 자르고, 끝에서부터 2~3cm 간격으로 썬다. 익히기 쉬워 데쳐서 사용할 때 자주 사용된다.

일곱. 1cm 크기로 썰기

끝에서부터 1cm 간격으로 썰고 눕혀서 1cm 간격으로 막대썰기를 한 다음, 다시 끝에서부터 1cm 간격으로 썬다. 수프 등에 적당하다.

여덟. 물에 담가두기

다 썬 감자는 살짝 잠길 정도의 물에 담가 5~10분간 그대로 둔다. 물에 담그면 변색이나 모양이 뭉개지는 것을 방지할 수 있다. 단, 요리 종류에 따라 물에 담그지 않는 경우도 있다.

피망

피망과 파프리카는 모두 단고추에 속하는 작물이지만 매운맛은 없습니다.
꼭지와 씨를 제거하고 어떻게 썰어야 하는지 방법을 익혀봅시다.
파프리카의 밑손질도 피망과 똑같아요.

파프리카

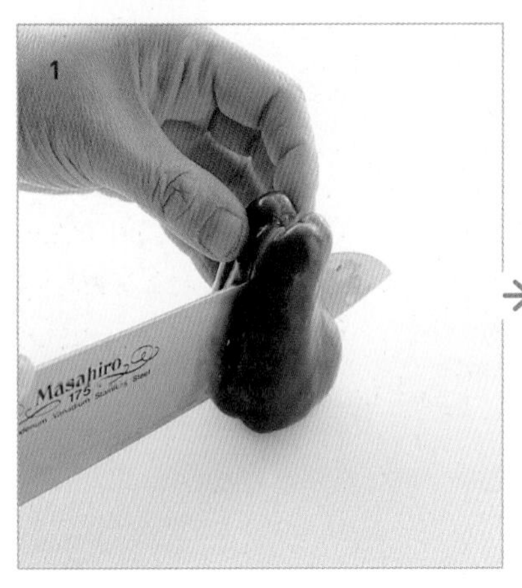

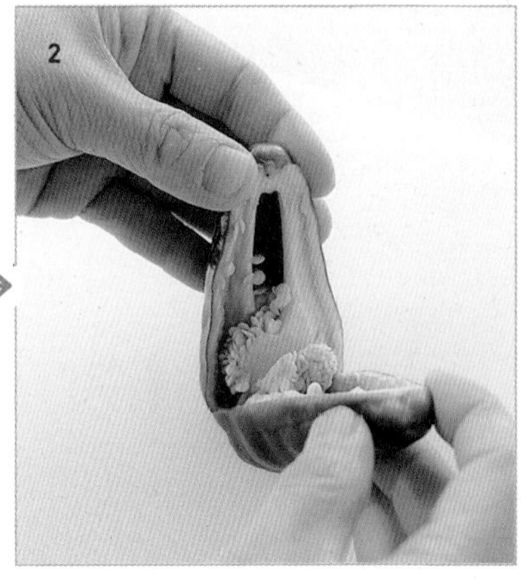

하나. 세로로 반 자르기

1 꼭지를 아래로 두고 세운 후 끝부분에 칼집을 넣어 아래에 1cm 정도를 남기고 자른다.
2 마지막엔 손으로 쪼개듯이 반으로 떼어내면 씨가 잘 튀지 않는다.

둘. 꼭지와 씨 제거하기

꼭지를 엄지손가락으로 눌러 떼어내고 씨와 함께 제거한다.

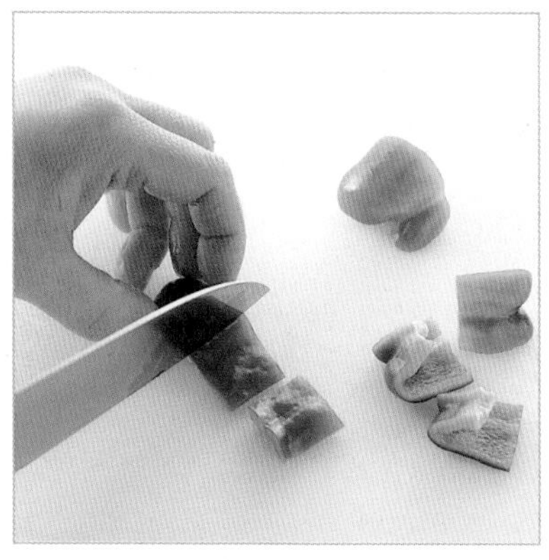

셋. 사방 2cm로 자르기

세로로 2등분한 피망을 가로로 놓고 끝에서부터 2cm 간격으로 썬다. 썬 피망을 다시 가로로 놓고 또 2cm 간격으로 썬다.

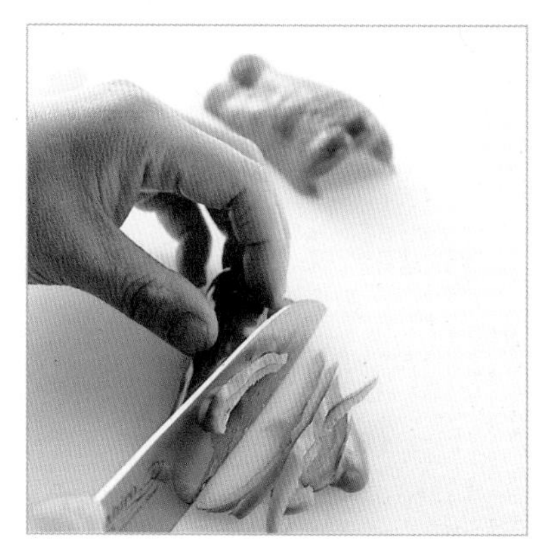

넷. 채썰기

세로로 2등분한 피망을 비스듬히 놓고 끝에서부터 가늘게 어슷썰기를 한다. 어슷썰면 부드러워서 적당히 씹는 맛을 즐길 수 있다.

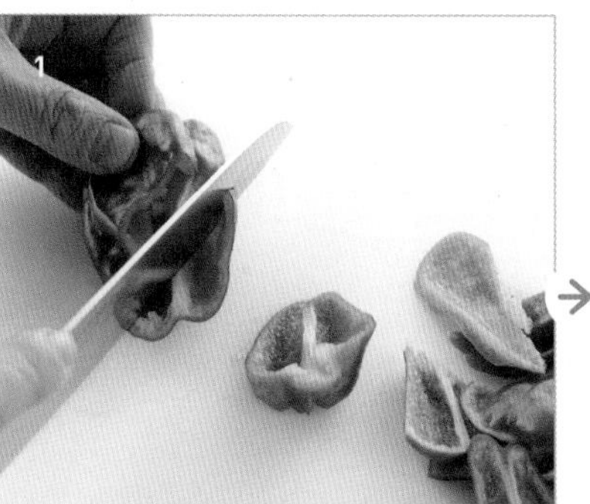

다섯. 마구썰기

1 끝쪽에서 비스듬하게 썬 다음 방향을 약 90도 돌려가면서 비스듬히 썬다. 먹기 편하고 씹는 맛도 적당해서 다양한 요리에 사용된다.

2 마구썰기를 했을 때는 마지막에 남은 꼭지를 잡고 떼어내 꼭지와 씨를 제거한다. 그러면 씨가 여기저기 튀지 않는다.

여섯. 소금물 묻히기

약간 진한 농도의 소금물을 피망에 묻혀 잠시 그대로 둔다. 피망 특유의 맛이 사라지고 간이 살짝 밴다. 직접 소금으로 조물거리는 것보다 식감이 남는다.

일곱. 물기 짜기

소금물을 묻힌 피망이 숨이 죽어 부드러워지면 양손으로 감싸 가볍게 물기를 짠다. 너무 세게 짜면 풍미도 빠져버리므로 주의해야 한다.

Q&A

피망 씨는 먹을 수 없나요?

푹 익히면 먹을 수 있지만, 딱딱해서 입 안의 감촉이 좋지 않기 때문에 대개 제거하고 조리합니다.

피망 다시마무침

재료 2인분
피망 4개 / 소금물(소금 ½작은술, 물 2큰술) / 강판에 간 생강 1개분 / 소금 다시마 5g / 참기름 · 참깨 약간씩

1 피망은 세로로 2등분해서 꼭지와 씨를 제거하고 채썬다. 볼에 넣고 소금물을 묻혀 약 15분간 그대로 둔다.
2 1의 피망을 물기를 짜고 다른 볼에 넣어 생강, 소금 다시마, 참기름 순으로 첨가해 무친다. 그릇에 담고 참깨를 뿌린다.

1인분 25kcal
조리 시간 5분
–
피망에 소금물을 묻혀서 두는 시간은 제외한다.

토마토

토마토와 방울토마토는
샐러드를 해 생으로 그냥 먹어도 좋고,
소스나 수프에 넣어 조리를 해 먹어도 좋은
맛있는 식재료입니다.
꼭지 떼는 법과 예쁘게 자르는 요령을
익혀봅시다.

방울토마토

하나. 껍질 벗기기

1 토마토는 열십자로 얕은 칼집을 넣고 국자에 올려서 열탕에 넣는다. 약 30초 후 껍질이 벗겨지기 시작하면 건져 올린다.
2 빠르게 찬물에 넣어서 식힌 다음 벗겨진 부분부터 껍실을 벗긴다.

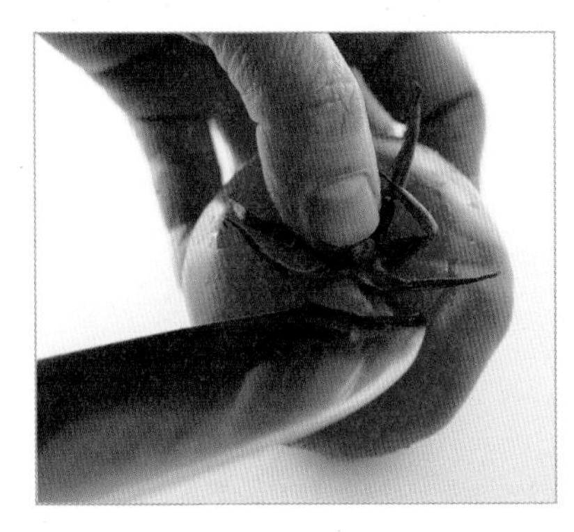

둘. 꼭지 제거하기

꼭지 옆에 칼끝을 비스듬히 찔러 넣고 토마토를 한 바퀴 뱅그르르 돌리며 꼭지를 도려낸다. 방울토마토는 손으로 꼭지를 딴다.

셋. 통썰기

1 토마토를 옆으로 눕히고 끝에서부터 썬다. 껍질이 얇고 알맹이가 물러서 썰기 어려우므로 일단 칼끝으로 칼집을 낸다.

2 칼을 수평으로 한 후 칼집에 칼날을 대고 그대로 썬다.

넷. 1~2cm 크기로 썰기

세로로 1~2cm 간격으로 썰고, 눕힌 다음 가로, 세로로 1~2cm 간격으로 썬다. 수프나 소스를 만들 때 적당하다.

다섯. 씨 제거하기

가로로 2등분한 뒤 작은 숟가락 등을 이용해 씨를 퍼서 제거한다. 씨를 제거하면 신맛이나 싱거움이 덜하다.

여섯. 껍질에 칼집 넣기

방울토마토를 볶거나 조릴 때 껍질에 칼집을 넣으면 수분이 잘 빠져나와 감칠맛을 살릴 수 있다.

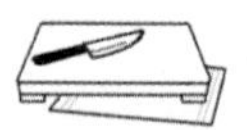

토마토 샐러드

재료 2인분
토마토 2개 / 드레싱(간장 · 식초 · 올리브유 · 참깨 간 것 각 1큰술, 후추 조금)

1 토마토는 꼭지를 제거하고 가로 1cm 두께로 통썰기를 한다.
2 그릇에 토마토를 담고, 분량의 재료를 잘 섞은 드레싱을 뿌린다.

1인분 120kcal
조리 시간 5분

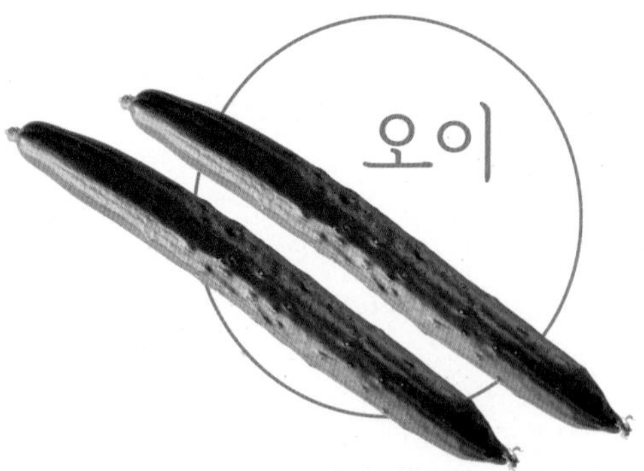

오이

오이는 아삭아삭하게 씹는 맛과 상쾌한 향,
싱싱함이 살아 있어야 제맛입니다.
손질 과정 중 중요한 포인트는 도마에 대고 문지르는 것.
소금을 묻혀 문지르면 특유의 풋내가 사라지고 간이 잘 뱁니다.

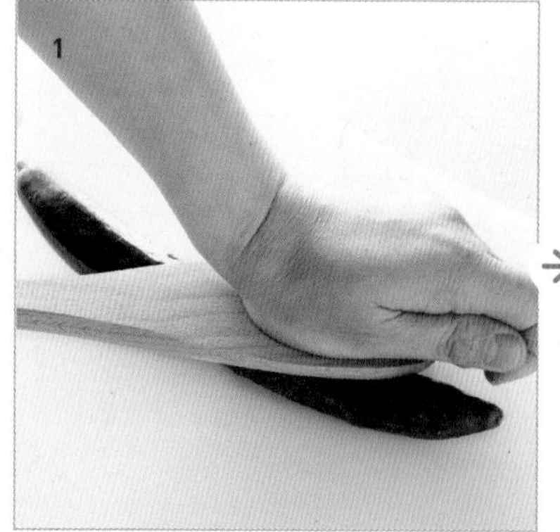

하나. 도마에 문지르기

도마 위에 오이를 올린 후 소금(오이 1개에 1작은술의 비율)을 고르게 묻히고 양손으로 가볍게 누르면서 굴린다. 물로 빠르게 헹구고 물기를 뺀다.

둘. 두드려서 으깨기

1 도마 위에 오이를 놓고, 나무 주걱으로 위에서부터 힘을 주어 눌러서 찌그러뜨려 쪼갠다. 그냥 두드리면 파편이 튈 수 있으므로 눌러주는 것이 좋다.
2 손으로 먹기 편한 크기로 찢는다. 그러면 단면이 울퉁불퉁해져서 양념이 잘 스며든다.

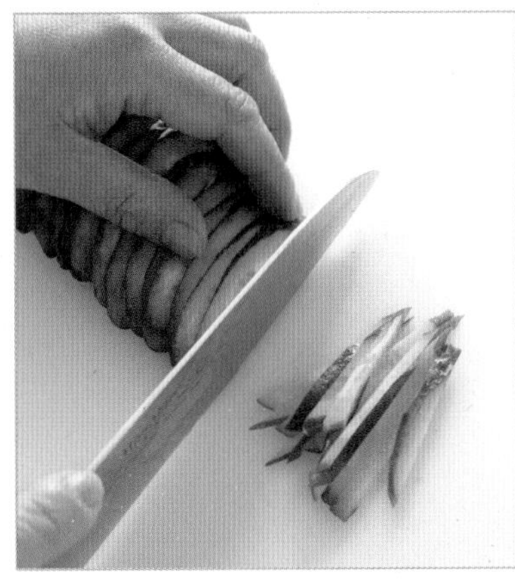

셋. 얇게 통썰기

오이를 가로로 놓고 끝에서부터 얇게 썬다. 칼날을 조금 안쪽(누르고 있는 손 쪽)으로 비스듬히 하면 오이가 잘 움직이지 않는다.

넷. 채썰기

일단 얇게 어슷썰기를 한 다음, 조금씩 포개놓고 끝에서부터 가늘게 썬다.

만들어봅시다! 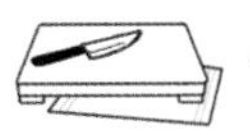

오이 깨소금무침

재료 2인분
오이 2개 / 소금 2½작은술 / 참기름 2작은술 / 참깨 1큰술

1 오이는 소금 2작은술을 고르게 묻혀서 도마에 문지른다. 그리고 물로 살짝 헹궈 물기를 닦는다. 나무 주걱으로 누르며 찌그러뜨려서 쪼개고, 먹기 편한 크기로 찢는다.
2 볼에 오이를 담은 후 참기름을 넣어 잘 버무린다. 소금 ½작은술, 참깨를 넣고 손으로 조물조물 잘 섞는다.

1인분 80kcal
조리 시간 5분

표면에 가시처럼 뾰족한 돌기가 많은 오이가 신선한 건가요?

품종에 따라서는 돌기가 적은 것도 있습니다. 전체적으로 탱탱하고 싱싱해 보이는 것을 고르면 됩니다.

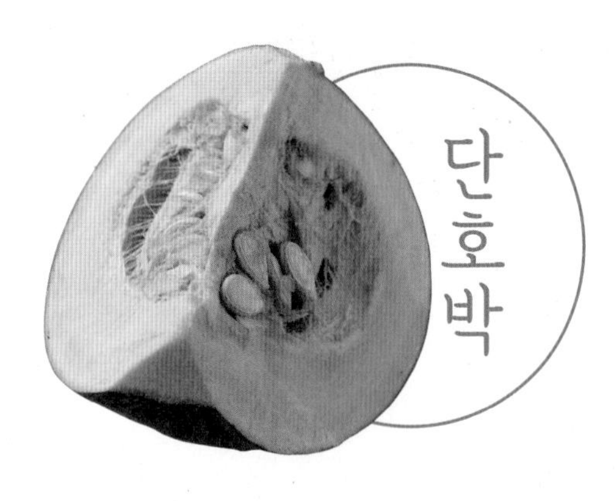

단호박

부드럽고 깊은 단맛이 매력적인 단호박.
껍질이 단단해서 썰기 어려우니,
초보자는 4등분으로 잘라진 것을 사용해도 좋습니다.
썰기에 필요한 요령을 확실히 익혀봅시다.

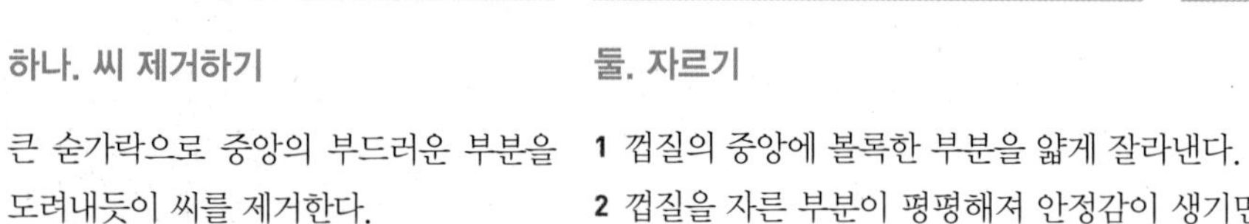

하나. 씨 제거하기

큰 숟가락으로 중앙의 부드러운 부분을 도려내듯이 씨를 제거한다.

둘. 자르기

1 껍질의 중앙에 볼록한 부분을 얇게 잘라낸다.
2 껍질을 자른 부분이 평평해져 안정감이 생기면 그 부분을 아래로 놓고 칼을 누르면서 자른다.

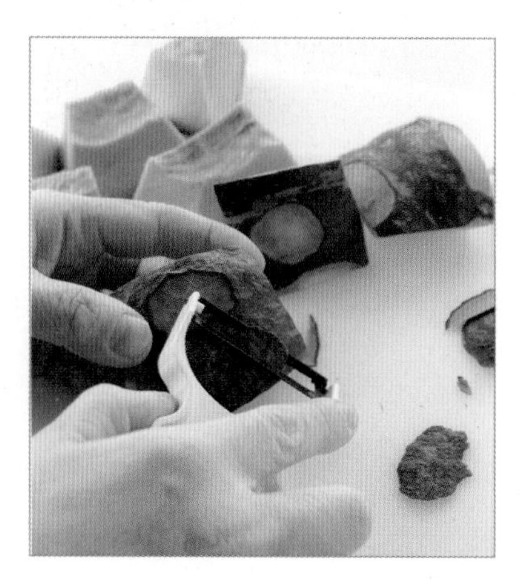

셋. 군데군데 껍질 벗기기

껍질이 두꺼워서 익는 데 시간이 걸리기 때문에 군데군데 껍질을 벗겨 잘 익도록 한다. 4~5cm 크기의 조각을 기준으로 한두 군데 정도가 적당하다.

가지는 기름과 궁합이 좋아서 볶음이나 튀김 등 기름을 사용한 요리에 자주 사용합니다. 절단면이 변색되기 쉬우므로 조리하기 직전에 써는 것이 포인트예요!

세로로 4등분하기

꼭지 부위를 둘러싼 단단한 부분을 떼어내고, 세로로 2등분한 뒤 그것을 한 번 더 2등분한다.

'고야'라고도 불리는 여주는 특유의 쌉쌀한 맛이 특징입니다. 취향에 따라 다르겠지만, 쓴맛을 적당히 제거하면 여주 본연의 맛이 더욱 살아난답니다.

하나. 씨 제거하기

여주를 세로로 2등분하고, 안에 있는 부드러운 씨 부분을 숟가락으로 퍼내듯이 제거한다.

둘. 물에 담그기

충분한 양의 물이 담긴 볼에 썰어놓은 여주를 넣고 약 20분간 그대로 둔다. 이렇게 하면 쓴맛을 줄일 수 있다.

양상추

우리에게 샐러드로 친숙한 양상추는
촉촉하면서도 아삭한 식감이 매력적입니다.
잘라서 그대로 쓸 수도 있지만,
찬물에 담갔다가 사용하면 더욱 아삭한 식감을 살릴 수 있답니다.

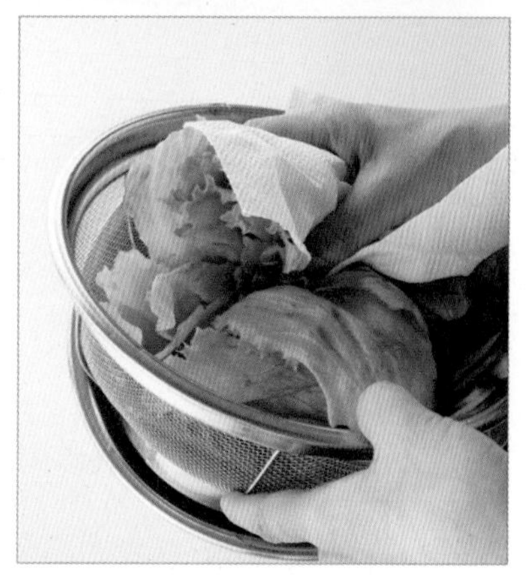

하나. 밑동 떼어내기

심을 위쪽으로 두고, 잎의 밑동 부분을 칼로 잘라 떼어내면 깨끗하게 뗄 수 있다.

둘. 잘게 찢기

양상추는 칼로 자르면 단면이 쉽게 변색되기 때문에 먹기 편한 크기로 손으로 잘게 찢는다. 이렇게 하면 드레싱이나 소스도 잘 스며든다.

셋. 찬물에 담그기

볼에 찬물을 충분히 담아 준비하고 양상추를 넣어 20분간 그대로 둔다. 아삭한 식감을 한층 더 살릴 수 있다.

넷. 물기 닦기

물에 담갔던 양상추는 체에 밭쳐 물기를 뺀다. 그리고 키친타월로 가볍게 감싸듯이 물기를 닦는다.

만들어봅시다!

양상추
김 샐러드

재료 2인분
양상추 ½개 / 참기름 2작은술 / 푸른 차조기 4장 / 구운 김(전장) 1장
A : 된장 2작은술, 물 약간

1 양상추는 손으로 먹기 편한 크기로 찢는다. 찬물에 약 20분간 담가 아삭한 식감을 살린다. 물기를 빼고 키친 타월로 물기를 잘 닦는다.
2 **1**을 볼에 넣고, 참기름을 뿌려 손으로 조물조물 약 10회 정도 주물러 섞어준다. **A**를 첨가해 같은 방식으로 섞어준다. 차조기와 김을 한입 크기로 찢어 넣고 빠르게 섞는다.

1인분 60kcal
조리 시간 5분
–
양상추를 찬물에 담그는 시간은 제외한다.

Q&A

양상추를 냉장고에 넣어두면 흐물흐물해져요. 어떻게 하면 좋을까요?

찬물에 담그면 수분을 흡수해 싱싱함을 되살릴 수 있답니다.

샐러리

상쾌한 향과 아삭한 식감을 그대로 살려봅시다.
심을 제거하면 먹기도 편하고 입에 들어갈 때의 감촉도 좋아집니다.
잎은 잘게 잘라서 샐러드 등에 사용하면 좋아요.

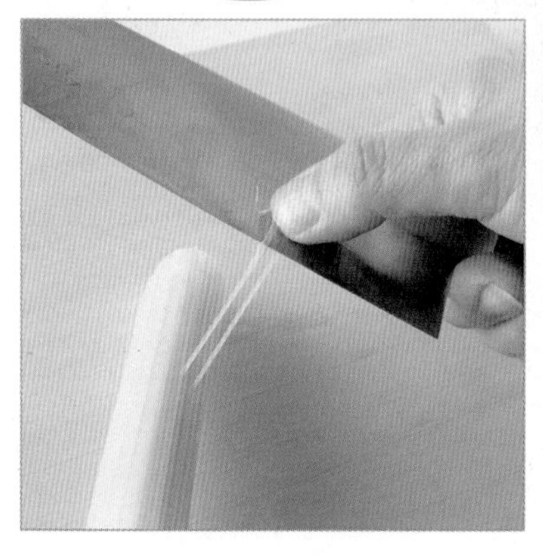

하나. 심 제거하기

샐러리 줄기의 절단면에 칼을 대고, 심의 끝부분을 잡고 살며시 당겨서 제거한다.

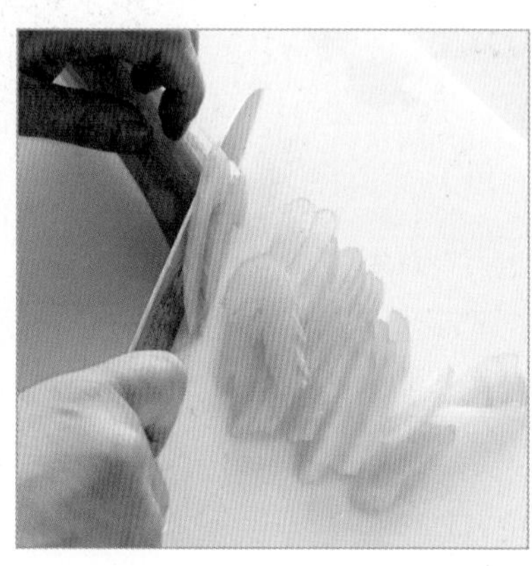

둘. 얇게 어슷썰기

섬유질 방향대로 얇게 어슷썰기를 한다. 절단면이 넓어지기 때문에 익히기도 쉽고 먹기도 편하다. 볶음 요리나 샐러드 등에 알맞다.

셋. 막대썰기

세로로 놓고 섬유질 방향에 따라 얇게 썬다. 씹는 맛을 즐기고 싶을 때에 알맞다.

그린 아스파라거스

은은한 단맛과 향이 매력적입니다. 이삭 끝은 나긋나긋하지만
아래쪽은 껍질이 두껍고 약간 딱딱하지요. 껍질을 벗기면
익히기도 쉽고 버리는 것 없이 맛있게 먹을 수 있답니다.

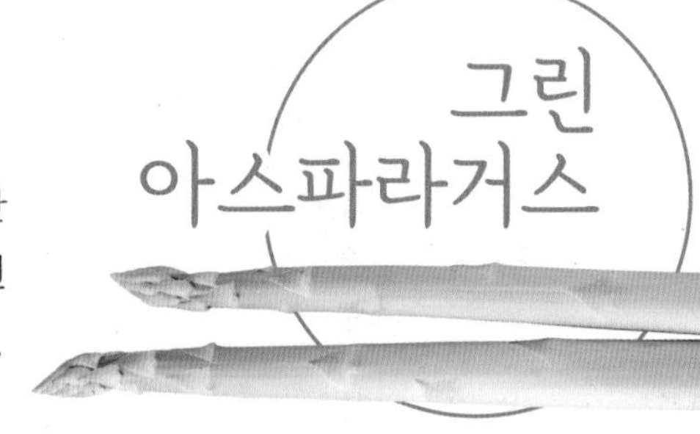

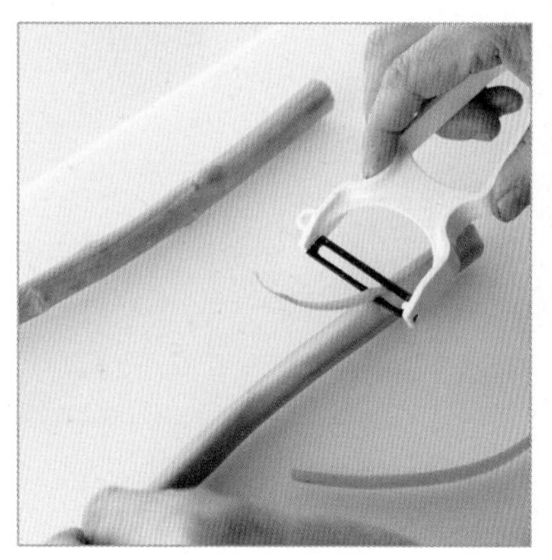

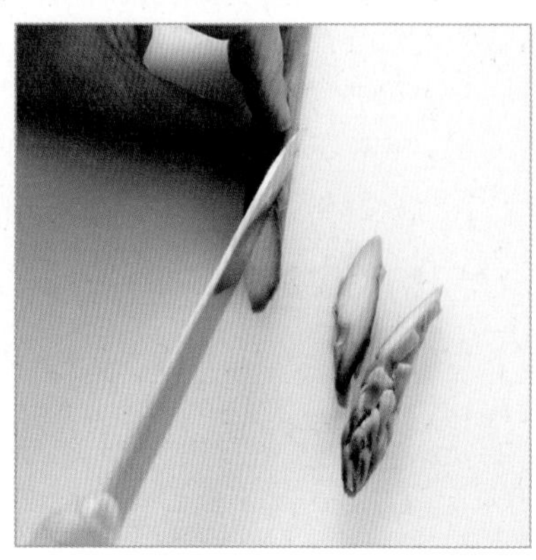

하나. 아래쪽 껍질 벗기기

밑부분을 2~3mm 잘라낸 다음, 필러로 아래 반 정도 껍질을 벗긴다. 가늘기 때문에 도마에 놓고 살살 굴리면 잘 벗겨진다.

둘. 마구썰기

끝을 어슷썰고 90도로 돌려서 다시 어슷썰기를 한다. 절단면이 커서 잘 익고 색감에도 변화가 생긴다.

풋완두 꼬투리

푸릇푸릇한 색과 아삭한 식감을 살려서 사용합니다.
데쳐서 조림 요리에 곁들이거나,
볶음 요리나 미소국에 사용하기도 합니다.

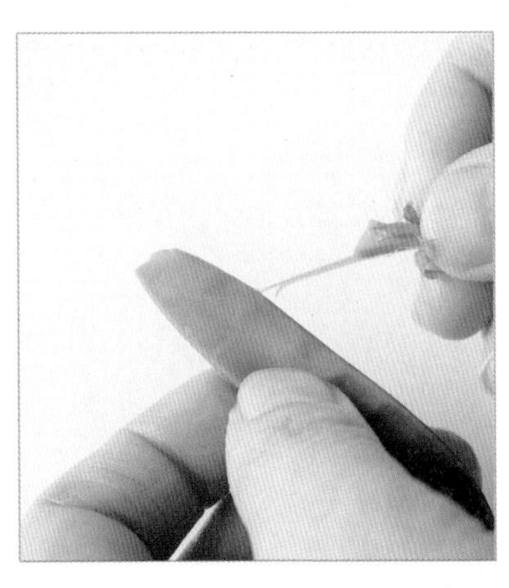

하나. 찬물에 담그기

볼에 찬물을 충분히 담아 준비하고 풋완두 꼬투리를 넣어 약 20분간 두어 식감을 살린다. 가열할 경우에도 찬물에 담갔다 사용하면 식감이 좋아진다.

둘. 심 제거하기

꼭지 부분을 가르고 그대로 당겨서 심을 제거한다. 반대쪽 심은 절단면에서 심의 끝부분을 잡고 당겨서 제거한다.

껍질콩

어린 까치콩을 수확해서 꼬투리째로 이용합니다.
짙은 녹색과 독특한 식감이 특징이지요. 심이 없는 품종이 주류이나
심이 있다면 풋완두 꼬투리와 마찬가지로 제거하면 됩니다.

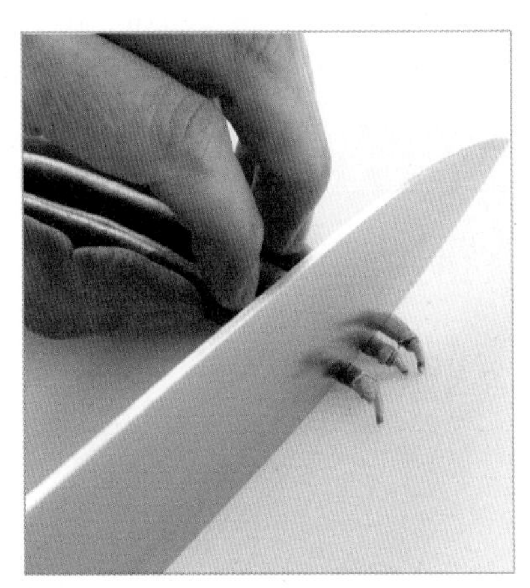

하나. 끝 잘라내기

꼭지가 붙어 있던 쪽의 끝부분은 딱딱하기 때문에 칼로 잘라낸다.

둘. 소금에 절이기

볼에 껍질콩을 넣고 넉넉한 양의 소금을 뿌려 전체적으로 묻힌 다음 약 1분간 비벼준다. 이렇게 해서 데치면 색감도 좋고 맛도 잘 밴다. 데칠 때는 소금을 묻힌 채 하면 된다.

소송채

푸른 잎채소의 대표 주자인 소송채는
쉽게 다룰 수 있는 무난한 식재료예요.
데치거나 볶기만 해도 OK!
시금치는 특유의 떫은맛이 있지만
데친 다음 물에 헹구면 괜찮답니다.
손질 방법은 소송채와 같아요.

시금치

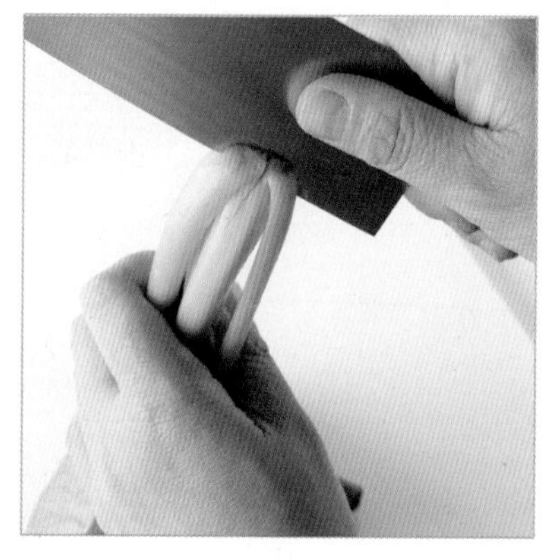

하나. 뿌리에 칼집 넣기

깨끗이 씻어서 뿌리의 끝부분을 약간 자른다. 뿌리에 5mm 정도 칼집을 넣는다. 이렇게 하면 물에 담갔을 때 물이 잘 흡수되고 익히기도 쉽다.

둘. 찬물에 담가두기

충분한 양의 찬물에 뿌리를 아래로 해서 넣고 약 15분간 담근다. 뿌리가 물을 흡수해서 더 싱싱해진다.

셋. 잎과 줄기로 나누기

볶음 요리처럼 썰어서 요리해야 할 때는 부드러운 잎 부분과 금방 익지 않는 두꺼운 줄기 부분으로 나눈다.

청경채

잎 부분과 줄기 부분으로 나눠져서 각기 다른 식감을 즐길 수 있습니다. 어느 부위인지에 따라 익히는 방법도 다르기 때문에 써는 방식이 중요합니다.

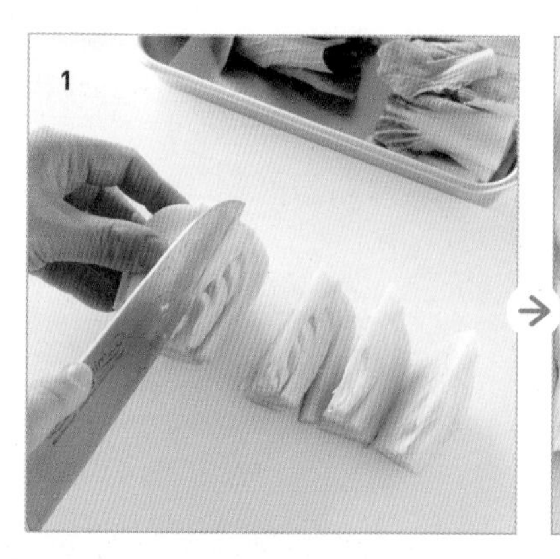

3등분으로 썰고, 뿌리를 세로 6등분으로 썰기

1 길이를 3등분으로 나눠서 썬다. 뿌리의 축 부분은 심이 있는 상태에서 세로로 2등분하고, 심의 중심에서 비스듬하게 칼을 넣어 3등분으로 썬다.
2 부위에 따라서 두께가 다르기 때문에 썬 다음 나눠놓는다.

브로콜리

뽀글뽀글한 머리 부분에는 작은 꽃봉오리가 밀집해서 송이를 이루고 있지요. 데쳐서 샐러드나 무침으로, 혹은 볶음 요리로도 자주 이용하는 식재료입니다.

작은 송이로 나누기

송이가 갈라진 부분을 작게 쪼갠다. 두꺼운 줄기는 껍질을 벗겨서 먹기 편한 크기로 자르면 버리는 것 없이 맛있게 먹을 수 있다.

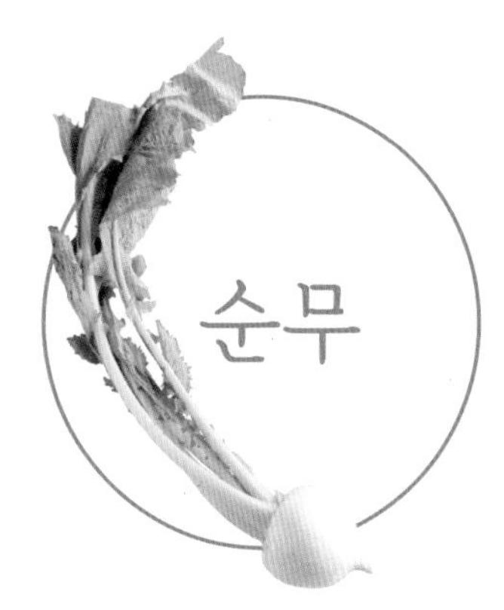

순무

순무는 하얗고 동그란 모양이 꽤 귀엽지요. 생으로 먹어도 맛있고, 가열해서 먹어도 맛있답니다. 익는 속도가 빨라서 금세 야들야들해지기 때문에 약간 크게 썰고 너무 오래 가열하지 않도록 주의해야 해요.

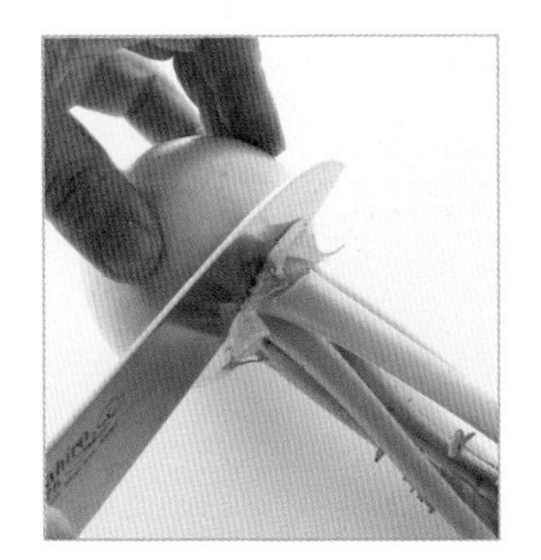

잎 떼어내기

잎이 달린 상태로 보관하면 잎이 수분을 흡수해서 금방 시들어버리기 때문에 순무의 위쪽 딱딱한 부분을 잘라 잎을 떼어낸다. 잎은 푸른 잎채소로 이용할 수 있다.

세로 4등분으로 썰기

순무는 불에서 금방 익기 때문에 가열해서 먹을 때는 약간 크게 썬다. 조림을 할 경우에는 세로로 4등분하면 모양이 잘 뭉개지지 않는다.

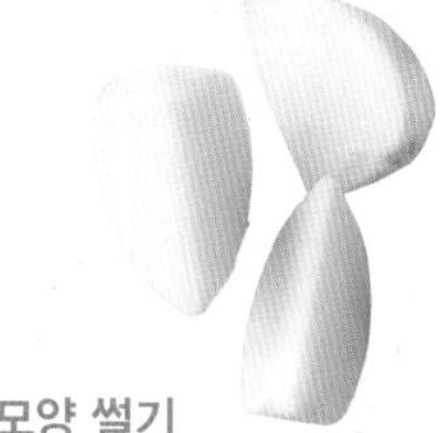

빗모양 썰기

세로로 2등분하고 칼을 어슷하게 해서 방사상으로 썬다. 볶음 요리 등에 적당하다.

Q&A

소송채나 순무의 줄기 사이에 있는 흙을 제거하려면 어떻게 해야 할까요?

뿌리에 칼집을 넣고 한동안 물에 담가놓으면 됩니다. 그러면 줄기가 벌어져서 흙을 제거하기 쉬워진답니다.

배추

담백한 맛이 특징인 배추는
두꺼운 줄기와 얇은 잎 부분에서 서로 다른 식감을 느낄 수 있습니다.
수분을 많이 함유하고 있기 때문에 푹 끓이거나
소금에 살짝 절여서 수분을 뺀 다음 조리하면 좋아요.

하나. 줄기를 얇게 벗겨내기

두꺼운 줄기 부분은 칼을 눕혀서 비스듬하게 칼집을 넣어 깎아내듯이 얇게 썬다. 이렇게 하면 불에 익히기 쉽다.

둘. 길이 6~7cm, 폭 2cm로 썰기

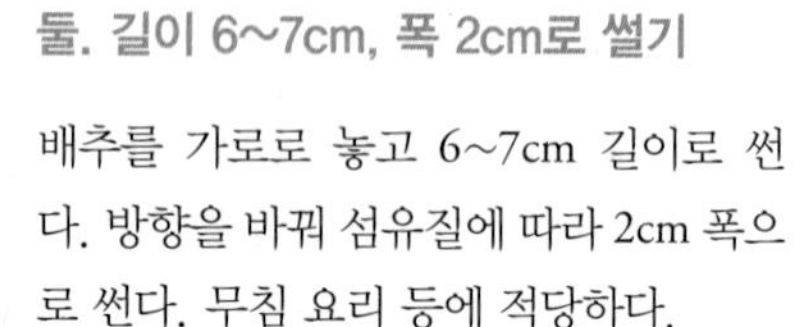

배추를 가로로 놓고 6~7cm 길이로 썬다. 방향을 바꿔 섬유질에 따라 2cm 폭으로 썬다. 무침 요리 등에 적당하다.

셋. 소금, 설탕을 녹인 물에 절이기

배추는 수분을 많이 함유하고 있어서 소금과 설탕을 녹인 물에 약 30분간 절여 수분을 배출한다. 설탕을 첨가하면 짭짤한 맛이 조금 부드러워진다.

넷. 물기 짜기

숨이 죽은 배추를 양손으로 꾹 눌러 물기를 짠다. 여분의 수분이 빠지고 맛이 응축되어서 간이 잘 밴다. 무침 요리 등에 적당하다.

만들어봅시다! 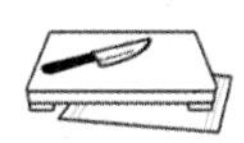

매콤한 배추무침

재료 2인분
배추 ⅛개(300g)
A : 소금 1큰술, 설탕 1작은술, 물 1컵
B : 일본된장 1큰술, 식초 1작은술, 두반장 ½작은술, 참기름 2작은술

1. 배추는 줄기를 제거해 벗기고 세로 6~7cm, 가로 1.5~2cm 폭으로 썬다. 볼에 넣고 A를 묻혀서 잘 섞은 다음 약 30분간 그대로 둔다.
2. 다른 볼에 B의 재료를 모두 넣고 섞는다. 물기를 짠 배추를 넣고 잘 무친다.

1인분 80kcal
조리 시간 10분
—
배추에 A를 묻혀서 두는 시간은 제외한다.

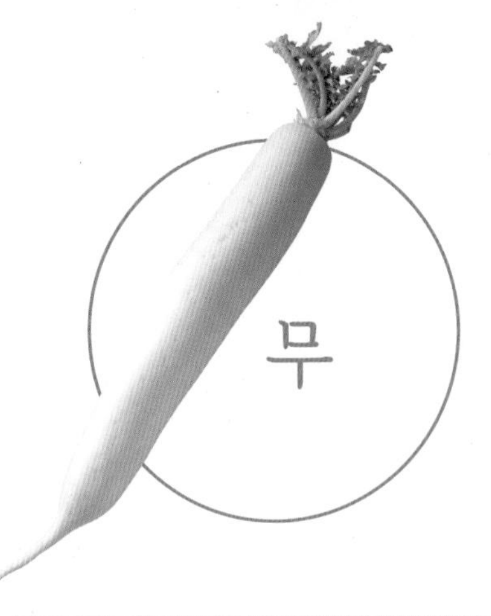

무

무는 일 년 내내 자주 쓰는 식재료인데
특히 제철인 겨울에는 단맛이 더 증가합니다.
큼직하게 잘라서 조림을 해도 좋고, 작게 잘라서 국물에 넣어도 좋아요.
강판에 간 무는 구이에 곁들이거나
면 요리의 고명으로도 훌륭하답니다.

하나. 칼로 껍질 벗기기

통썰기를 한 다음 측면을 따라 껍질을 벗긴다. 푹 끓여서 조림을 할 때는 껍질을 두껍게 벗기면 빨리 부드러워진다.

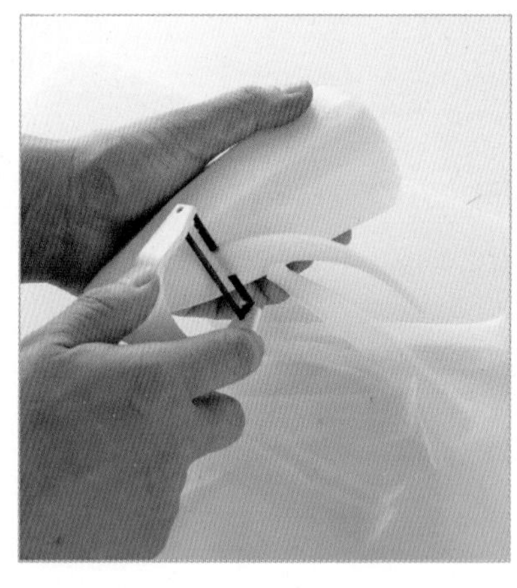

둘. 필러로 껍질 벗기기, 얇게 깎기

무를 세로로 쥐고 필러로 쭉 당겨서 얇게 껍질을 벗긴다. 몸통을 그대로 얇은 띠 형태로 깎기도 한다.

셋. 통썰기

가로로 놓고 단면이 원형이 되도록 썬다. 조림으로 푹 끓일 때는 2~3cm의 두께가 좋다. 얇게 썰어서 샐러드 등에 사용하기도 한다.

넷. 반달썰기

일단 통썰기를 한 다음, 단면을 반으로 썬다. 통썰기보다 불에 잘 익는다. 세로로 2등분을 하고 끝에서부터 썰어도 된다.

다섯. 은행잎 썰기

세로로 4등분해서 끝에서부터 썬다. 일단 통썰기를 한 다음에 열십자로 썰어도 된다. 국물 요리에 적합하다.

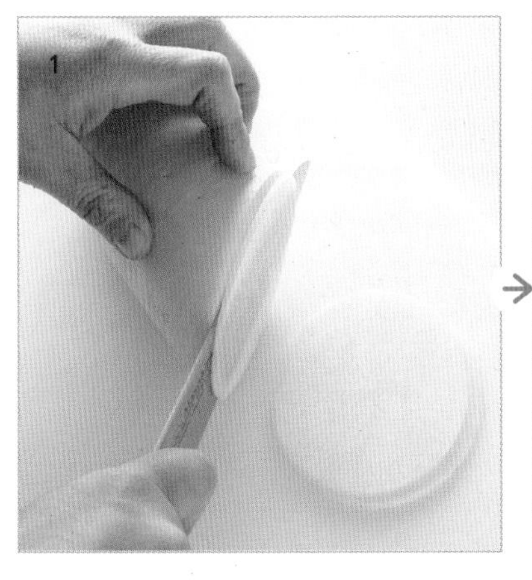

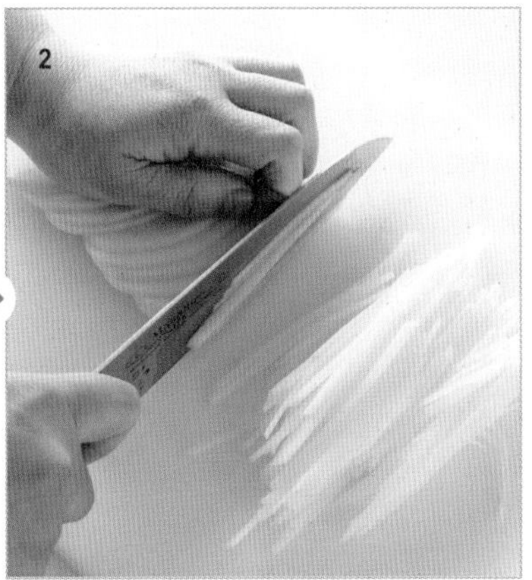

여섯. 채썰기

얇게 어슷썰기를 한 후

1 무를 옆으로 놓고 얇게 어슷썰기를 한다.

2 조금씩 포개어 놓고 끝에서부터 가늘게 썬다. 섬유질을 비스듬하게 썰기 때문에 금방 숨이 죽어 야들야들해지고 적당한 식감을 즐길 수 있다.

통썰기를 한 후

5~6cm 길이로 썰어, 섬유질을 따라 세로로 얇게 편 썰기를 한다. 섬유질 방향을 세로로 해서 약간씩 포개어 놓고 끝에서부터 가늘게 썬다. 섬유질이 남기 때문에 아삭한 식감을 느낄 수 있다.

일곱. 강판에 갈기

껍질을 벗기고 섬유질 방향을 수직으로 해서 강판에 대고 원을 그리듯이 간다.

여덟. 가볍게 물기 빼기

강판에 간 무는 키친타월을 깐 체에 밭쳐서 잠시 그대로 두어 자연스럽게 물기를 뺀다. 물기를 짜면 맛도 같이 빠져나가기 때문에 주의해야 한다.

Q&A

무의 잎도 먹을 수 있나요?

부드러운 부분은 푸른 잎채소와 같은 방식으로, 두꺼운 부분은 데친 다음 가늘게 다져 장국에 넣거나 밥을 지을 때 섞어 먹어도 됩니다.

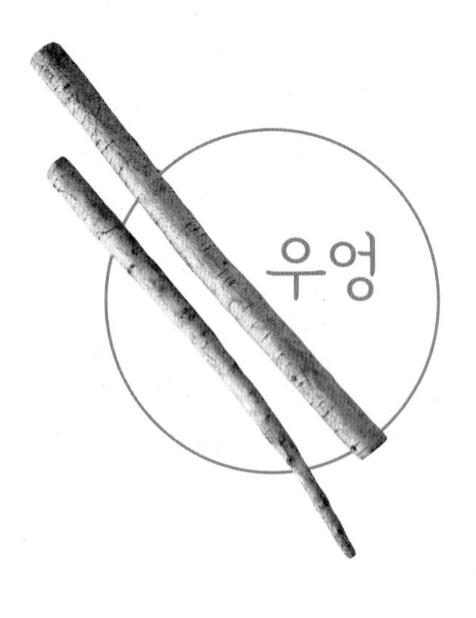

우엉

독특한 향과 식감을 즐길 수 있는 우엉.
본연의 맛을 살리는 손질법을 익혀봅시다.
우엉은 떫은맛이 강해서 썬 다음 바로 물에 담그는 것이 포인트입니다.
이렇게 하면 변색도 방지할 수 있어요.

하나. 숟가락으로 껍질 긁어내기

숟가락 가장자리를 껍질에 대고 문질러 얇게 깎아내듯이 제거한다. 껍질은 살짝 남아 있어도 괜찮다. 우엉은 껍질과 껍질 바로 밑에 풍미가 있기 때문에 껍질을 너무 많이 벗기지 않도록 주의한다.

둘. 어슷썰기

각도를 잡아 어슷썬다. 단면이 넓어서 불에 잘 익고 씹는 맛이 있어 좋다.

셋. 채썰기

일단 얇게 어슷썰기를 한 후 약간 포개어 놓고 끝에서부터 가늘게 썬다. 폭을 약 5mm로 하면 살짝 도톰한 채가 된다.

넷. 필러로 얇게 깎기

필러를 세로로 곧게 당겨서 얇게 깎는다. 섬유질이 남아서 오독오독한 식감을 즐길 수 있다.

다섯. 물에 담가두기

1 썰어둔 채로 놔두면 절단면이 변색되기 때문에 물에 담가둔다.
2 물이 점점 갈색으로 변해간다. 장시간 담가두면 풍미가 빠져나가기 때문에 약 5분 정도 담가놓는 게 적절하다. 물을 버리고 재빠르게 헹군다.

여섯. 물기 닦기

물에 담갔으면 체에 밭쳐서 물기를 뺀다. 기름을 사용해 볶을 때는 키친타월로 감싸 가볍게 주무르듯이 물기를 꼼꼼히 닦는다.

연근

구멍이 송송 뚫린 재미난 모양의 단면과 아삭하게 씹는 맛이 매력적인 연근. 섬유질이 약간 단단한 편이지만, 차분하게 잘 썰면 괜찮아요.
물에 담그면 흰색을 잘 유지할 수 있답니다.

하나. 통썰기

옆으로 놓고 단면이 원형이 되도록 썬다. 칼을 바로 위에 대고 그대로 아래로 내리치면 두께를 균등하게 맞추기 쉽다.

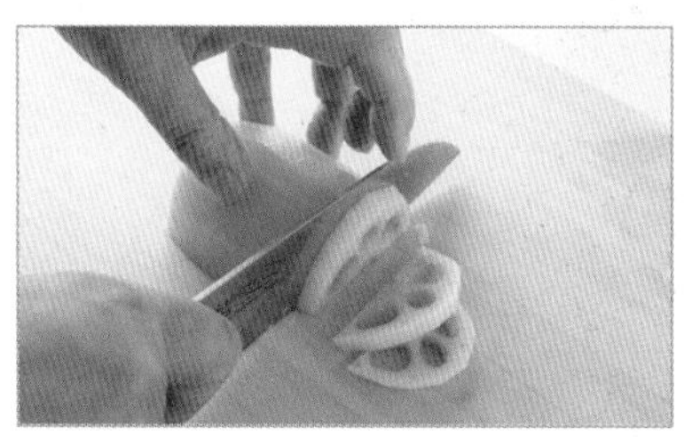

둘. 반달썰기

세로로 반 잘라서 옆으로 놓고 끝에서부터 썬다. 또는 통썰기 한 다음에 단면을 반으로 자른다.

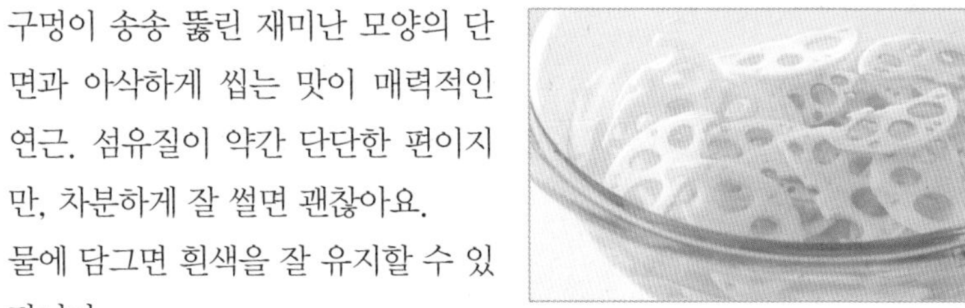

셋. 물에 담가두기

연근을 물에 살짝 덮일 정도로 담가 약 5분간 그대로 둔다. 이렇게 하면 하얗게 유지할 수 있다. 너무 오래 두면 풍미가 빠져나가기 때문에 주의해야 한다.

넷. 물기 빼기

물을 버리고 빠르게 헹군 후 체에 밭쳐 물기를 뺀다. 기름을 사용해 볶을 때는 키친타월로 감싸 가볍게 주무르듯이 물기를 꼼꼼히 닦는다.

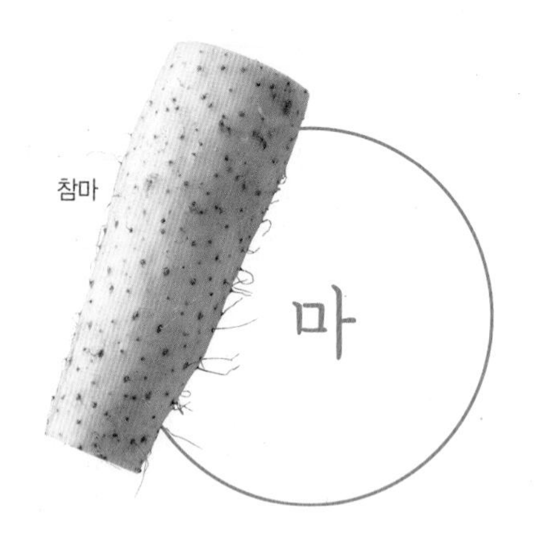

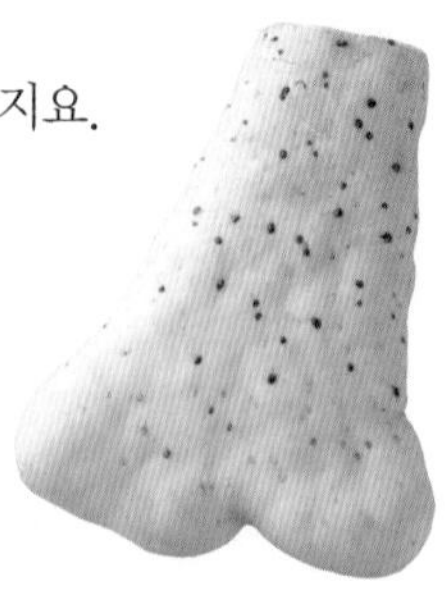

마는 생으로도 먹을 수 있어 간편해서 좋은 식재료이지요.
친숙한 품종은 참마와 은행마입니다.
참마는 수분이 많고 아삭한 식감을 즐길 수 있으며,
은행마는 점성이 강해서 걸쭉한 것이 특징이에요.

하나. 껍질 벗기기

껍질은 필러를 이용해 세로로 당겨 벗긴다. 작아져서 잡기 힘들어지면 도마에 놓고 벗긴다.

둘. 강판에 갈기

손이 미끄러지지 않도록 끝을 키친타월로 감싸서 잡고, 강판에 수직으로 대고 원을 그리듯이 갈아준다.

셋. 두드려 쪼개기

비닐봉지에 넣고 나무 주걱 등으로 썰 듯이 두드려서 부순다. 봉지에 넣으면 튀어 나가지 않는다. 덩어리지기 때문에 사각거리는 식감을 즐길 수 있다.

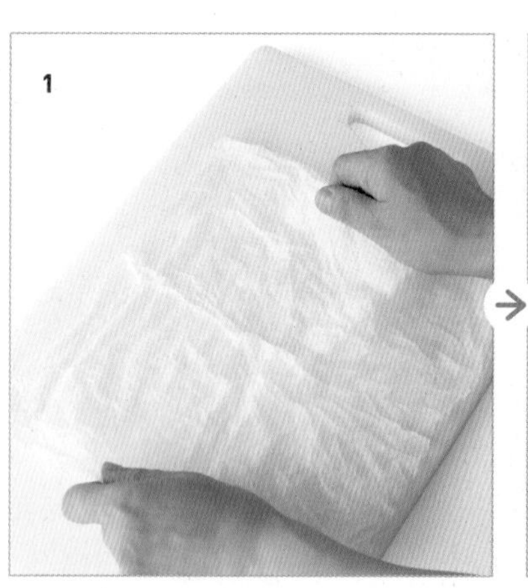

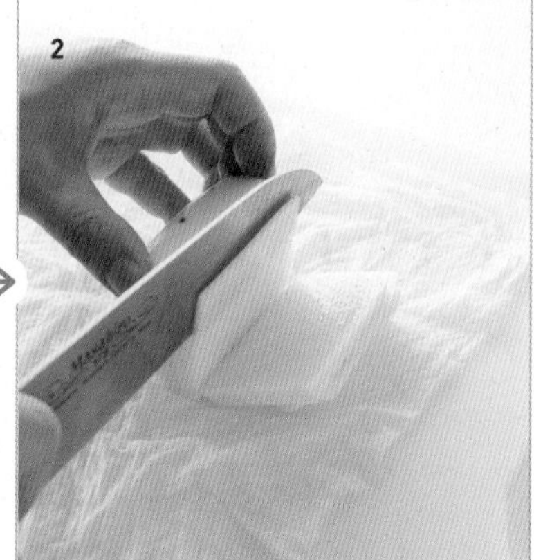

넷. 채썰기

1 키친타월을 접어서 물을 적신 후 가볍게 물기를 짠 다음 펼쳐서 도마 위에 깔아둔다. 이렇게 하면 잘 미끄러지지 않는다.
2 5~6cm 길이로 썰고, 섬유질 방향을 따라 얇게 편 썰기를 한다.

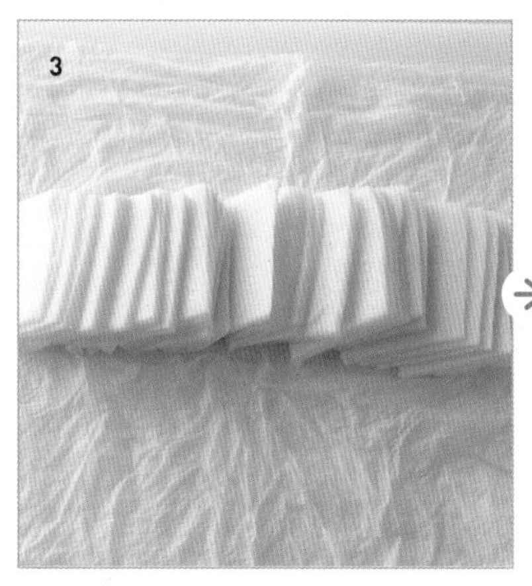

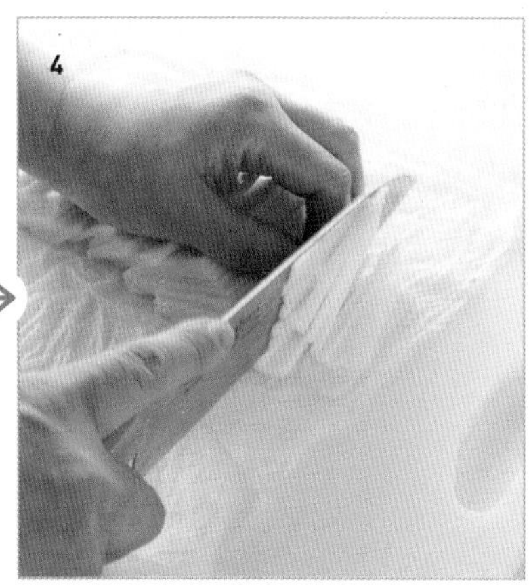

3 약간씩 포개서 옆으로 늘어놓는다.
4 끝에서부터 가늘게 썬다.

고추냉이 간장소스를 곁들인 참마

재료 2인분
참마 200g / 고추냉이 ¼작은술 / 간장 ½큰술

1 참마는 필러로 껍질을 벗기고 채썬다.
2 그릇에 참마를 담아 고추냉이를 올리고 간장을 뿌린다.

1인분 50kcal
조리 시간 5분

토란

특유의 점액이 있어 미끈거리는 식감이 특징인 토란.
점액을 적당히 제거하는 것이 손질의 포인트예요.
그러면 다루기도 쉽고 맛도 잘 밴답니다.

하나. 세척하기

볼에 물을 넣고 토란을 담가 표면에 묻은 흙을 수세미로 문질러 깨끗하게 씻는다.

둘. 말리기

체에 밭쳐서 바람이 잘 통하는 곳에 두고 잘 말린다.

셋. 위아래 잘라내기

칼로 위아래 끝에서 5~6mm 부분을 깔끔하게 잘라낸다.

넷. 껍질 벗기기

위쪽 절단면에서 세로로 껍질을 벗긴다. 폭을 잘 맞춰서 6~8회 정도에 걸쳐 전부 벗겨내면 모양이 깔끔해진다.

다섯. 소금 묻히기

1 볼에 토란을 넣고 소금을 뿌린다.
2 전체적으로 잘 묻히고, 하나씩 집어서 약 30초간 주무른다. 소금으로 주무르면 점액이 빠져나온다.

여섯. 세척하기

소금으로 잘 주무른 토란에 물을 충분히 부어 잘 뒤섞으며 빠르게 씻는다.

일곱. 물기 닦기

키친타월로 1~2개씩 잘 감싸서 표면의 물기를 닦고 동시에 점액도 제거한다.

◆ 토란은 껍질을 벗길 때도 꼼꼼히 씻어서 확실하게 말려요!

흙이 묻은 토란 껍질을 벗기다 보면 점점 손이 더러워지고 가운데 흰 부분이 새까매져 버리지요. 또한 젖은 상태에서 껍질을 벗기면 점액이 나와서 손이 잘 미끄러지기 때문에 다루기가 어려워집니다. 토란은 깨끗하게 씻고 확실히 말린 다음에 껍질을 벗기도록 합시다.

Q&A

마와 토란은 비슷하게 생겼는데, 같은 과인가요?

마는 주로 산에서 자생하기 때문에 산에서 채취할 수 있고, 토란은 밭에서 채취할 수 있답니다. 종류나 맛도 조금 차이가 있어요.

생강

본연의 알싸한 향과 매운맛이 특징인 생강.
섬유질이 두껍기 때문에 가능한 한 잘게 썰어야
입에 넣을 때의 감촉이 좋아집니다.
고명으로 쓰거나 다양한 요리에 풍미를 더하는 역할로도 훌륭하답니다.

하나. 껍질 긁어내기

생강은 껍질 부분에 향을 내는 성분이 풍부하게 함유되어 있기 때문에 칼로 껍질을 벗기지 않고 숟가락으로 표면을 긁어서 얇게 제거한다.

둘. 강판에 갈기

섬유질 방향이 수직이 되도록 강판에 대고 원을 그리듯이 갈아준다.

셋. 얇게 편 썰기

끝에서부터 얇게 썬다. 향을 강하게 내고 싶을 때는 섬유질과 직각으로, 식감을 즐기고 싶을 때는 섬유질을 따라 썰면 좋다.

넷. 채썰기

섬유질을 따라 얇게 썬 다음, 섬유질 방향을 세로로 해서 약간씩 포개어 놓고 끝에서부터 가늘게 썬다.

다섯. 다지기

채썰기를 한 생강을 옆으로 놓고 끝에서부터 잘게 썬다.

여섯. 물에 담그기

고명 등으로 이용해 생강을 그냥 먹을 때는 물에 담갔다 빼면 자극적인 매운맛이 순해져서 풍미를 즐길 수 있다. 채썬 생강을 물에 넣고 약 20분간 그대로 뒀다가 물기를 뺀다.

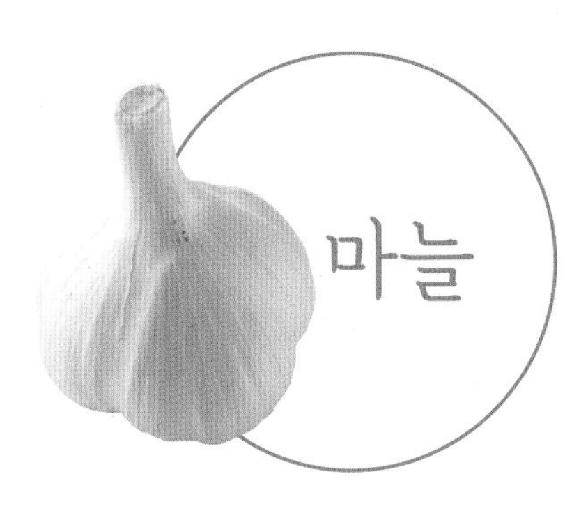

마늘

마늘 특유의 냄새와 매운맛은
가열하면 순해지면서 식욕을 돋우는 향으로 바뀝니다.
중국 요리나 이탈리아 요리에서
빼놓을 수 없는 향미 채소 중의 하나이지요.
마늘을 다지는 것은 그 요령만 잘 익히면 어렵지 않답니다.

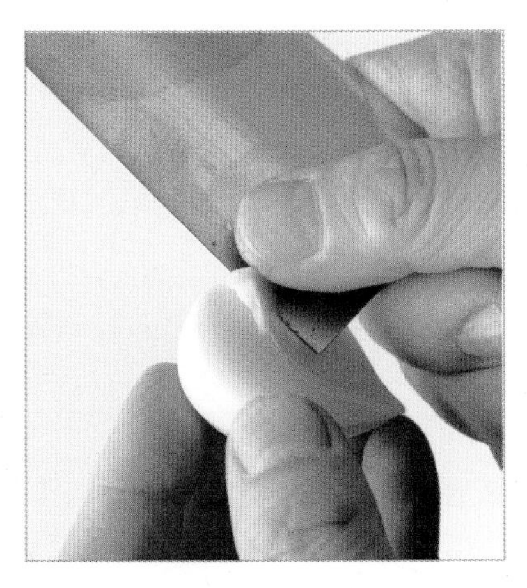

하나. 심 제거하기

세로로 반을 잘라 칼날 아래쪽 끝을 이용해 두꺼운 심 부분을 제거한다. 심은 먹을 수는 있지만 쉽게 타기 때문에 제거하는 편이 좋다.

둘. 으깨기

나무 주걱을 대고 손으로 세게 눌러 으깬다. 섬유질이 으깨지기 때문에 풍미가 잘 우러나고 특유의 식감을 맛볼 수 있다.

셋. 얇게 저미기

세로로 반을 잘라 심을 제거한 다음, 절단면을 아래로 하고 끝에서부터 얇게 썬다. 섬유질을 자르기 때문에 마늘향이 잘 난다. 섬유질을 따라 써는 경우도 있다.

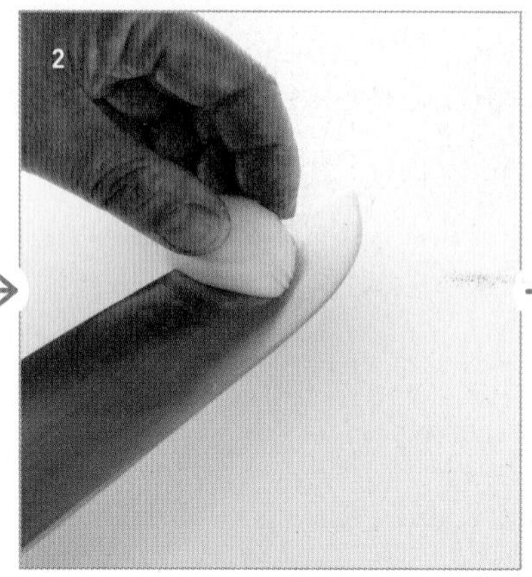

넷. 다지기

1 섬유질을 따라 잘게 칼집을 넣는다. 뿌리는 떼어내지 않고 그대로 둔다.

2 섬유질 방향이 옆으로 가도록 방향을 바꾸고 칼을 수평으로 해서 칼집을 3~4군데 넣는다.

3 끝에서부터 잘게 썬다. 뿌리 부분은 사방으로 잘게 썬다.

다섯. 굵게 다지기

써는 법은 위의 다지기와 같다. 써는 폭을 4~5mm로 넓혀서 썬다. 씹는 맛이 생기고 풍미가 더 강렬해진다.

Q&A

마늘의 풍미는 좋아하지만 생으로 먹지 못하는 사람도 있는데, 그런 사람들을 위해 은은하게 향을 내는 방법은 무엇이 있을까요?

샐러드 등을 할 때는 재료를 섞을 볼에 마늘의 절단면을 살짝 비벼두면 은은한 향만 느낄 수 있답니다.

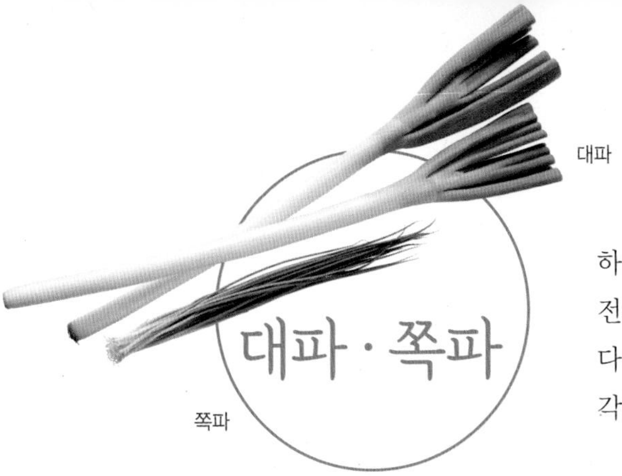

대파 · 쪽파

하얗고 길쭉한 대파는 풍미가 좋아서 가열하면 단맛을 냅니다.
전체적으로 가늘고 푸른빛이 나는 쪽파는 향이 좋기 때문에
다져서 고명 등에 주로 쓰이지요.
각각의 용도에 맞춘 썰기를 익혀봅시다.

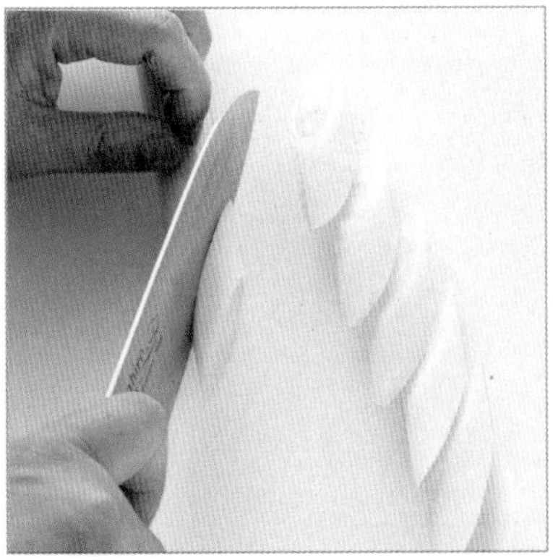

하나. 어슷썰기

칼을 비스듬하게 해서 썬다. 단면이 타원형이 되게 썰면 불에 잘 익고 먹기도 편하다. 볶음 요리 등에 적절하다.

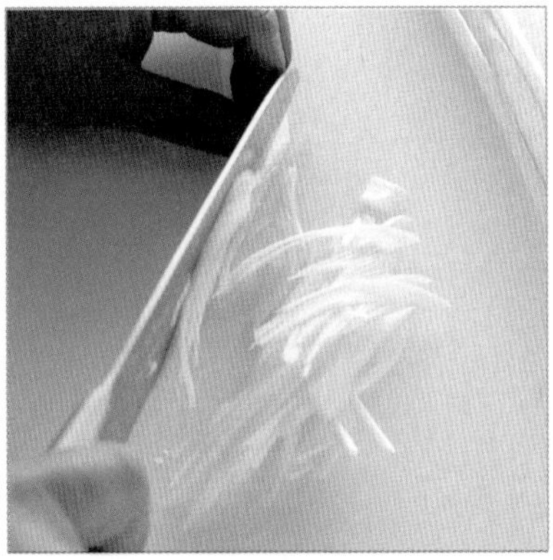

둘. 세로로 반을 자르고 얇게 어슷썰기

세로로 반을 자르고 얇게 어슷썬다. 섬유질이 비스듬하게 끊어져서 숨이 죽어 적당한 식감이 생긴다. 고명이나 볶음 요리 등에 알맞다.

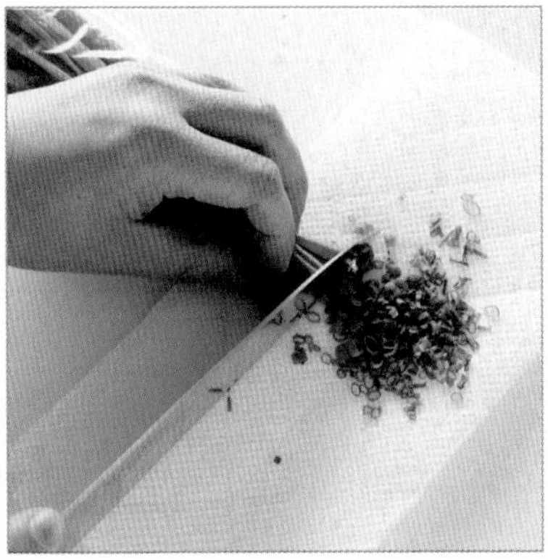

셋. 잘게 썰기

끝에서부터 1~2mm 폭으로 썬다. 잘게 썰면 풍미가 잘 퍼진다. 고명 등에 알맞다.

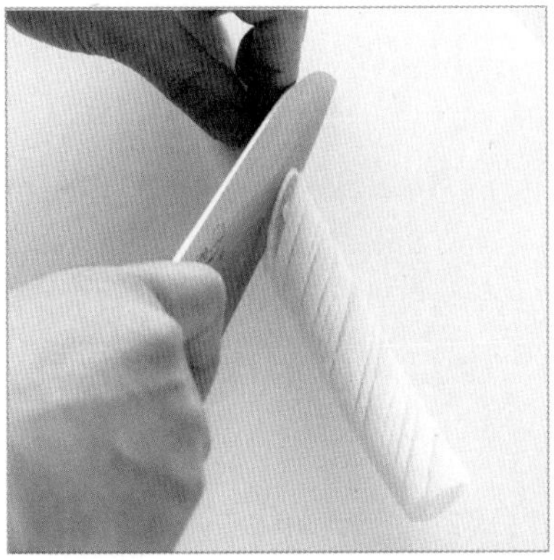

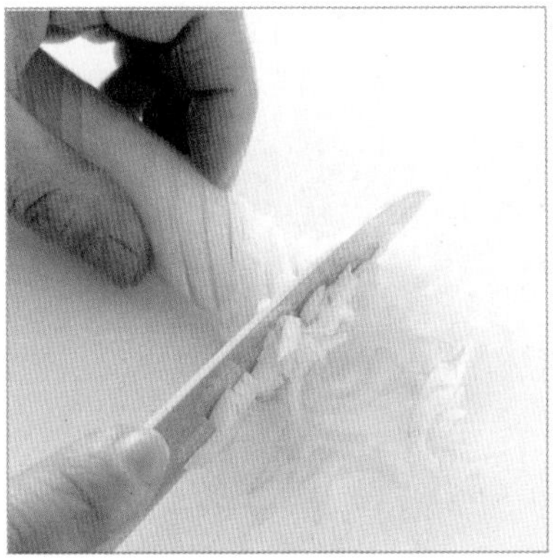

넷. 다지기

1 비스듬히 자잘한 칼집을 넣는다. 반대쪽에도 같은 식으로 칼집을 넣는다.

2 섬유질과 직각으로 얇게 써는 방식으로 끝에서부터 잘게 썬다.

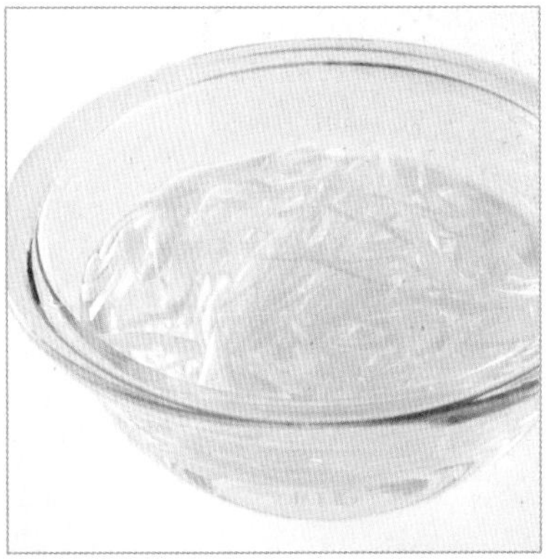

다섯. 물에 담가놓기

고명 등으로 이용해 생으로 그냥 먹을 때는 물에 담가두면 매운맛이 빠져서 먹기에 편하다. 충분한 물에 약 20분간 담갔다가 물기를 뺀다.

표고버섯

향긋한 향과 감칠맛이 강한 표고버섯.
버섯갓을 얇게 썰면 매끈매끈한 식감을 즐길 수 있습니다.
풍미를 살리기 위해서 물에 씻지 않고 그대로 사용합니다.
그 밖의 다른 버섯도 마찬가지입니다.

하나. 이물질 닦기

키친타월로 표면에 묻은 이물질을 닦아 낸다. 버섯갓 부분은 말랑말랑해서 부서지기 쉬우니 정성스레 살살 닦는다.

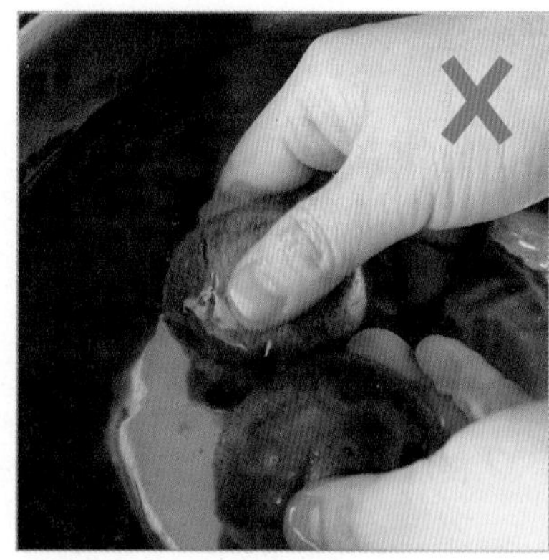

이렇게 하면 NG !

물로 씻으면 풍미가 달아나고 싱거워진다.

둘. 밑동 제거하기

버섯 줄기 아래쪽의 딱딱한 부분(밑동)을 잘라낸다.

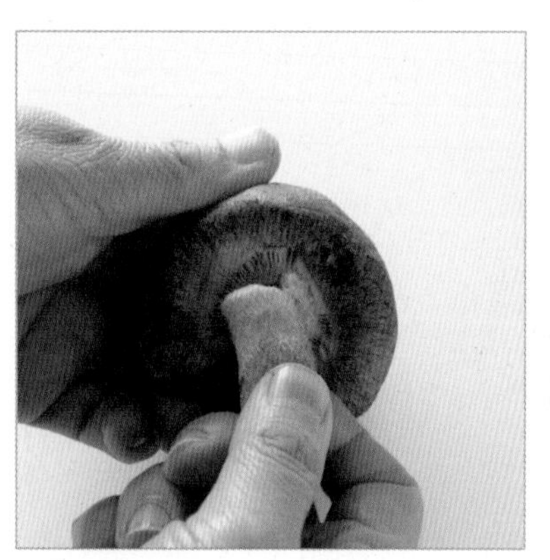

셋. 줄기 떼기

버섯 줄기를 잡고 천천히 당겨 벗겨내듯이 뗀다.

넷. 줄기 찢기

줄기는 딱딱하고 심이 많아서 손으로 찢으면 먹기 편하다. 줄기를 사용하지 않는 요리를 할 때는 찢어서 된장국 등에 넣어 사용하면 좋다.

다섯. 얇게 편 썰기

버섯갓 부분을 끝에서부터 폭을 맞춰서 얇게 썬다. 불에 금방 익으므로 볶음 요리나 국물 요리 등에 알맞다.

백일송이버섯

맛이 담백하고 무난해서 다양한 식재료에 두루두루 어울리는 백일송이버섯.
밑손질의 포인트는 '밑동' '작은 송이'에 있는데,
이것이 버섯 요리의 기본이랍니다.

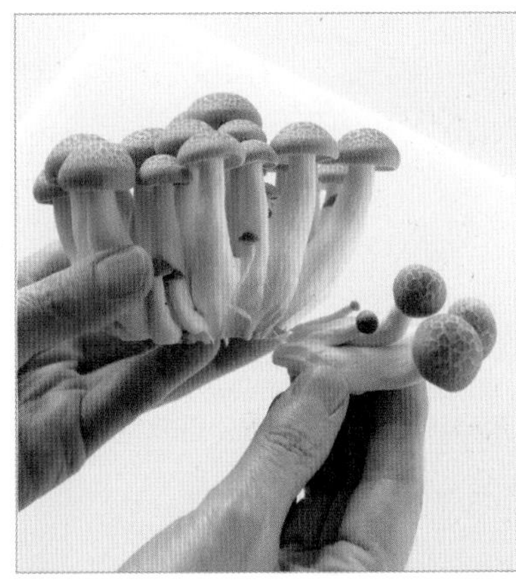

하나. 밑동 제거하기

뿌리 부분에 약간 단단하게 쪼그라든 부분(밑동)을 칼로 잘라낸다.

둘. 작은 송이로 나누기

손으로 2~3개씩(또는 요리에 따라 먹기 편한 사이즈) 나눈다.

팽이버섯

은은한 향과 감칠맛, 오돌오돌한 식감까지 즐길 수 있는 팽이버섯.
뿌리를 자른 다음 요리에 따라 알맞은 길이로 썰어 사용하면 됩니다.

뿌리 자르기

밑동 부분을 잘라낸다. 줄기가 밀착되어 있는 부분은 풀어서 사용한다.

Q&A

버섯을 냉동할 수 있다는데, 사실인가요?

사실입니다. 냉동된 상태로 볶거나 수프에 넣어서 조리할 수 있어요. 먹지 않는 부분을 제거한 후 냉동시켜두면 됩니다.

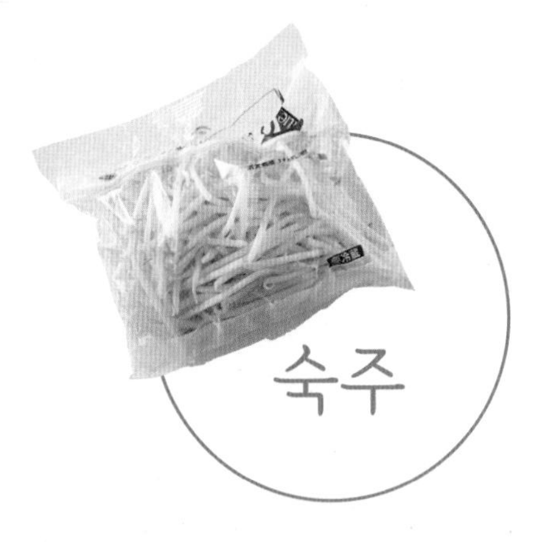

숙주

아삭아삭한 식감이 매력적인 숙주.
물에 담갔다 사용하면 수염뿌리 특유의 비릿한 향이 잘 안 나기 때문에
깔끔한 맛이 납니다.

하나. 물에 담가놓기

충분한 양의 물에 넣어 4~5분간 그대로 둔다. 이물질이 떠오르고 특유의 비릿함을 잡을 수 있다.

둘. 체에 밭치기

손으로 조금씩 집어서 체로 옮긴다. 이렇게 하면 볼의 바닥에 가라앉은 가느다란 수염뿌리와 껍질 등을 제거할 수 있다.

경수채

먹기에 무난하고 담백한 맛이 특징이며 아삭아삭한 식감이 있습니다. 샐러드 등 생으로 먹을 때는 물에 담가두세요.

찬물에 담가두기

충분한 양의 찬물에 넣고 약 20분간 그대로 둔다. 수분을 흡수해서 싱싱해진다.

서양 요리의 마무리 장식으로 곁들일 때가 많은 파슬리. 색감을 예쁘게 하고 상쾌한 향을 더해줍니다. 다지는 요령을 익혀보세요.

다지기

도마에 키친타월을 깔고, 다발째로 잎 부분을 작게 오므려 눌러주면서 끝에서부터 잘게 썬다.

상쾌한 향의 푸른 차조기는 주로 일본 요리에서 향을 낼 때 빼놓을 수 없는 향미 채소입니다. 겹쳐서 말면 채썰기도 쉽게 할 수 있어요.

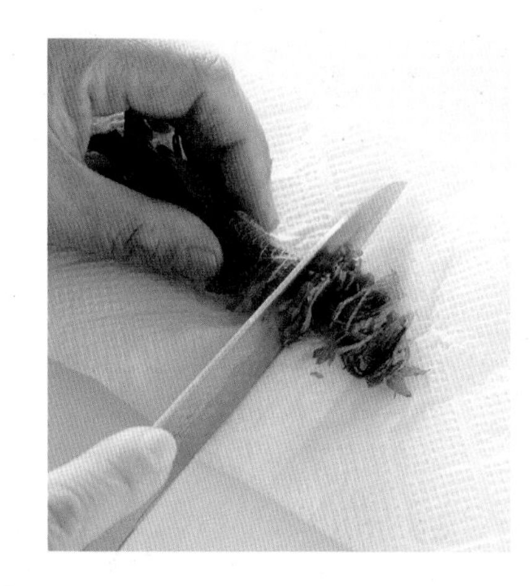

하나. 채썰기

도마에 키친타월을 깔고 푸른 차조기 줄기를 잘라낸 후 세로로 반을 자른다. 겹쳐서 돌돌 만 다음 끝에서부터 잘게 썬다.

둘. 물에 담가두기

충분한 양의 물에 넣어 약 20분간 그대로 둔다. 물기를 빼고 사용하면 떫은맛이 달아난다.

◆ 2종류 이상의 향미 채소를 함께 담가두어도 OK!

양파, 파, 생강, 푸른 차조기 등의 향미 채소는 2~3종류를 합쳐서 사용하면 풍미가 더 깊어집니다. 그럴 때는 함께 물에 담가두어도 괜찮아요. 단, 너무 오래 담가두면 매운맛과 떫은맛이 강한 식재료가 다른 식재료의 풍미를 없애버릴 수도 있습니다. 20분 정도 담가놓는 것이 좋아요.

육류 손질

메인 반찬이 될 때가 많은 육류를 더 맛있게 요리하기 위한 첫걸음은 밑손질에 있습니다. 육류의 부위나 요리법에 맞춰서 적절하게 손질하는 것이 포인트입니다.

닭고기

닭고기는 부위에 따라 형태와 맛, 식감이 많이 달라집니다. 따라서 부위의 특징에 맞게 손질해야 본연의 맛이 살아나지요. 수분이 많고 상하기 쉬우므로 신선한 것을 사용해야 합니다.

닭다리 살

닭다리에서부터 허벅지 윗부분을 가리키는 부위로, 뼈를 발라내고 펼쳐놓은 것이 일반적입니다. 운동량이 많은 부위라서 육질이 단단하고 근육과 지방이 많아 감칠맛이 있습니다. 튀김이나 양념구이 등에 알맞습니다.

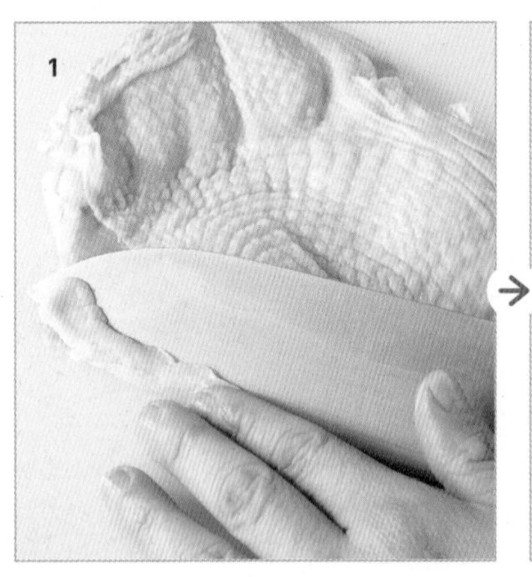

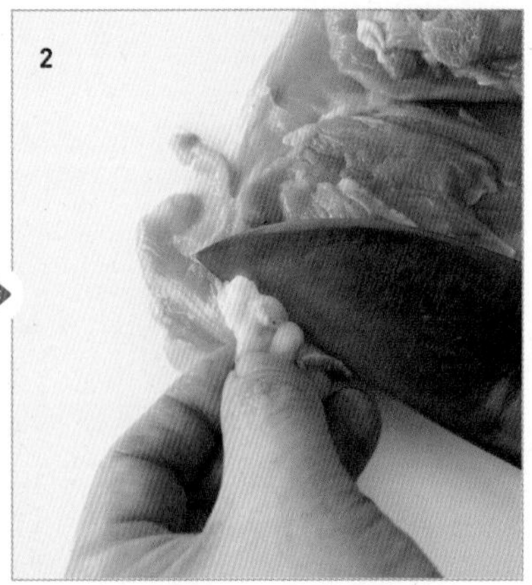

하나. 여분의 지방 제거하기

1. 닭다리 살에 붙은 지방을 제거한다. 껍질과 살 사이에 있는 지방을 손으로 잡아당겨 칼로 긁어낸다. 전부 제거하지 않아도 된다.
2. 껍질을 아래로 향하게 놓고, 살에 붙어 있는 지방을 잡아서 깎아내듯이 잘라 제거한다. 지방을 제거하면 맛이 깔끔해지고 간이 잘 밴다.

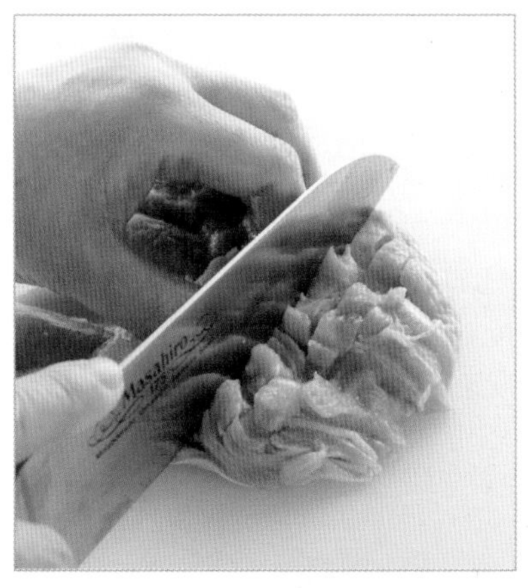

둘. 칼집 넣기

섬유질 방향을 옆으로 놓고, 하얀 힘줄이 많은 부분에 칼집을 약 1cm 간격으로 살짝 넣는다. 가열했을 때 형태가 잘 휘지 않게 해주고 불에도 잘 익는다.

셋. 6등분으로 자르기

껍질을 밑으로 향하게 세로로 길게 놓고 세로 2등분을 한다. 한 조각씩 다시 가로로 길게 놓고 3등분으로 자른다. 씹는 맛이 있고 불에도 잘 익는 크기가 된다.

넷. 밑간하기

트레이에 놓고 약간 높은 지점에서 소금과 후추를 고르게 뿌린다. 뒤집어서 반대쪽 면도 뿌린다.

다섯. 밀가루 묻히기

밀가루를 양면에 묻힌 후 손으로 가볍게 가루를 털어내 얇게 묻힌다. 수분과 감칠맛을 보존하고 소스가 잘 밴다.

Q&A

닭다리 살의 지방은 어디까지가 여분인가요? 많이 제거하면 퍽퍽하지 않나요?

노란 부분이 지방이에요. 눈에 띄는 부분, 잡을 수 있는 부분은 가능하면 다 제거하는 게 좋습니다. 지방이 많다고 퍽퍽해지지는 않습니다.

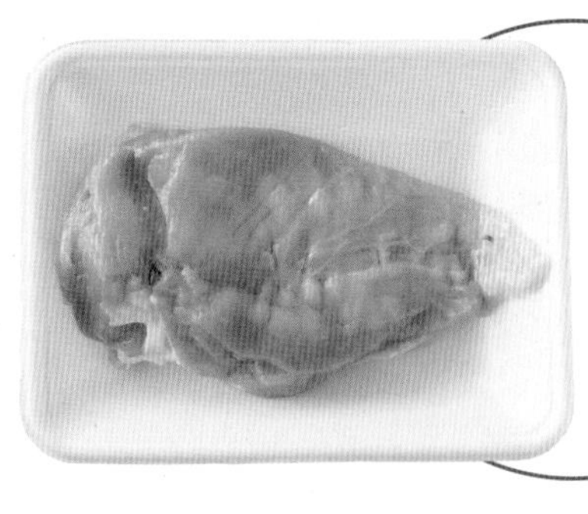

닭 가슴살

닭의 가슴 부분 살로, 운동량이 거의 없는 부분이라
육질이 부드럽습니다. 연한 핑크색을 띠는 닭 가슴살은,
닭다리 살과 비교하면 지방이 적고 담백한 맛을 냅니다.
소테(육류를 기름에 데친 요리)나 볶음 요리, 찜 등에 알맞습니다.

하나. 실온 상태로 준비하기

닭다리 살이나 닭 가슴살은 두툼해서 속까지 잘 익히기 어렵기 때문에 조리하기 약 20분 전에 냉동고에서 꺼내 실온에 둔다.

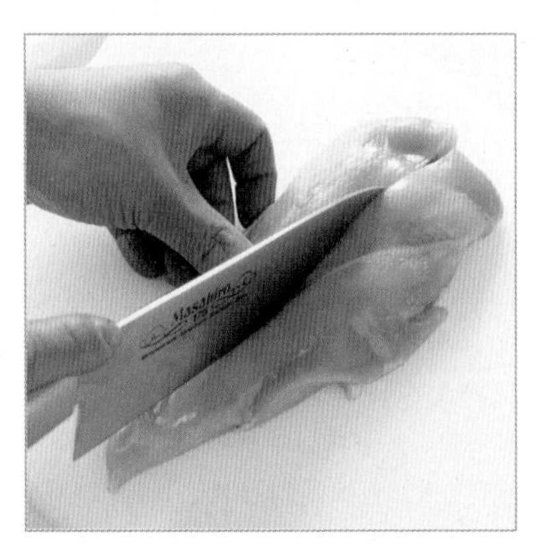

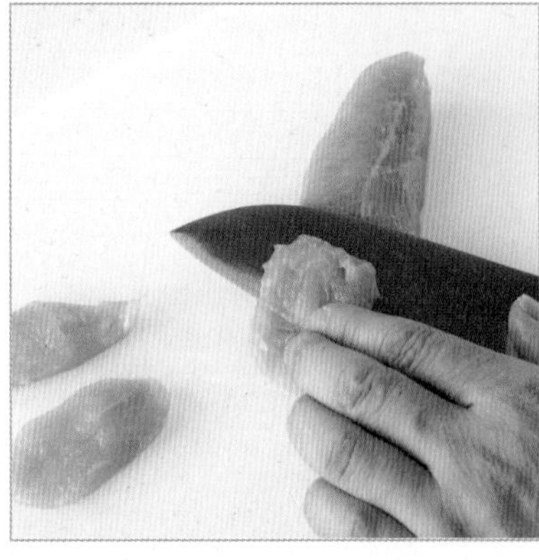

둘. 세로로 반 자르기

두툼한 닭 가슴살은 세로로 반을 자르면 불에 잘 익는다. 볶음 요리 등에 사용할 때는 한 번 더 얇게 자르기도 한다.

셋. 얇게 포 뜨기

칼을 눕혀서 비스듬히 넣고 앞쪽으로 당겨 벗겨내듯이 썬다.

닭 안심

닭 안심은 가슴살 안쪽에 있는 부위로,
가늘고 긴 대나무 잎처럼 생겼답니다.
지방이 적고 연한 색을 띠며 맛도 담백하지요.
닭고기 중에서도 가장 부드러운 부위로,
소테나 찜 요리에 주로 이용됩니다.

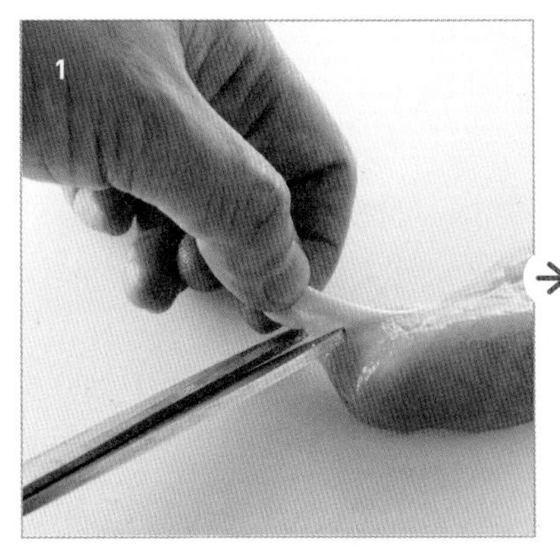

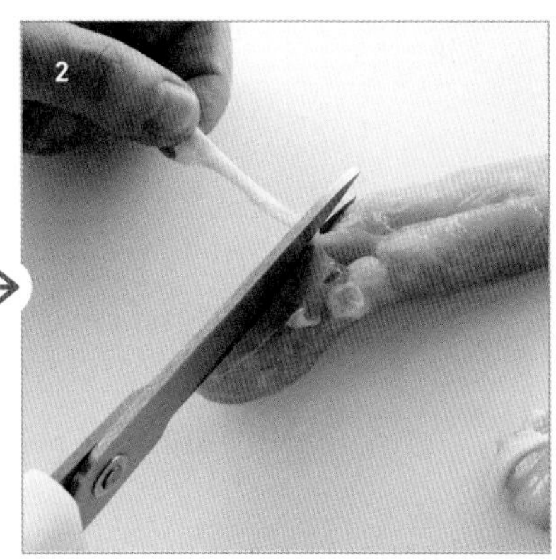

하나. 힘줄 제거하기

1 닭 안심은 흰 힘줄 끝을 잡고 살과 경계 부위를 주방 가위로 조금씩 잘라낸다.
2 힘줄이 가늘어지면 힘줄이 붙어 있는 부분을 끊는다. 힘줄을 끊으면 가열했을 때 수축되는 것을 막아준다.

둘. 기름 바르기

1 닭 안심 위에 기름을 뿌린다.
2 손으로 가볍게 주무르듯이 전체적으로 잘 바른다. 지방이 적은 닭 안심에 기름을 바르면, 감칠맛이 나고 육질도 부드러워진다. 또한 수분을 유지시켜주기 때문에 퍽퍽해지는 것을 막아준다.

닭봉

닭봉 & 닭날개

닭봉은 닭날개의 일부분으로 날갯죽지의 위쪽 부위인데 지방이 적은 편이며 담백한 맛이 특징이에요.
닭날개는 지방과 젤라틴이 많아서 깊은 감칠맛이 난답니다.

닭날개

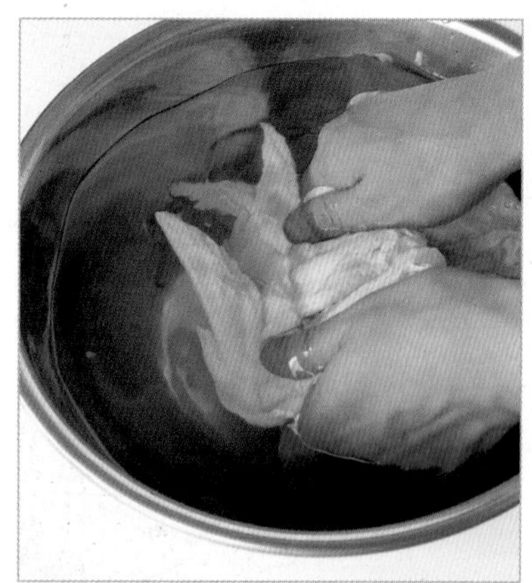

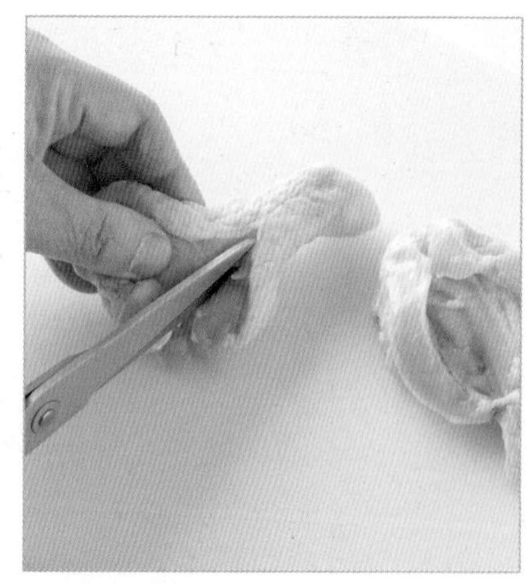

하나. 찬물에 씻기

닭봉과 닭날개는 충분한 양의 찬물 속에서 표면을 가볍게 비벼서 재빠르게 씻어 핏물을 제거한다. 물기를 빼고 키친타월로 물기를 닦는다.

둘. 칼집 넣기

닭봉 도톰한 쪽을 앞쪽으로 놓고 주방 가위로 뼈를 따라 총 길이의 3분의 2 정도까지 칼집을 넣는다. 그러면 불에 익히기 쉬워진다.

닭날개 껍질이 두꺼운 쪽을 아래로 놓고 주방 가위로 뼈를 따라 관절 부분까지 칼집을 넣는다. 불에 익히기도 쉽고 먹기도 편해진다.

Q & A

고기는 그냥 씻으면 되나요? 기름기가 많을 때는 세제를 사용해도 되나요?

뼈가 붙어 있는 고기는 피가 묻어 있는 경우가 많기 때문에 찬물로 빠르게 씻어줍니다. 그다음은 물기를 닦아주면 OK! 세제는 사용하지 않습니다.

닭 간

닭의 간은 돼지고기나 소고기의 간에 비해서
잡내가 적고 부드럽습니다.
찬물이나 우유에 담갔다가
핏물이나 불순물을 제거한 다음에 조리하면
간 특유의 향이 잘 나지 않습니다.

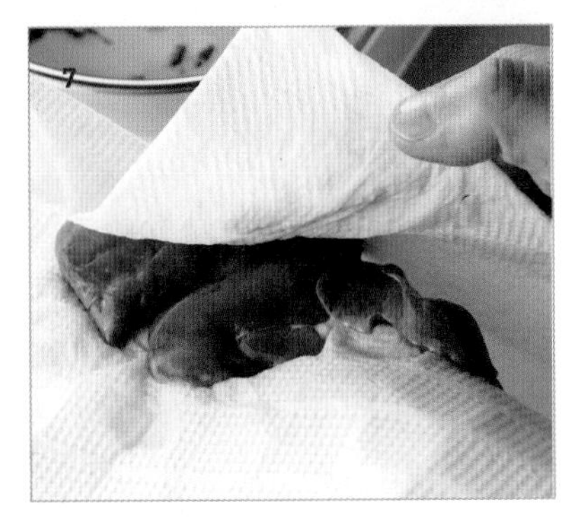

간 손질하기

1 충분한 양의 물에 간을 넣고 빠르게 씻어서 표면의 이물질을 닦아낸다.

2 찬물에 간을 넣어 약 20분간 담가둔다. 간의 온도를 낮추면 신선도가 유지된다.

3 간의 물기를 빼고 노란 지방과 힘줄을 잡고 떼어낸다.

4 칼을 눕혀서 앞쪽으로 당기며 한입 사이즈로 자른다(또는 레시피에 따라 자른다).

5 절단면에 검은 핏덩어리가 있다면 칼끝으로 제거한다. 여분의 지방과 핏덩어리를 제거하면 비릿하지 않다.

6 볼에 간을 넣고 우유를 부어 냉장고에 넣은 후 약 10분간 그대로 둔다. 우유는 간의 감칠맛은 남기면서도 남아 있는 핏물을 흡수하는 역할을 한다.

7 2~3조각씩 꺼내서 키친타월로 물기를 잘 닦아준다.

닭 모래주머니

흔히 '닭똥집'이라고도 부르는 닭 모래주머니는
위장의 근육을 말합니다.
근육은 섭취한 음식물을 으깨기 위해 발달했기 때문에,
오독오독한 식감이 있지요.
지방은 거의 없고 내장류 중에서도 특유의 냄새가 적어
누구나 잘 먹을 수 있습니다.

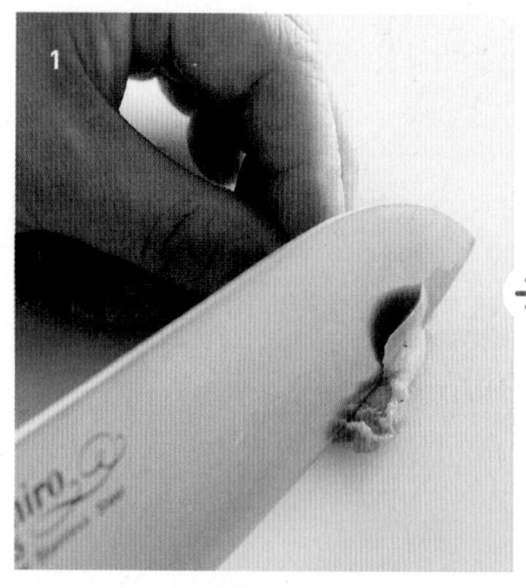

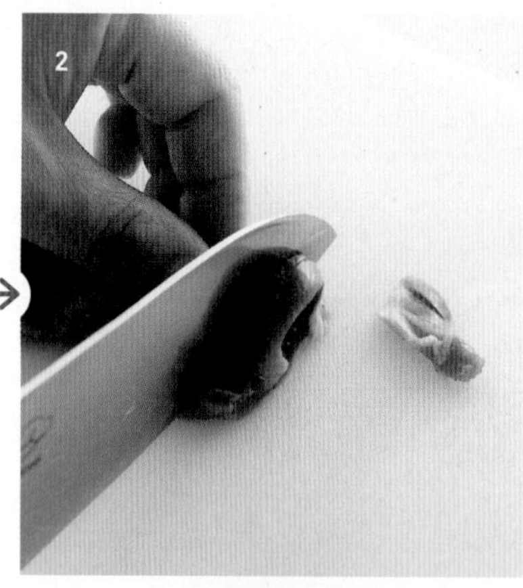

닭 모래주머니 손질하기

1 닭 모래주머니를 옆으로 길쭉하게 놓고 끝의 흰 부분을 잘라낸다.
2 반구(半球) 모양의 붉은 부분 중 하나를 끝에서부터 반으로 자른다.

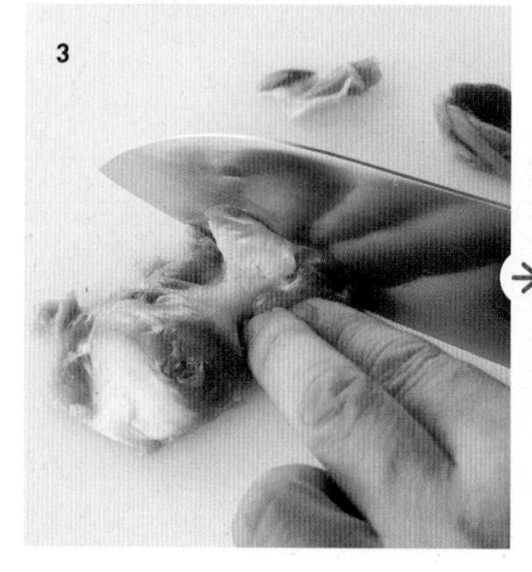

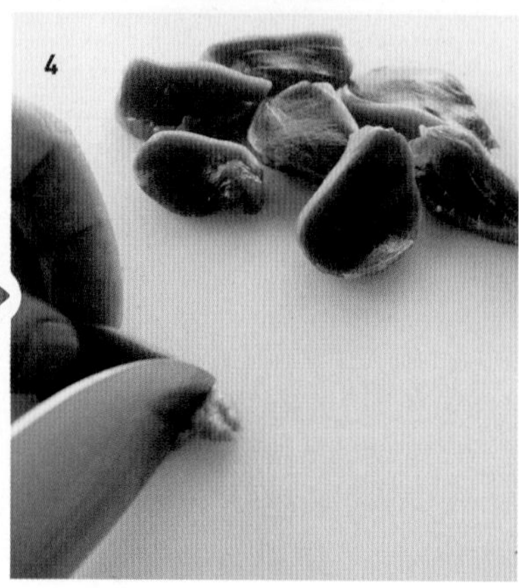

3 붉은 부분에 남은 흰 부분을 벗겨낸다. 다른 쪽 반구 모양의 부분도 똑같이 벗긴다.
4 붉은 부분의 끝에 붙어 있는 단단한 부분을 잘라낸다.

돼지고기

돼지고기는 담백한 맛이 좋고 가격도 부담스럽지 않아 평소 반찬으로 자주 사용하는 식재료이지요. 밑손질도 간단합니다. 어떤 요리를 하느냐에 따라 부위와 고기의 두께를 잘 선택하는 것이 중요합니다.

불고기용 돼지고기

육질의 두께나 식감 등이 균일하지는 않지만, 저렴한 가격이라 경제적입니다. 불고기나 볶음 요리 등에 주로 사용합니다.

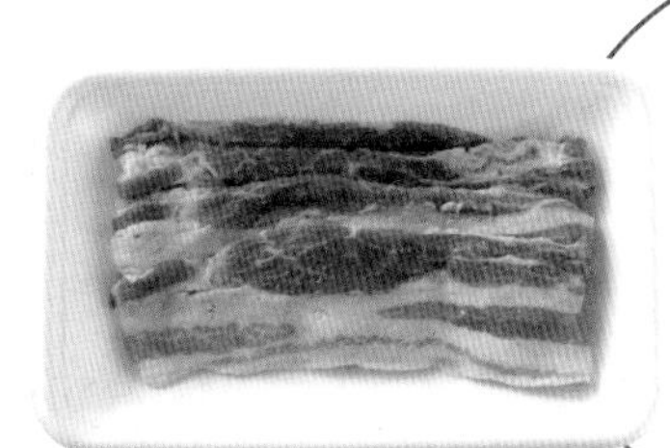

삼겹살

갈비뼈에서 척추 쪽에 걸친 넓고 납작한 모양의 뱃살을 가리킵니다. 지방과 붉은 살코기가 삼 겹의 층을 이루고 있어 '삼겹살'이라고 합니다. 지방이 많고 감칠맛과 풍미가 있어요. 2~3mm 정도로 얇게 썬 부위는 볶음 요리 등에 잘 어울립니다.

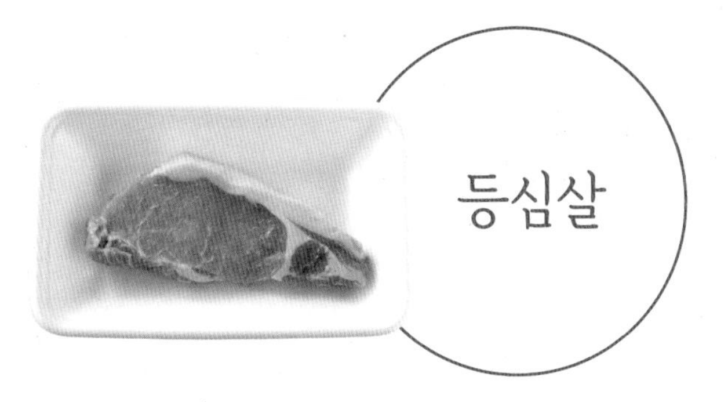

등심살

등줄기를 따라 중앙 부분에 길게 형성되어 있는 부위를 가리킵니다. 표면이 하얀 지방으로 싸여 있으며 결이 곱고 부드러운 붉은 살코기입니다. 약 1cm 두께로 썰어서 돈가스에 주로 사용하며, 그 외에 포크소테에도 사용합니다.

얇게 썬 것

등심덧살

등심살 앞쪽 부위로, 붉은 살코기 속에 지방이 포함되어 있습니다. 고소한 향미가 육즙과 조화를 이루어 담백하고 감칠맛이 있습니다. '덩어리'는 데치거나 조림 등으로, '얇게 썬 것'은 구이나 볶음으로, '샤브샤브용'은 샤브샤브와 샐러드 등으로 사용합니다.

덩어리

샤브샤브용

하나. 물기 닦기

고기의 표면이 축축하거나, 팩을 기울였을 때 붉은 즙이 고여 있는 경우에는 키친타월로 눌러주며 닦아낸다.

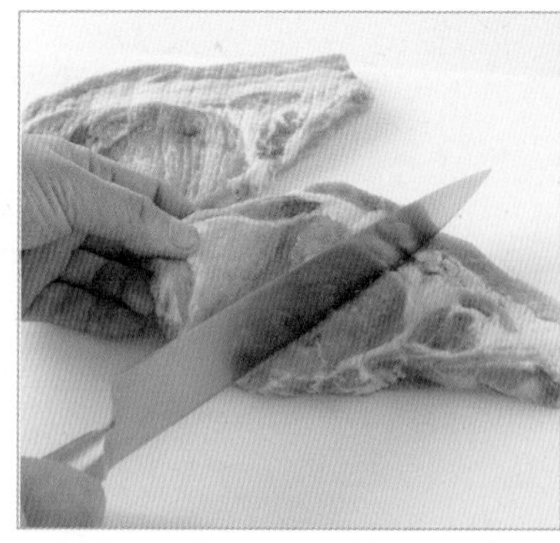

둘. 두드리기

두꺼운 고기는 양면을 칼등으로 20~30회 정도 두드린다. 힘줄이 끊어지면서 구이를 할 때 형태가 쪼그라들지 않고 부드럽게 마무리된다.

셋. 5~6cm 길이로 썰기

얇게 썬 고기는 섬유질 방향을 옆으로 두고, 끝에서부터 5~6cm 길이로 썬다. 포개놓은 상태로 썰어도 된다.

넷. 5mm 간격으로 썰기

섬유질 방향을 옆으로 두고 끝에서부터 5mm 간격으로 썬다. 볶음 요리를 하거나 삼겹살과 함께 다져서 사용한다.

다섯. 소금 묻히기

덩어리 고기에 소금을 뿌리고 손으로 문질러 전체적으로 고르게 바른다. 짭짤한 맛을 내거나 여분의 수분을 제거할 수 있다.

여섯. 기름 바르기

덩어리 고기에 소금을 문질러 스며들게 한 다음, 기름을 뿌려 전체적으로 발라놓으면 육즙이 풍부하고 감칠맛이 증가한다.

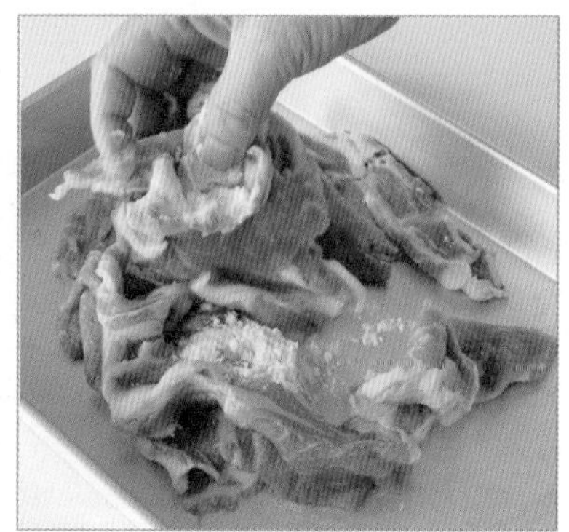

일곱. 밀가루 묻히기

돼지고기에 밀가루를 뿌리고 손으로 잘 주물러 묻힌다. 고기가 퍽퍽해지는 것을 방지하고 간이 잘 밴다.

여덟. 전분가루 묻히기

돼지고기에 전분가루를 뿌리고 손으로 잘 주물러 묻힌다. 입에 넣을 때의 감촉이 부드러워지고 소스가 잘 스며든다.

소고기

특유의 고소함과 풍미가 있는 소고기. 다른 고기에 비해 가격이 비싸지만 비교적 저렴한 불고기용을 이용하면 쉽게 소고기 요리에 도전할 수 있습니다. 니쿠자가(소고기 감자조림)나 여러 볶음 요리에 도전해보세요.

불고기용 소고기

육질의 두께나 식감 등이 균일하지는 않지만,
다른 부위에 비해 상대적으로 가격이 저렴한 편입니다.
얇게 썬 고기가 들어가는 요리에 전반적으로 사용됩니다.

밑간하기

1 조림이나 볶음 요리에서는 설탕과 간장으로 밑간을 하는 경우가 많다. 제일 먼저 설탕을 뿌리고 조물조물 잘 섞어준다.

2 설탕이 잘 스며들었으면 간장을 첨가해 조물조물 섞어준다. 설탕을 먼저 넣으면 간이 더 잘 밴다.

Q&A

고기는 숙성시키면 더 맛있어진다는데 정말인가요? 어떻게 숙성시키나요?

고기는 신선한 것을 구입해서 가능한 한 빨리 먹는 것이 기본이에요. 덩어리 고기에 소금을 문질러 1~2일간 그대로 두는 소금 돼지고기는 가정에서 할 수 있는 숙성 방법 중 하나입니다.

◆ 불고기용으로 주로 사용되는 '얇게 썬 고기'

소고기나 돼지고기의 자투리 부분들을 섞어놓은 '불고기용'을 구입할 때는 하얀 지방의 양을 확인하는 것이 중요합니다. 돼지고기든 소고기든 지방이 많으면 감칠맛이 나고, 붉은 살코기가 많으면 깔끔하고 담백한 맛이 나는 것이 특징이지요. 취향과 요리법에 따라 잘 선택하면 된답니다.

다진 고기

다진 고기에는 여러 부위가 섞여 있는 경우가 많아요. 공기 중에 닿는 면적이 많아 쉽게 상하기 때문에 신선한 것을 구입해서 가능한 한 빨리 다 써버리는 것이 좋습니다.

다진 돼지고기

돼지고기만으로 잘게 다져놓은 것. 하얀 부분은 지방이 많아서 감칠맛을 냅니다. 붉은 부분은 지방이 적고 담백하지요. 교자나 슈마이 등의 중국 요리에서는 빼놓을 수 없는 재료랍니다.

다진 닭고기

닭고기의 살과 껍질 부분을 합쳐서 잘게 다져놓은 것. 닭고기의 감칠맛을 살려서 만드는 요리에 이용됩니다. 고기 경단, 닭고기 소보로, 닭고기 완자 등 일식에서 자주 사용하는 친숙한 재료이지요.

다진 소고기

소고기만을 다져놓은 것. 소고기 특유의 감칠맛이 있습니다. 푹 조리면 더 맛있어지는 부위도 포함되어 있어서 조림 요리에 알맞아요.

혼합 다진 고기

소고기와 돼지고기 다진 것을 합쳐놓은 것이 일반적입니다. 보통 소고기 7, 돼지고기 3의 비율로 섞어놓은 것이 많아요. 소고기와 돼지고기 각각의 특징을 살려, 햄버그 등에 주로 사용합니다.

◆ 다진 고기의 비율을 자신의 취향대로 섞어도 OK!

소고기 다진 것과 돼지고기 다진 것을 취향대로 섞어 자신만의 혼합 다진 고기를 만들어보는 것은 어떨까요? 소고기를 많이 넣으면 고소한 소고기 맛이 강해지고, 돼지고기를 많이 넣으면 매끈한 식감이 나면서 맛이 담백해집니다.

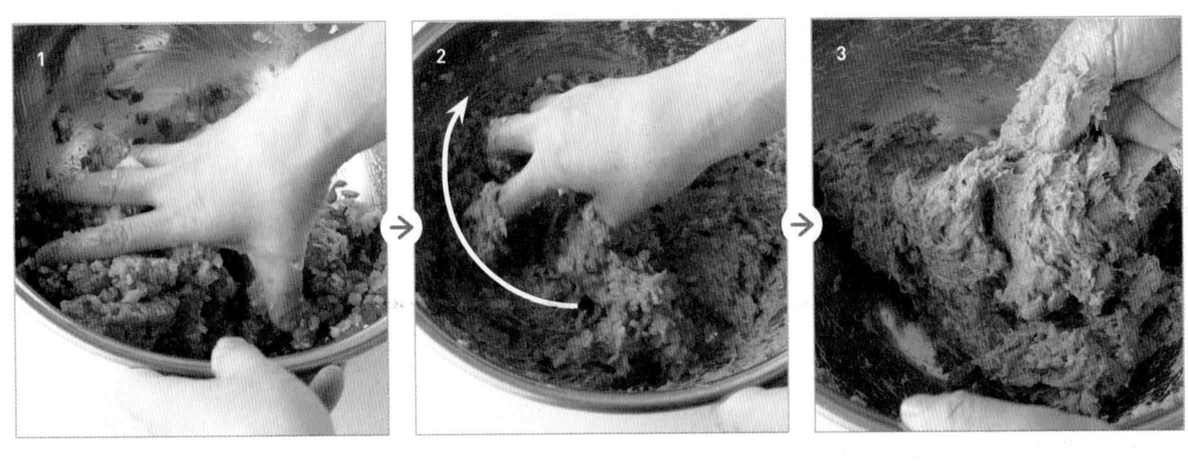

다진 고기 반죽 섞는 법

1 볼에 다진 고기와 그 외의 재료를 넣고 손을 크게 벌려서 조물조물 섞는다.

2 전체적으로 다 섞였으면 손을 벌린 채 원을 그리듯이 빙글빙글 섞어준다.

3 점성이 생기고 하나로 뭉쳐지면 끝.

◆ 다진 고기는 여러 가지로 응용할 수 있어서 좋아요!

다진 고기에 향미 채소나 조미료, 재료를 차지게 하는 빵가루나 밀가루를 첨가해서 섞어놓으면 다진 고기 반죽이 되지요. 반죽에 들어가는 재료에 따라서 햄버그나 슈마이, 고기 완자 등 여러 가지 요리가 가능해집니다. 반죽의 포인트도 모두 공통적이라서 그 요령만 잘 익혀두면 다양한 레퍼토리로 활용할 수 있답니다.

햄버그 혼합 다진 고기에 다진 양파와 잘게 찢은 빵(혹은 빵가루), 달걀, 조미료를 넣고 반죽한다. ▶ 방법은 188쪽 참조

슈마이 돼지고기 다진 것에 다진 양파, 조미료를 넣고 반죽한다. ▶ 방법은 140쪽 참조

고기 완자 닭고기 간 것에 달걀, 밀가루, 소금을 넣고 반죽한다. ▶ 방법은 243쪽 참조

Q&A

다진 고기는 쉽게 상한다는데, 얼마나 오래 보존이 가능한가요?

구입한 날에 바로 먹는 것이 가장 이상적이지만, 보존할 거라면 그날 바로 냉동합니다.

어패류 손질

초보자들은 보통 어패류 손질을 매우 어려워하지요. 그래도 하나하나 정성껏 손질하고 나면 특유의 비린내도 잘 나지 않고 맛있는 요리를 만들 수 있답니다.

생선 토막

생선 토막은 대형 생선을 사용하기 편리한 크기로 잘라 손질해둔 것으로, 초보자들이 손쉽게 사용할 수 있습니다. 살이 투명하고 탄력 있는 것이 신선한 것이지요. 팩 안에 국물이 고여 있는 것은 피하는 게 좋아요.

살몬 핑크라는 색깔이 있듯, 연어는 선명한 색을 띤 속살이 특징입니다. 연어의 종류에는 '백연어' '은연어' '홍연어' '왕연어' '대서양연어'(사진) 등이 있습니다.

겨울을 대표하는 흰살 생선입니다. 일본 요리에서 말하는 '생대구'는 소금에 절이지 않은 것을 의미합니다.

◆ 연어를 구입할 때 '생'과 '소금절임'을 구분해서 구입

마트에서 파는 연어는 '생'과 '소금절임'이 있습니다. 소금절임에는 간이 되어 있기 때문에 굽기만 해도 바로 먹을 수 있습니다. 생연어를 쓰는 요리에 소금절임된 연어를 쓰면 짠맛이 많이 나므로 유의해야 해요. 이는 대구도 마찬가지입니다.

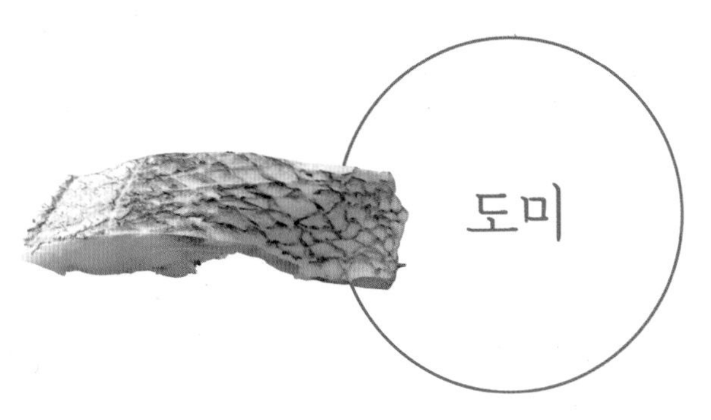

도미는 비린내가 없고 담백한 맛이 특징인 흰살 생선의 대표주자입니다.

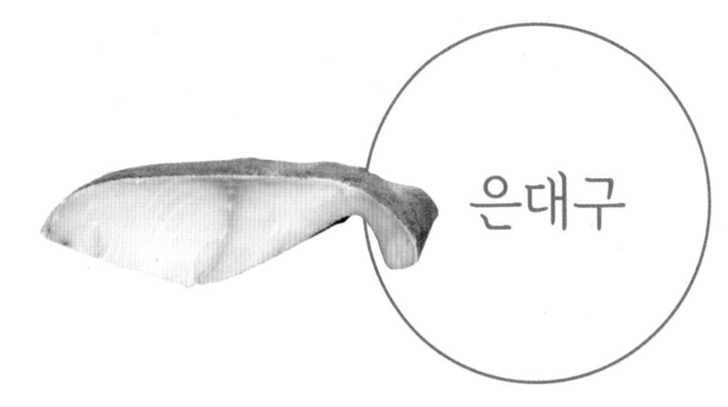

은대구과에 속한 생선으로, 이름은 대구이지만 대구의 일종이 아닙니다. 북태평양의 심해에 서식하는 큰 물고기이며, 일반적으로는 토막을 내서 냉동시켜 보관합니다. 대구보다 지방이 조금 더 많습니다.

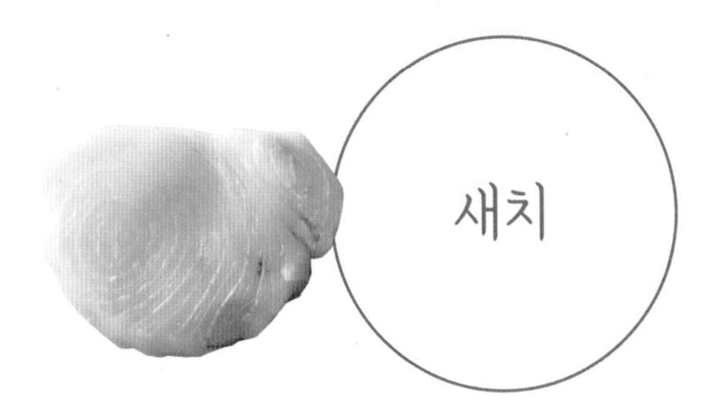

'청새치'와 '황새치'(사진)가 일반적인데, 연한 핑크색인 '황새치'는 가격도 적당하지요. 풍부한 지방과 부드러운 살이 특징입니다.

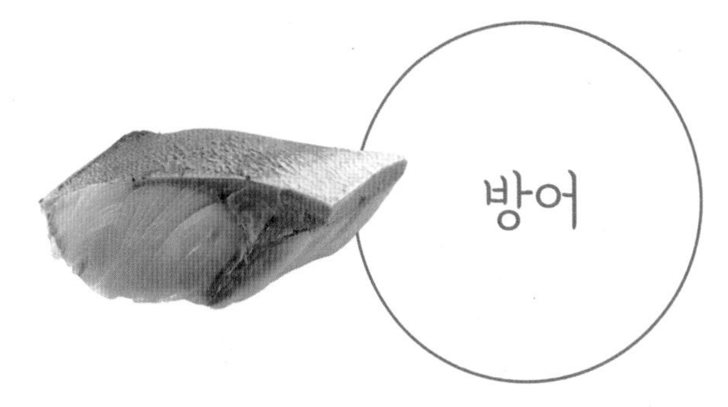

전갱이과에 속하는 바닷물고기입니다. 성장 과정에 따라서 부르는 이름이 바뀌며, 5월 초순부터 한여름까지 북상했다 회유하고, 늦여름부터 이듬해 봄에 이르는 사이에 남하하여 회유합니다.

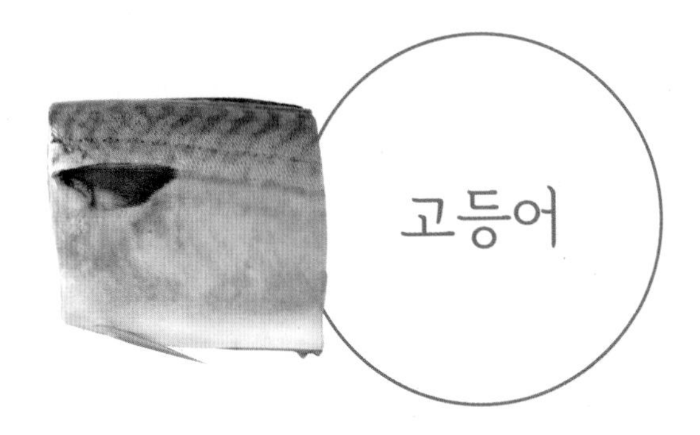

대표적인 등푸른생선으로 EPA와 DHA가 많아 아이들에게 아주 좋은 생선입니다. 금세 신선도가 떨어지기 때문에 싱싱한 것을 구매해서 빨리 먹는 것이 좋아요.

하나. 물로 세척하기

1 고등어나 방어처럼 비린내가 잘 나는 생선이나 청새치처럼 해동된 생선은 물로 씻으면 맛이 깔끔해진다. 물에 넣고 표면을 가볍게 문지른다.
2 키친타월로 물기를 닦는다.

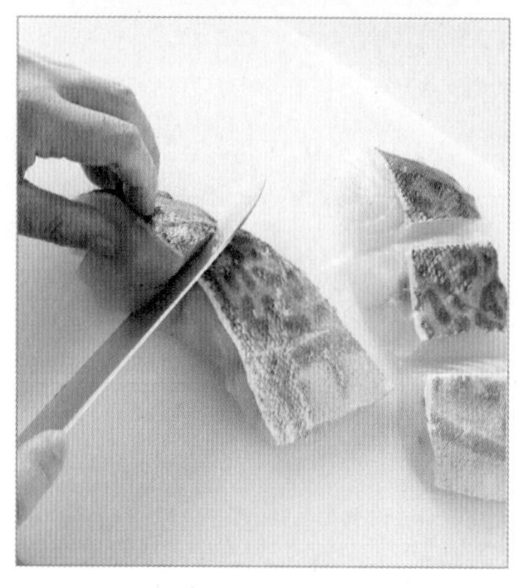

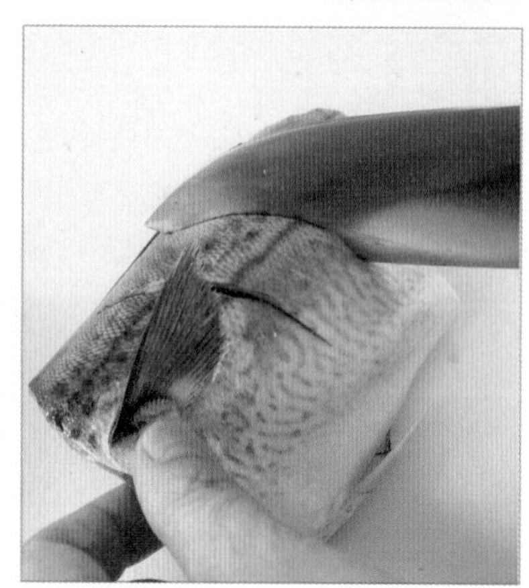

둘. 자르기

생선 토막은 껍질이 위쪽으로 향하게 놓으면 자르기 쉽다.

셋. 칼집 내기

껍질을 위로 가게 놓고 살이 도톰한 부분에 칼집을 1~2개 넣는다. 이렇게 하면 잘 익고 보기에도 좋다.

Q&A

똑같이 토막 낸 생선인데 왜 위치에 따라 뼈가 있기도 하고 없기도 한 걸까요?

생선의 크기와 살을 발라내는 방법, 자르는 방법에 따라 다릅니다. 뼈가 없는 토막을 사고 싶을 때는 매장에 직접 부탁하는 것이 좋아요.

넷. 소금 뿌리기

트레이에 늘어놓고 약간 더 높은 쪽에서부터 소금을 빠짐없이 뿌린다. 잠시 그대로 두면 여분의 수분이 빠지고 비린내도 덜 난다.

다섯. 청주 뿌리기

소금을 뿌린 다음에 청주를 뿌리면 비린내를 한층 더 잡을 수 있을 뿐만 아니라 풍미도 좋아진다. 서양식 요리에서는 화이트와인을 사용하는 경우가 많다.

여섯. 물기 닦기

소금과 청주를 뿌린 다음에는 키친타월로 표면의 물기를 닦는다.

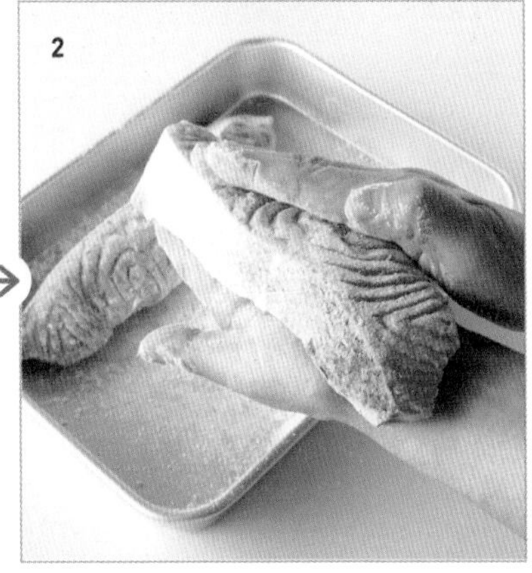

일곱. 밀가루 묻히기

1 트레이에 생선을 놓고 밀가루를 뿌린다. 위아래를 뒤집어 양면에 고루 묻히고 측면에도 묻힌다.
2 가볍게 털어서 여분의 가루를 털어내고 전체적으로 엷게 묻힌다. 뫼니에르(간을 한 생선에 밀가루를 가볍게 묻혀 버터에 굽는 요리)나 소테 등에 알맞다.

전갱이

전갱이는 몸통 측면에 한 줄로 늘어선
가시같이 생긴 비늘이 특징입니다.
꼬리 가까운 부분에 있는 비늘은 딱딱하고 날카롭기 때문에
반드시 제거한 다음에 조리합니다.

하나. 비늘 제거하기

도마에 신문지 등을 깔고, 칼로 비늘을 제거한다. 꼬리 쪽 비늘은 꼬리로 이어지는 부분에 칼을 눕혀서 댄 다음 앞뒤로 움직여가면서 제거한다.

둘. 머리 떼어내기

가슴지느러미가 붙어 있는 부분에서 칼을 비스듬히 넣고 머리를 떼어낸다. 요리에 따라 필요하면 꼬리도 떼어낸다.

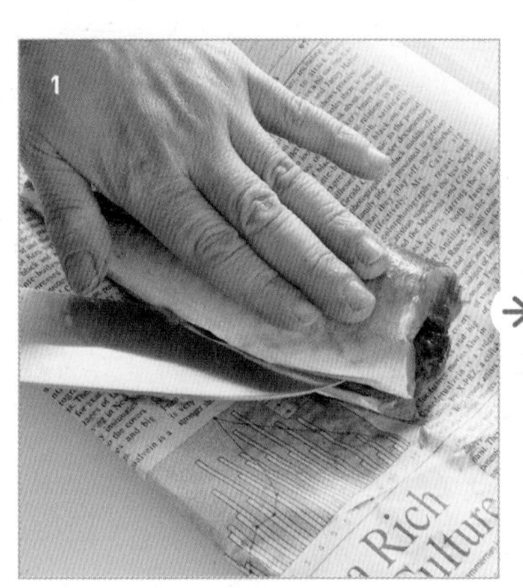

셋. 내장 제거하기

1 머리를 떼어낸 절단면에서 항문 쪽까지 복부에 칼집을 넣는다.
2 칼끝으로 내장을 긁어낸다. 이때 내장을 터뜨리면 비린내가 나므로 주의해야 한다. 떼어낸 머리와 내장 등은 신문지에 싸서 버린다.

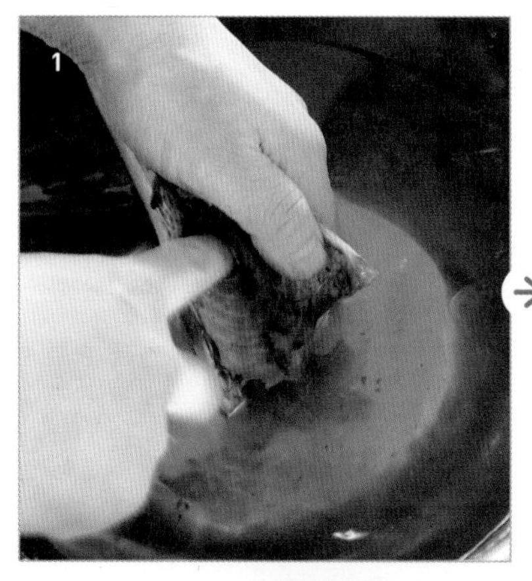

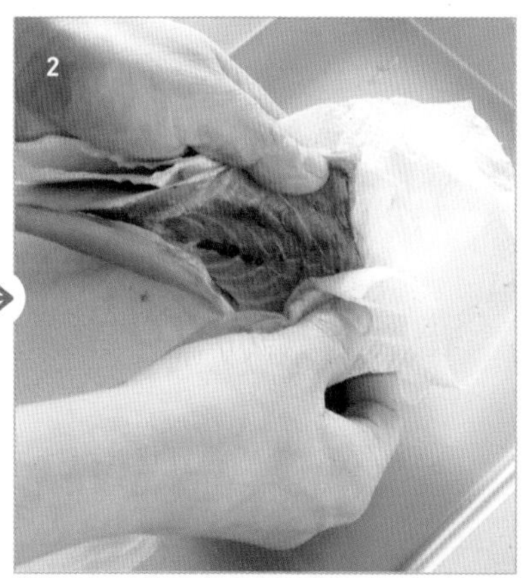

넷. 씻기

1 충분한 양의 물에 넣고 배 속을 손가락으로 가볍게 문질러 남아 있는 핏덩어리 등을 제거한다.
2 마지막으로 흐르는 물에 빠르게 헹구고 키친타월로 표면의 물기를 닦는다.

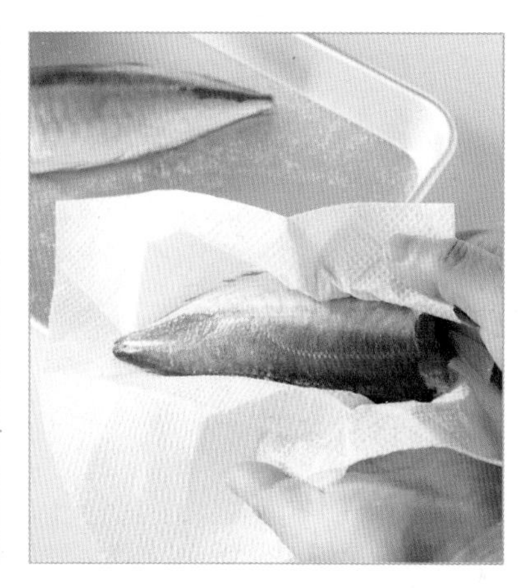

다섯. 소금 뿌리기

1 트레이에 놓고 양면에 소금을 뿌린다. 소금은 약간 위에서 뿌리면 골고루 뿌리기 쉽다.
2 그대로 20분간 둔다.

여섯. 물기 닦기

키친타월로 표면의 물기를 닦는다. 수분과 함께 전갱이의 비린내도 제거할 수 있다.

Q & A

전갱이나 꽁치를 좋아하지만 손질이 귀찮아요. 누가 좀 해줬으면 좋겠어요.

생선 가게 주인이나 마트의 생선 판매자에게 부탁하면 됩니다. 그때 어떻게 먹을지 조리법을 미리 알려주면 알맞게 손질해줄 수 있지요.

{ 전갱이 세비라키 : 등을 갈라 뱃살을 자르지 않고 펼쳐놓는 손질법 }

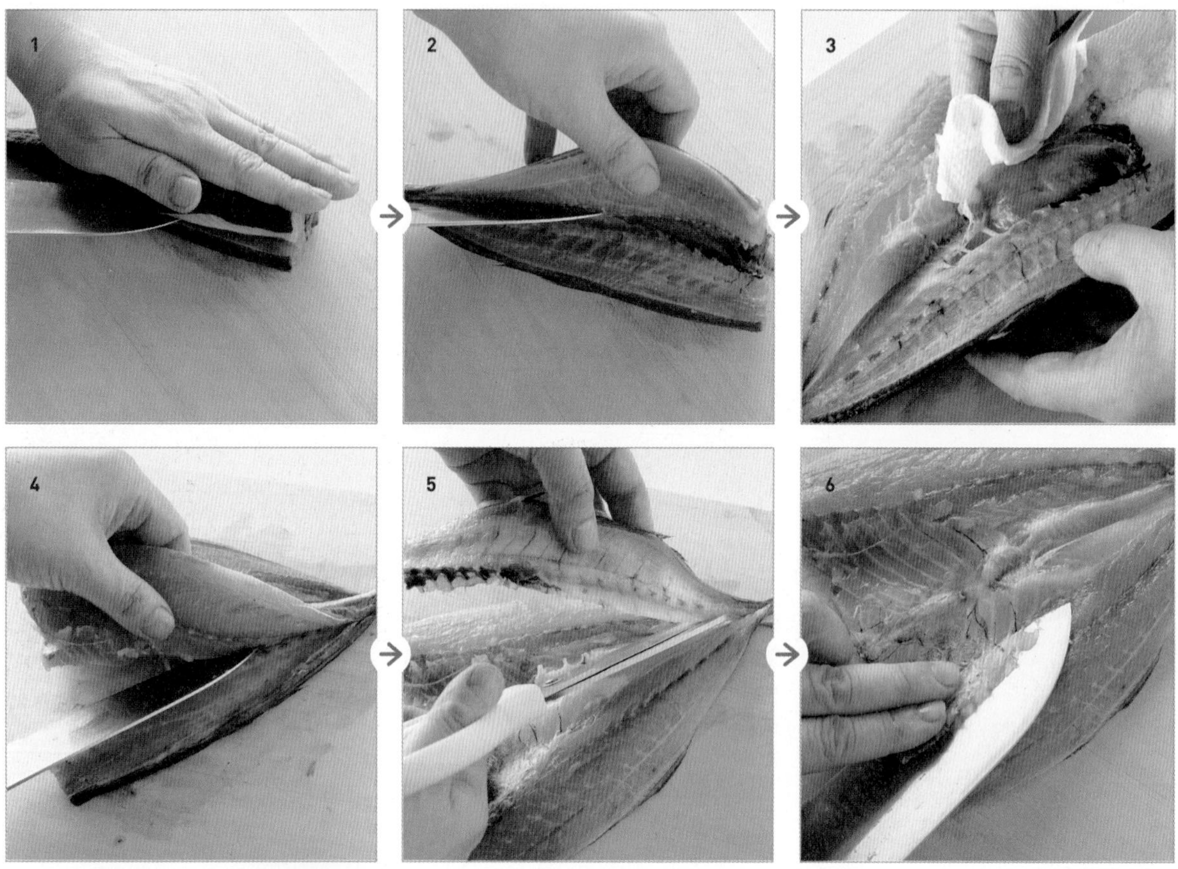

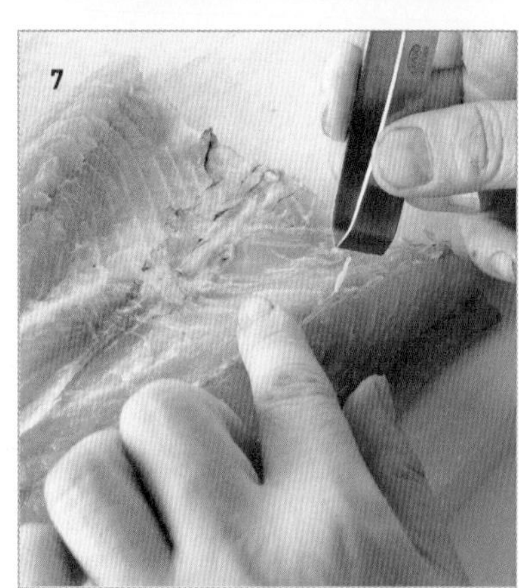

1 전갱이의 꼬리 쪽 비늘과 머리를 제거하고, 등을 앞쪽으로 오게 둔다. 칼을 눕혀서 머리 부분부터 등지느러미 위를 통과하듯이 칼집을 넣는다.

2 칼집에 따라 칼을 넣고 조금씩 가르며 펼친다. 중간 뼈에 닿으면 중간 뼈 위를 덧그리면서 꼬리를 향해 갈라서 절개한다.

3 키친타월로 내장을 감싸듯이 하여 제거하고, 남아 있는 핏덩어리 등을 잘 닦아낸다.

4 **2**와 마찬가지로 칼집을 넣고 펼쳐서 살을 분리한다.

5 겹질을 아래로 향하게 하고, 주방 가위를 이용해 꼬리로 이어지는 부분에서 중간 뼈를 분리한다. 살의 중앙에 있는 딱딱한 부분은 주방 가위로 제거한다.

6 배 뼈 밑에 칼을 비스듬히 넣고 살을 얇게 깎아내듯이 해서 배 뼈를 제거한다. 꼬리를 앞쪽으로 돌려놓고 반대쪽 배 뼈도 제거한다.

7 중간 뼈가 있던 자국을 손가락으로 만져보며 남아 있는 작은 뼈를 핀셋 등으로 뽑아낸다. 핀셋이 없는 경우에는 손가락으로 뽑는다.

완성!

꽁치

꽁치는 여름에서 가을이 제철입니다.
비늘은 배로 잡아 올릴 때 떨어져버리기 때문에 거의 없습니다.
싱싱한 생물을 구이로 요리할 때는
머리와 내장을 제거하지 않고 조리해도 좋아요.

하나. 머리 떼어내기

도마에 신문지를 깔고 꽁치를 올린 다음 가슴지느러미 밑에 칼을 비스듬히 넣어 머리를 잘라낸다.

둘. 동강 썰기

뼈와 내장을 제거하지 않은 상태에서 몸통을 3등분으로 나누어 자른다.

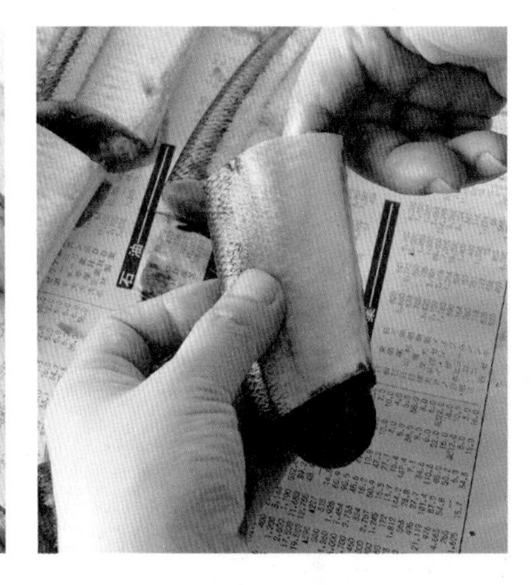

셋. 내장 제거하기

절단면으로 손가락이나 나무젓가락을 넣고 내장을 밀어서 뺀다. 내장과 머리는 밑에 깔아둔 신문지에 싸서 버린다.

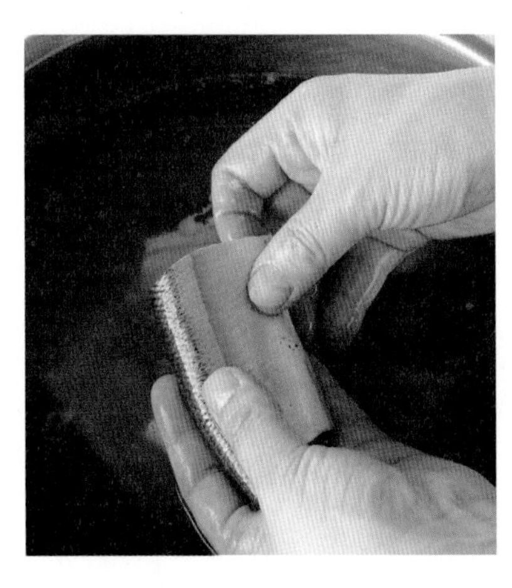

넷. 씻기

충분한 양의 물에 넣고 씻는다. 손가락을 넣어서 배 속에 남은 핏덩어리 등을 제거하고, 마지막으로 흐르는 물에 빠르게 헹군다.

다섯. 물기 닦기

키친타월로 물기를 잘 닦는다.

오징어

오징어는 어패류 중에서도 다루기가 쉬운 식재료입니다.
순서와 요령을 잘 기억해서 오징어 요리의 명인이 되어보세요.

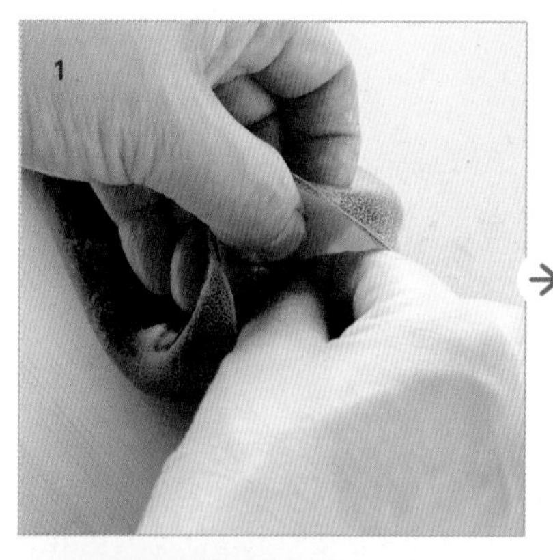

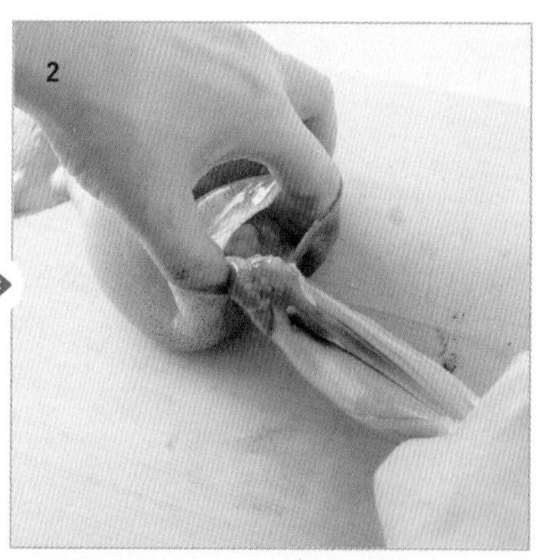

하나. 내장 제거하기

1 오징어 몸통에 손가락을 넣고 내장을 살살 떼어낸다.
2 다리로 이어지는 부분을 잡고 그대로 쭉 잡아당겨 내장을 뺀다.

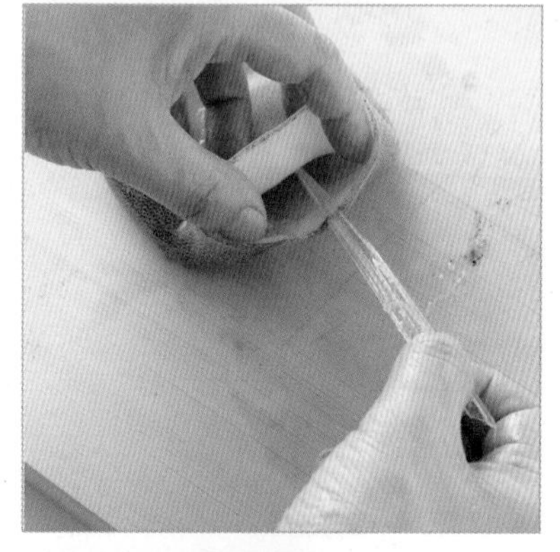

둘. 연골 제거하기

몸통 안쪽에 붙어 있는 연골을 뽑아서 제거한다.

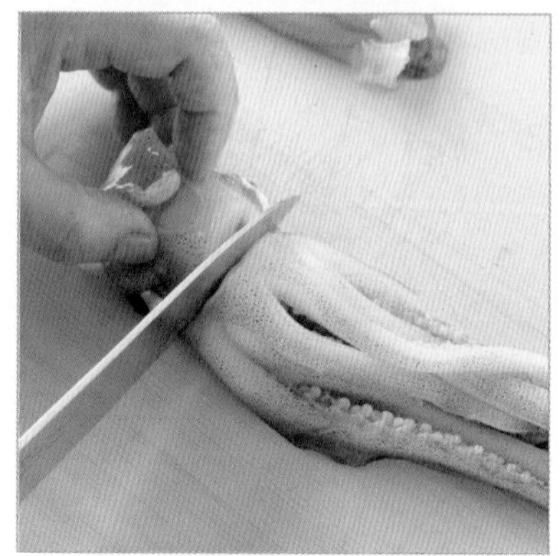

셋. 다리 잘라내기

오징어 창자를 사용할 경우에는 다리가 붙어 있는 부분에서 자르는데, 보통 눈 바로 밑에 칼을 넣어 다리 부분을 잘라낸다.

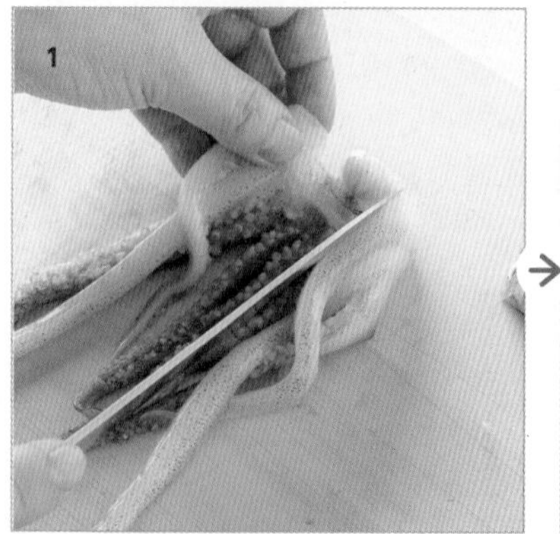

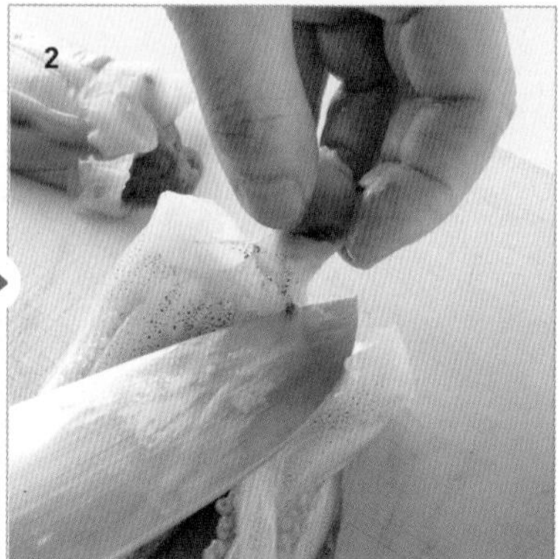

넷. 입 제거하기

1 다리 사이에 세로로 칼집을 내서 펼친다.
2 딱딱한 입 부분을 집어서 떼어낸다.

다섯. 빨판 제거하기

다리에 붙어 있는 커다란 빨판을 주방 가위로 제거한다.

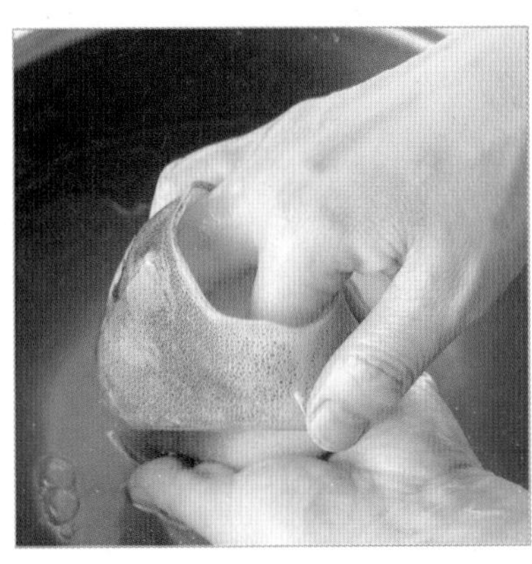

여섯. 씻기

충분한 양의 물에 넣고 씻는다. 몸통에 손가락을 넣어 남아 있는 내장 등을 제거한다. 흐르는 물로 헹구고, 키친타월로 물기를 닦는다.

일곱. 다리 나눠 자르기

다리는 두 개씩 나눠서 자른다. 길이는 요리에 맞춰서 자른다.

여덟. 칼집 넣기

몸통을 자르지 않고 가열할 경우에는 몸통을 가로로 놓고 세로로 8mm 간격의 얕은 칼집을 넣는다. 이렇게 하면 잘 익고 오그라드는 것을 방지할 수 있다.

아홉. 통썰기

몸통을 가로로 놓고, 끝에서부터 약 1.5cm 간격으로 썬다. 잘 익고 먹기도 편하다. 다양한 요리에 알맞다.

1

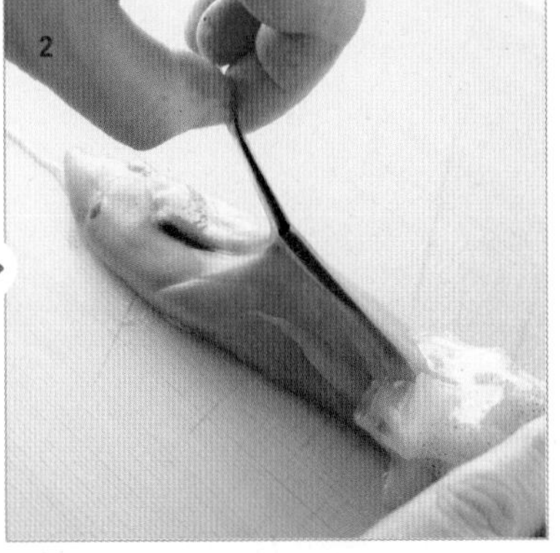

2

열. 창자 깨끗이 하기

1 창자를 사용할 때는 창자 끝에 붙어 있는 내장을 손으로 잡아당겨서 제거한다.
2 먹물주머니(검은색 줄기 모양)의 끝을 잡고 터지지 않도록 제거한다.

Q&A

오징어 다리는 2개만 길던데, 그것은 손인가요?

정확히 말하면 10개 전부가 팔입니다. 하지만 일반적으로 다리라고 부르지요. 2개의 기다란 팔은 먹이를 잡는 '촉완'이라고 불리는 사냥용입니다.

새우

홍다리얼룩새우(블랙타이거), 흰다리새우(바나메이 새우) 등이 우리에게 친숙한 품종입니다. 머리는 쉽게 상하기 때문에 머리를 제거하고 냉동시킨 것이 일반적이지요. 깨끗하게 세척해서 불순물을 제거하면 맛이 깔끔해집니다.

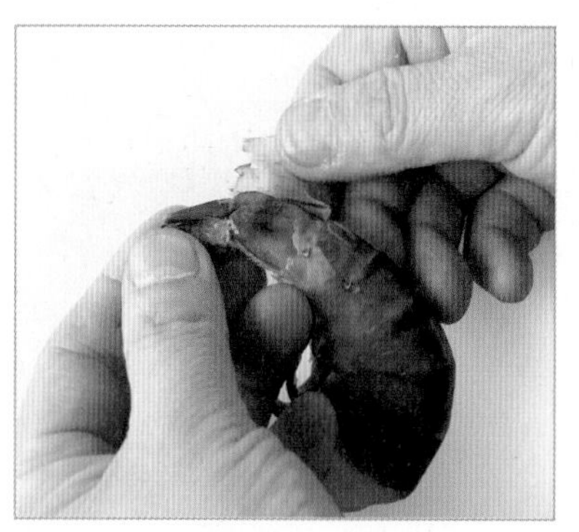

하나. 껍질 벗기기

엄지손가락으로 한 마디씩 떼어내듯이 벗긴다. 꼬리를 남길 경우에는 꼬리로 이어지는 마디부터 벗긴다. 전부 다 벗길 경우에는 머리부터 벗기고 마지막에 남은 꼬리를 가볍게 잡아당겨 제거한다.

둘. 등에 칼집 넣기

칼을 눕혀서 등에 칼집을 넣는다. 잘 익고 등이 벌어져서 볼륨감도 생긴다.

셋. 등 창자 제거하기

등에 칼집을 넣은 뒤, 등 창자(까만 힘줄)가 보이면 칼끝으로 잡아당겨서 제거한다. 단, 두절 새우는 등 창자가 남아 있지 않은 경우도 많다.

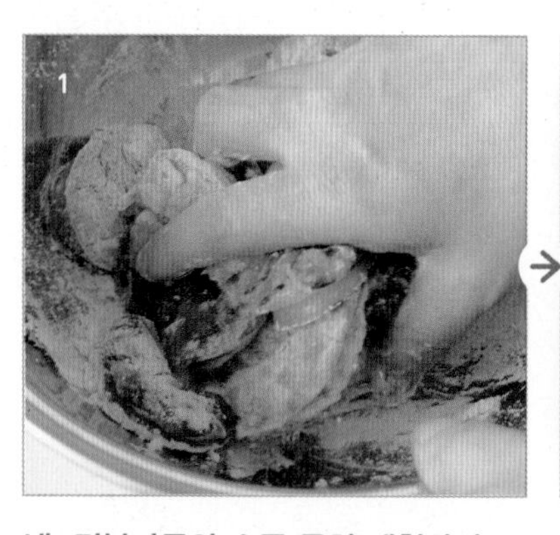

넷. 전분가루와 소금 묻혀 세척하기

1 볼에 새우를 넣고, 전분가루와 소금을 뿌려서 약 1분간 비벼준다. 전분이 새우의 불순물을 흡착해서 거무스름해지기 시작한다.

2 물을 부어 빠르게 세척한다. 마무리는 흐르는 물로 헹구고 물기를 뺀다.

다섯. 물기 닦기

씻은 새우는 키친타월로 감싸서 물기를 닦는다.

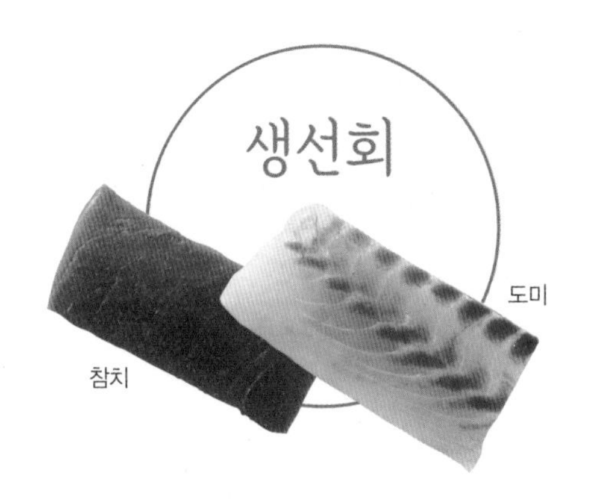

포를 뜨는 기법은 절단면을 넓게 만들기 때문에
카르파초나 초밥 등을 만들기에 알맞습니다.
평평하게 써는 기법은 생선회의 정통적인 방법이에요.
아래를 향해 그대로 써는 방식인데, 살짝 비스듬히 하면
길이감이 생겨서 예쁘게 담을 수 있답니다.

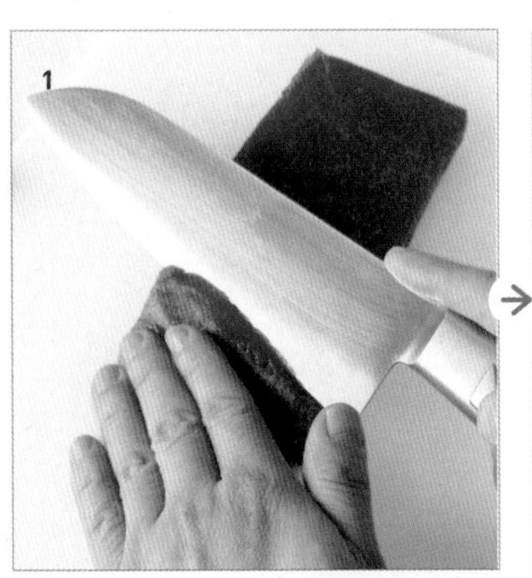

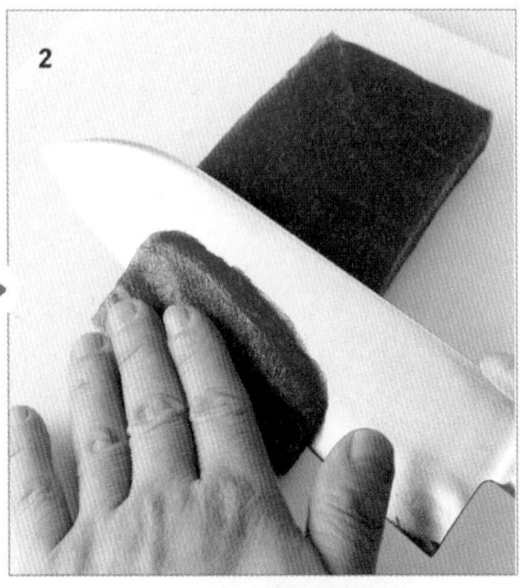

포 뜨기 : 참치

1 칼을 눕혀서 칼날을 왼쪽 끝(왼손잡이의 경우에는 오른쪽 끝)에 대고 비스듬하게 넣는다. 한쪽 손은 손가락 끝으로 가볍게 생선살을 누른다.
2 칼을 자신의 몸 쪽으로 천천히 당기며 비스듬하게 썰어나간다.
3 칼끝까지 사용해 자른다.
4 왼쪽으로 넘겨서 도마 끝쪽에 놓는다. 그대로 절단면이 위로 가게 겹쳐서 담으면 보기에도 예쁘다.

3

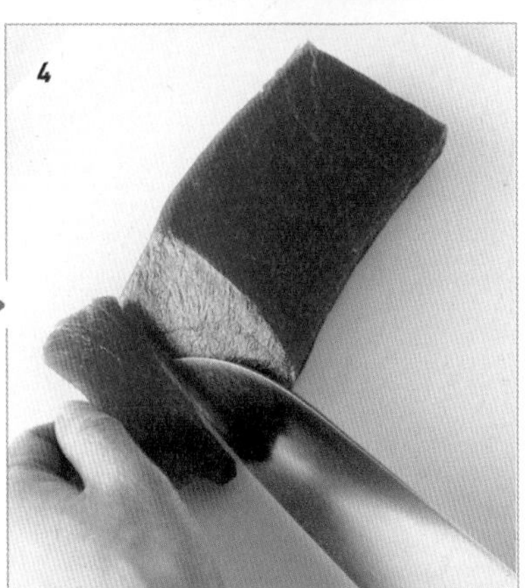

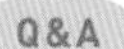

참치를 회로 썰었는데 너덜너덜해졌어요. 어떻게 하면 식탁에 낼 수 있을까요?

잘게 썰어서 일본풍 드레싱으로 양념을 한 참치 타르타르로 만들어보세요.

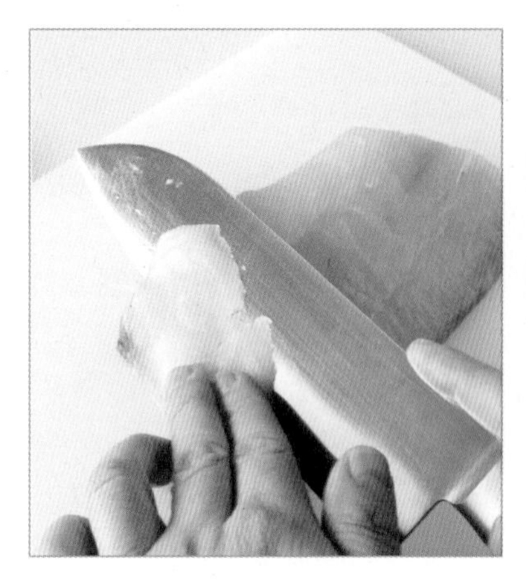

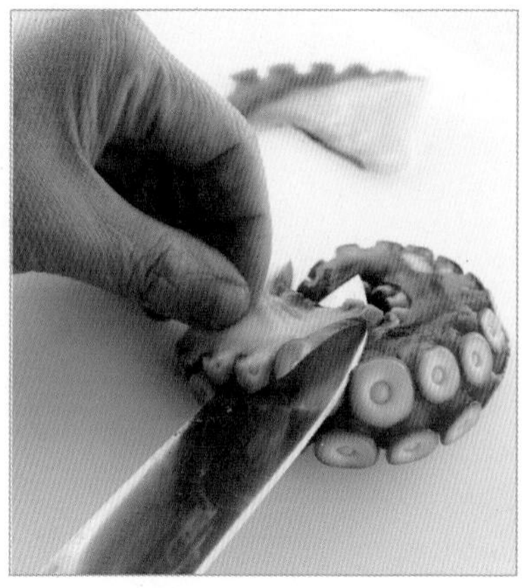

포 뜨기 : 도미

껍질이 붙어 있던 쪽을 아래, 살이 두툼한 쪽을 위로 놓는다. 참치와 마찬가지로 칼날을 대고 몸 쪽으로 당기면서 썬다.

포 뜨기 : 문어다리 숙회

문어의 두툼한 부분을 자신의 몸 쪽, 절단면을 왼쪽(왼손잡이는 오른쪽)으로 놓고 칼을 눕혀서 비스듬히 깎듯이 썬다.

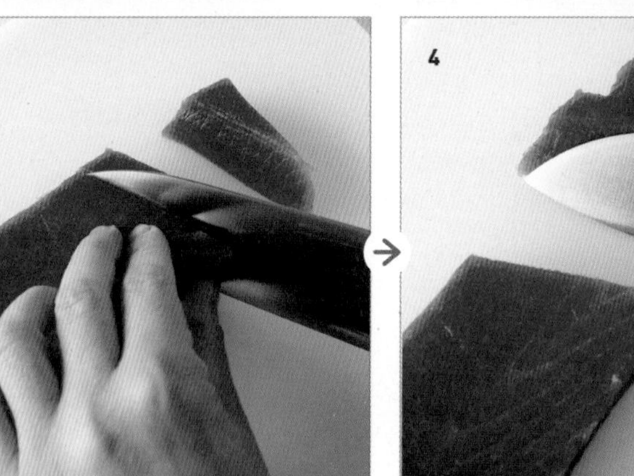

평평하게 썰기 : 참치

1 오른쪽 끝(왼손잡이는 왼쪽 끝)에서부터 1cm 정도 되는 부분에 칼날을 가볍게 대고 표시를 한다.
2 칼을 수직으로 해서 칼날 밑부분으로 표시하며 대고 썰어 나간다.
3 칼을 자신의 몸 쪽으로 당기면서 칼끝까지 사용해 천천히 썬다.
4 칼로 오른쪽 끝에 모은다.

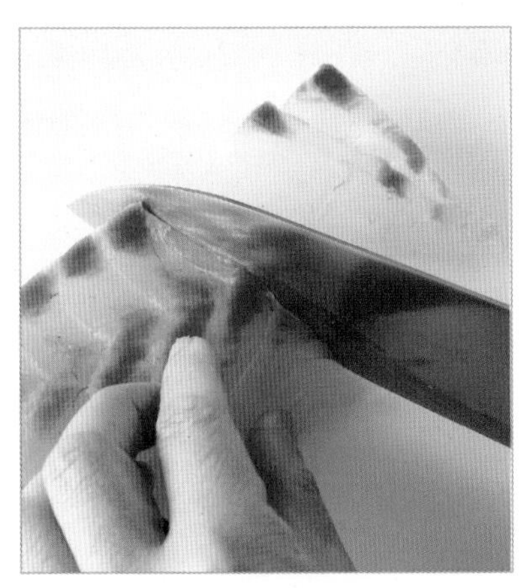

평평하게 썰기 : 도미

껍질이 붙어 있는 면을 위로 하고, 살이 두툼한 부분을 반대쪽으로 둔다. 참치와 마찬가지로 오른쪽 끝(왼손잡이는 왼쪽 끝)에서부터 수직으로 썬다.

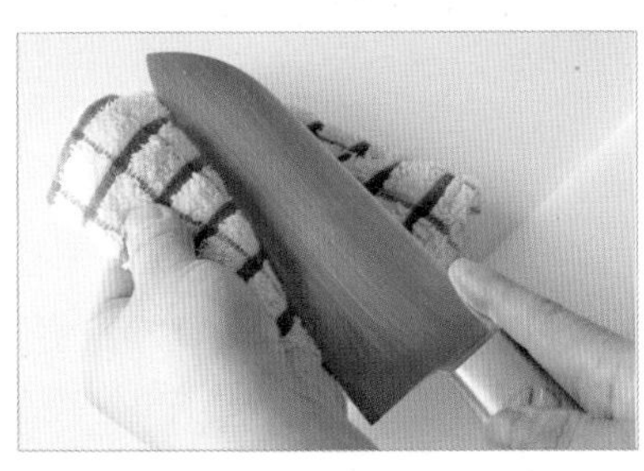

◆ 한 번씩 썰 때마다 칼을 닦아요!

생선회를 썰 때는 물에 젖은 행주를 준비해놓고, 한 번씩 썰 때마다 칼의 양면을 닦아야 합니다. 칼을 항상 깨끗한 상태로 썰어야 썰기도 편하고 절단면도 예뻐지기 때문이지요.

만들어봅시다! 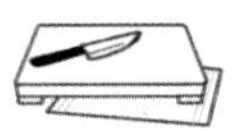

모둠 생선회

재료 2인분

참치(붉은살/생선회용/덩어리) 100g / 도미(생선회용/덩어리) 100g / 무(채썬 것) 50g / 푸른 차조기 2장 / 고추냉이 적정량

1 무는 물에 약 20분간 담가서 아삭하게 식감을 살린다. 체에 밭쳐서 물기를 빼고 키친타월로 물기를 닦는다.
2 참치와 도미는 각각 평평하게 썬다.
3 그릇에 **1**을 수북이 담고 푸른 차조기를 곁들인 후, **2**를 기대어 세우듯이 담는다. 고추냉이를 곁들인다.

1인분 170kcal
조리 시간 10분
–
무를 물에 담그는 시간은 제외한다.

모시조개

얕은 바다나 갯벌 등에 서식하는 모시조개는
껍데기 속에 들어 있는 모래를 해감시킨 다음에 조리합니다.
'해감 완료'라는 표시가 있더라도 해감을 하는 것이 좋아요.

해감하기

트레이에 해수 정도 농도의 소금물(약 3%로 물 1컵에 소금 1작은술의 비율)을 만들어 모시조개를 넣는다. 신문지 등을 덮은 후 냉장고에 넣고 30분 이상 그대로 둔다.

비벼서 세척하기

해감한 모시조개는 소금물을 뺀 후 껍데기끼리 비벼서 깨끗이 씻어 물기를 뺀다.

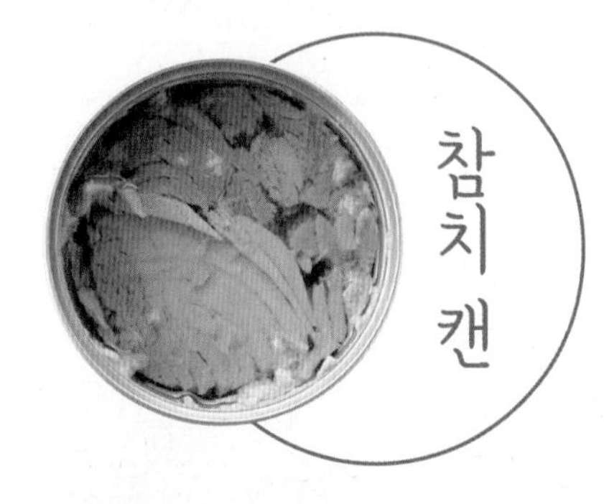

참치캔

참치나 가다랑어를 기름에 절인 통조림.
뼈나 껍질이 없기 때문에 손쉽게 사용할 수 있는 인기 식재료입니다.
형태에 따라서 덩어리 한입 크기, 잘게 썬 플레이크로 나뉩니다.

통조림 국물 빼기

참치는 통조림의 뚜껑으로 알맹이를 눌러주면서 국물을 뺀다. 요리에 따라서는 통조림 국물을 이용하는 경우도 있다.

풀어주기

볼에 참치를 넣고 포크 등으로 눌러 대강 풀어준다. 플레이크 타입인 경우에는 풀어주지 않아도 된다.

두부와 두부 가공품 손질

콩의 부드러운 감칠맛을 맛볼 수 있는 두부. 두부에는 여러 가지 종류가 있는데, 목면두부와 비단두부가 우리에게 가장 친숙합니다. 두부를 얇게 썰어 튀겨서 만드는 유부와 두껍게 썰어 살짝 튀긴 두부는 보통 두부와는 다른 식감으로 즐길 수 있습니다.

두부

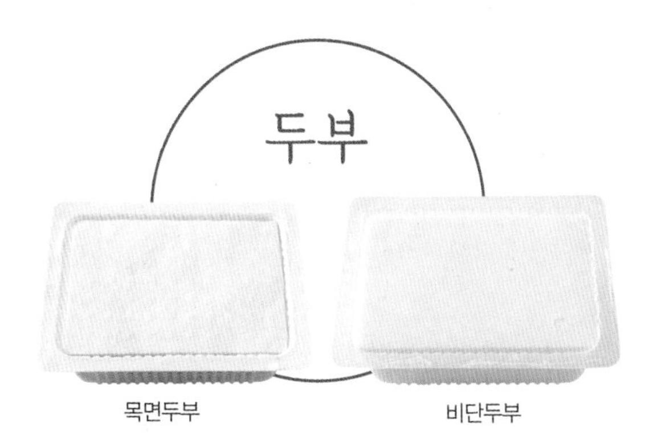

목면두부 비단두부

목면두부는 수분을 제거하면서 굳힌 것이기 때문에 콩의 맛이 진하고, 비단두부보다 단단해 형태가 잘 뭉개지지 않는 것이 특징입니다.
비단두부는 부드럽고 말랑말랑한 감촉이 있지요.
용도에 맞게 또는 취향대로 고르면 됩니다. 손질은 양쪽 다 같아요.
형태를 망가뜨리지 않게 자르는 법과 물기 빼는 법이 포인트입니다.

하나. 물기 가볍게 닦기

키친타월을 펼쳐서 두부를 올리고 감싸 듯이 표면의 물기를 가볍게 제거한다.

둘. 키친타월 깔고 썰기

두부는 키친타월 위에 놓고 썬다. 들어 올리기도 쉽고, 또한 절단면에서 나오는 물기를 빨아들여 싱거워지는 것을 막아 준다.

셋. 사각으로 썰기

제일 먼저 두께의 반 정도 폭(약 2cm 간격)으로 썰고, 한 조각씩 옆으로 뉘여서 반으로 자른다. 90도 방향을 바꾸고 끝에서부터 간격을 맞춰서 썬다.

넷. 잘게 찢기

손으로 잘게 찢으면 절단면이 울퉁불퉁해져서 양념이 잘 밴다. 볶거나 으깨서 사용할 때 주로 이용한다.

다섯. 체에 밭쳐 으깨기

손잡이 달린 체에 두부를 넣고 고무 주걱이나 숟가락 등으로 눌러 망을 통과시킨다. 으깬 두부를 이용한 양념인 시로아에• 등을 만들 때 이용된다.

여섯. 물기 빼기

트레이에 키친타월을 깔고 절단면을 위아래로 해서 두부를 늘어놓는다. 키친타월을 덮고 그대로 15~30분간 두어 물기를 뺀다. 시간은 요리에 따라 다르기 때문에 레시피로 확인한다. 물기를 빼면 싱거워지지 않고 겉면에 노릇노릇한 색도 잘 나온다.

일곱. 밀가루 묻히기

트레이에 밀가루를 넓게 뿌리고 두부를 놓은 후, 위에 밀가루를 뿌려서 묻힌다. 측면에도 묻힌 후 전체를 가볍게 털어 엷게 묻힌다.

• 참깨와 두부를 으깨서 양념과 야채를 버무린 것.

냉두부 파소금소스

재료 2인분
목면두부 또는 비단두부 1모(300g) / 파 ½개 / 소금 · 참깨 각 ½작은술
청주 ½큰술 / 후추 조금 / 참기름 1큰술

1 파소금소스를 만든다. 파는 다져서 볼에 넣고, 소금, 참깨, 청주, 후추, 참기름을 첨가해 섞는다.
2 도마 위에 키친타월을 깔고 두부를 올린다. 표면의 물기를 가볍게 닦고 반으로 자른다.
3 그릇에 두부를 올리고 **1**을 수북하게 올린다.

1인분 180kcal
조리 시간 5분

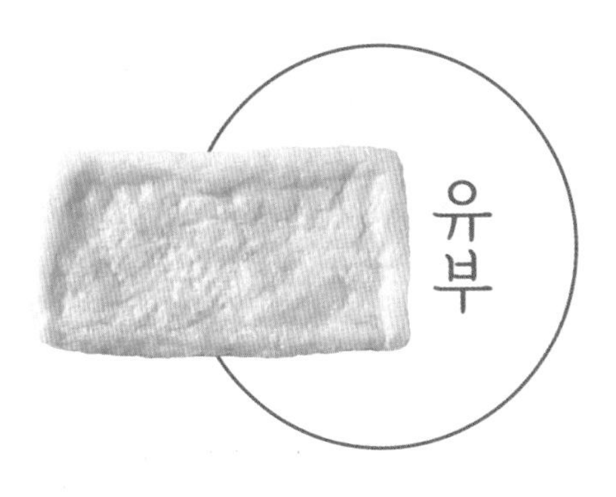

유부

두부를 얇게 썰고 물기를 꽉 빼서 기름에 튀기는 유부는
특유의 식감을 즐길 수 있고 요리에 감칠맛을 줍니다.
국물 요리나 면 요리의 건더기로 쓰거나
주머니 모양으로 만들어 조림 요리에 쓰기도 합니다.
조리할 때는 기름기를 제거하고 조리해야 합니다.

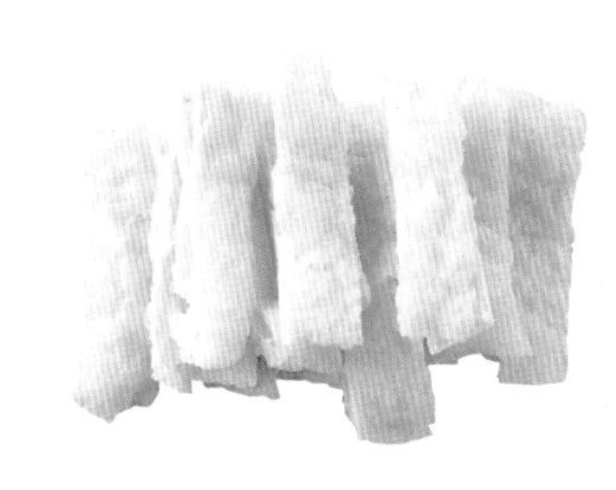

하나. 기름기 빼기

미지근한 물속에서 조물조물 비벼 씻는다. 느끼한 기름기나 냄새를 제거하면 양념이 잘 밴다.

둘. 1~2cm 간격으로 썰기

유부는 세로로 길게 놓고 반을 잘라, 방향을 바꿔 끝에서부터 1~2cm 간격으로 썬다. 국물 요리, 조림 요리 등에 알맞다.

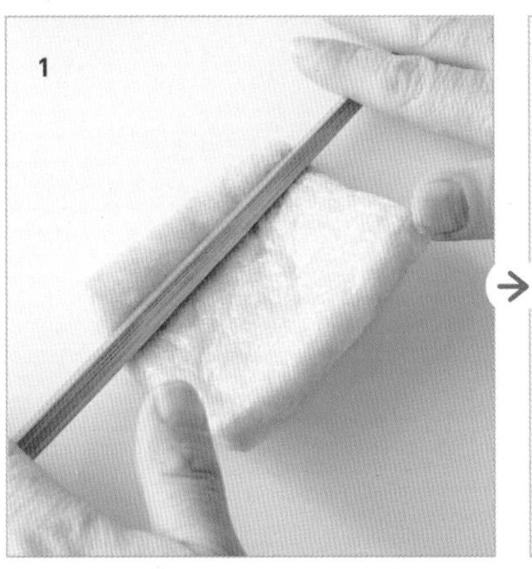

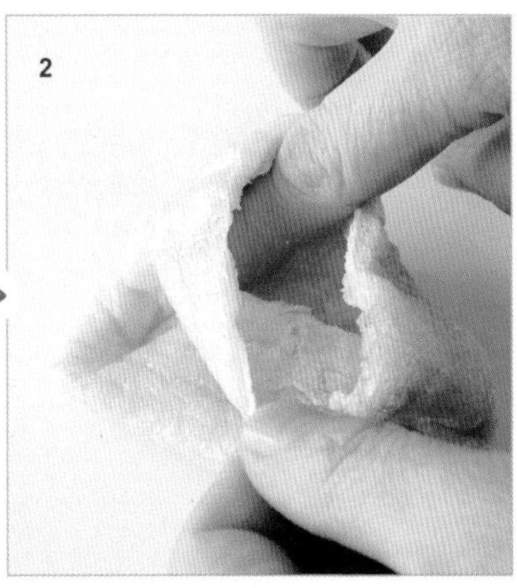

셋. 주머니 모양 만들기

1 길이를 반으로 자르고, 도마에 올려서 조리용 젓가락을 2~3회 굴리면서 가볍게 눌러주면 떼기 쉬워진다.
2 절단면을 살살 벌리고, 손가락을 넣어 주머니 모양을 만든다. 조림이나 유부초밥을 만들 때 좋다.

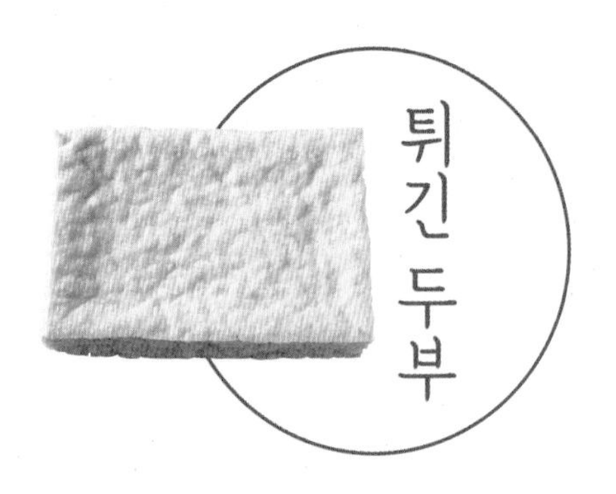

튀긴 두부

약간 두껍게 썬 두부를 눌러서 물기를 확실히 뺀 다음,
고온의 기름으로 튀긴 것입니다.
표면은 노릇하고 속은 하얘서 두부 식감이지요.
손질할 때는 기름기를 빼야 맛이 잘 뱁니다.

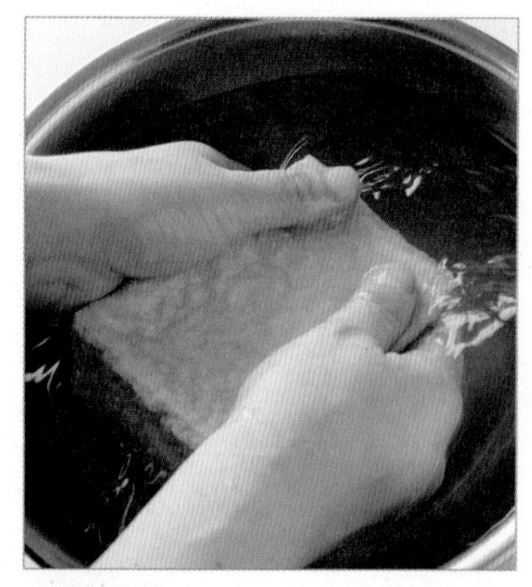

하나. 기름기 빼기

미지근한 물에서 표면을 비벼 세척한다. 기름기나 냄새를 제거하면 양념이 더욱 잘 밴다.

둘. 잘게 찢기

손으로 먹기 좋은 크기로 잘게 찢는다. 단면이 울퉁불퉁해서 양념이 잘 밴다.

셋. 밀가루 묻히기

절단면의 하얀 부분은 양념이 잘 배기 때문에 밀가루를 뿌리고 손으로 펼쳐서 묻힌다. 데리야키 등 양념장을 묻힐 때 이용한다.

건어물과 해조류 손질

보존성이 높은 건어물과 해조류는 장을 보지 못했을 때 특히 더 빛을 발하는 식재료입니다. 식재료에 따라 손질 요령이 다르니 각 재료에 맞춰 확실하게 배워봅시다.

무말랭이

말 그대로 무를 썰어서 말린 것입니다.
불릴 때 물에 담그지 말고 조물조물 씻어서 부드럽게 만들면 씹는 맛이 있어 좋아요.

하나. 빠르게 씻기

볼에 무말랭이가 잠길 정도의 물을 넣고 빠르게 씻어 이물질 등을 제거한다.

둘. 조물조물 씻기

1 물에 씻은 무말랭이를 볼에 넣고, 무말랭이가 반쯤 잠길 정도의 물을 더 넣어 손으로 잘 주무른다.
2 거품이 많이 나면 물기를 짠다. 이것을 2회 반복한다.

Q&A

건어물은 장기 보관이 가능하니까, 아무 데나 놓아도 괜찮은가요?

직사광선이나 습기에 약하기 때문에 개봉한 후에는 지퍼 팩이나 밀폐용기에 옮겨서 서늘한 곳에 보관하는 것이 좋습니다.

전분면

전분을 반죽해서 면 상태로 만든 것.
녹두나 감자, 고구마의 전분을 원료로 합니다.
녹두를 사용한 것은 찰기가 강해서 열을 가해도 잘 불지 않습니다.

하나. 빠르게 데치기

충분한 양의 뜨거운 물에 전분면을 넣고 중불로 약 1분간 데친다. 오래 데치면 찰기가 없어지므로 주의한다.

둘. 물기 빼기

1 데친 다음 찬물로 식혀서 체에 밭쳐둔다.
2 키친타월로 물기를 닦는다. 물기를 확실히 빼야 양념이 잘 밴다.

톳

해조류의 일종으로, 데쳐서 건조시킨 것이 일반적입니다.
잔가지 같은 부분을 사용한 싹눈톳과 줄기를 사용한 장(長)톳이 있는데,
싹눈톳이 물에 불리는 시간도 짧고 자를 필요도 없어서 편리합니다.

하나. 물에 담가 불리기

물에 넣고 빠르게 씻어서 물기를 뺀 후, 충분한 양의 물에 넣고 20~30분간 두어 부드럽게 불린다.

둘. 물기 빼기

체에 밭쳐서 물기를 뺀다. 그리고 키친타월로 물기를 닦는다.

자른 미역

생미역을 물에 데친 후 다시 씻어서 먹기 편한 크기로 잘라 건조시킨 것이 바로 자른 미역이에요. 번거롭게 자를 필요도 없고, 불리는 시간도 짧아서 편리합니다.

물에 담가 불리기

자른 미역을 볼에 넣고 물을 부어 5~10분간 담갔다가 체에 밭쳐서 물기를 뺀다. 불리는 시간은 요리에 따라 다르다.

구운 김

말린 김을 고온에서 빠르게 가열한 것으로,
냄새가 좋고 그대로 요리에 사용할 수 있습니다.
전체 크기는 세로 21cm, 가로 19cm인데,
이 외에도 용도에 맞춘 다양한 사이즈가 시판되고 있지요.
김은 습기를 잘 머금기 때문에 꼭 마른 손으로 다뤄야 해요.

하나. 띠 모양 자르기

주방 가위를 이용해 종이 자르듯이 자른다. 주먹밥 등을 만들 때 이용한다.

둘. 가늘게 자르기

띠 모양으로 자른 것을 포개서 주방 가위로 끝에서부터 가늘게 자른다. 무침이나 면 요리, 국물에 곁들일 때 이용한다.

셋. 잘게 찢기

손으로 4등분해서 포갠 다음 작게 찢는다. 샐러드나 무침에 첨가하거나 끓여서 녹일 때 사용하면 알맞다.

달걀 손질

날로도 먹을 수 있는 달걀은 아무 생각 없이 무심코 사용해버리기 십상인 재료입니다. 하지만 기본에 맞춰 충실히 손질했느냐에 따라 맛과 모양새에 차이가 나지요. 요리에 맞춰서 달걀을 풀어주는 것이 포인트입니다.

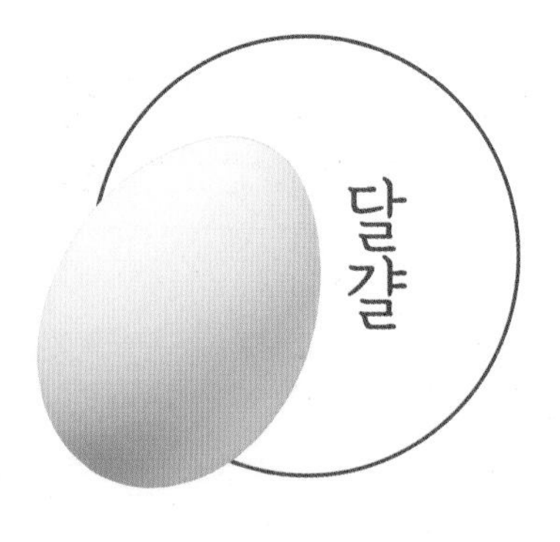

하나. 실온에 꺼내두기

달걀을 끓는 물에 데칠 때는 냉장고에서 꺼내 20분 이상 실온에 둔다. 이렇게 하면 껍질에 금이 생기지 않는다.

둘. 껍질 깨기

달걀 중앙의 볼록한 부분을 평평한 바닥에 쳐서 금을 넣은 다음 반으로 깨뜨린다. 볼의 테두리 같은 곳에 대고 깨뜨리면 껍질이 들어가기 쉬우니 주의한다.

셋. 달걀 멍울 풀기

볼에 달걀을 깨뜨려 넣고, 젓가락으로 노른자를 가볍게 터뜨려 직선으로 빠르게 왔다 갔다 움직이며 풀어헤친다. 젓가락은 살짝 간격을 벌려서 잡고 볼의 바닥을 마찰하듯 하면 빨리 풀어지고 거품이 잘 일지 않는다.

가볍게 풀어헤치기(약 10회)

젓가락을 약 10회 왕복해서 흰자의 덩어리가 남을 정도로 가볍게 풀어헤친다. 달걀이 걸쭉한 상태가 된다. 달걀을 풀어서 국에 넣거나 푹신하게 완성하고 싶을 때 이용한다.

잘 풀어헤치기(약 30회)

젓가락을 약 30회 왕복해서 잘 풀어헤친다. 전체적으로 노랗고 적당히 찰기가 남은 상태가 된다. 기본적인 달걀 푸는 방법으로, 달걀말이나 오믈렛 등에 알맞다.

꼼꼼하게 풀어헤치기(약 40~50회)

젓가락을 40~50회 왕복해서 꼼꼼하게 풀어헤친다. 약간 하얗고 찰랑찰랑한 상태가 된다. 달걀찜이나 건더기가 듬뿍 들어간 오믈렛 등에 알맞다.

넷. 거르기

풀어놓은 달걀이나 달걀물(풀어놓은 달걀에 다시다나 조미료 등을 첨가한 것)을 촘촘한 망의 체에 거른다. 이렇게 해서 껍질이나 흰자 덩어리 등을 제거하면 입에 넣는 식감이 매끄러워진다.

◆ 달걀은 조리하기 직전에 깨뜨려요!

껍질 밖으로 나온 달걀은 시간이 지나면 찰기가 없어지고 부드럽게 부풀지 않습니다. 달걀 요리를 할 때는 다른 식재료의 손질을 마친 다음 마지막으로 달걀을 깨뜨려서 재빠르게 조리하는 것이 기본입니다. 실온에 꺼내두는 경우에는 반드시 껍질이 붙어 있는 상태로 유지해둬야 합니다.

PART 3

알고 하면 더 맛있는 조리 테크닉

구이, 볶음, 조림 등 각 조리법에는 주의해야 할 포인트가 있습니다.
그것이 바로 맛을 한층 높여주는 테크닉이지요.
조리 테크닉을 잘 이해한 다음 실제 레시피에 도전해보세요.
그럼 요리 완성도가 확 높아지는 걸 느낄 수 있을 거예요.

'구이'의 기본

구이는 소테나 햄버그, 데리야키 등 인기 메뉴에 많이 이용되는 조리법이지요. 겉을 태우지 않고 속까지 잘 익혀서 육즙이 촉촉하게 유지되기 위한 요령을 익혀봅시다.

STEP 1 기름을 넣는다

하나. 중불로 가열하기

1 프라이팬에 기름을 넣고 중불로 달군다. 손을 대봐서 따뜻함이 느껴지면 기름이 달궈진 것이다.

2 프라이팬을 기울여서 기름이 매끄럽게 흐르면 그때가 바로 식재료를 넣을 타이밍이다.

둘. 가볍게 바르기

극히 소량의 기름으로 구울 때는 기름을 적신 키친타월로 가볍게 칠한다. 또는 소량의 기름을 넣고 키친타월로 전체에 넓게 펴 바른다.

STEP 2 식재료를 넣는다

겉면을 아래로

생선을 구울 때는 그릇에 담았을 때에 겉면이 될 면을 먼저 구우면 깔끔한 요리가 된다. 토막 생선일 때는 껍질이 보이는 쪽을 겉면으로 하는 것이 기본이다.

껍질을 아래로

닭고기를 구울 때는 껍질을 아래로 놓는다. 껍질 면을 먼저 구우면 껍질이 수축되지 않고 노릇노릇하게 구울 수 있다.

기름을 넣지 않고 차가운 프라이팬에

햄버그나 돼지고기 삼겹살 등 지방이 많이 함유된 식재료를 구울때 기름을 치지 않는 경우도 있다. 차가운 프라이팬에 식재료를 넣고 중불에서 은근하게 굽는다.

STEP 3 굽는다

눌러주면서

닭다리 살이나 닭날개 등을 구울 때는 집게 같은 걸로 눌러서 껍질을 프라이팬에 밀착시켜 구우면 껍질이 바삭하게 구워진다.

기름기를 닦아가면서

닭다리 살이나 생선을 구울 때는 흘러나온 기름기를 키친타월로 닦아내면서 구우면 맛이 깔끔하고 비린내도 잘 나지 않는다.

프라이팬의 가장자리에 대면서

프라이팬에서 생선을 구울 때는 나무 주걱과 젓가락 등으로 잡아서 가장자리에 대면서 구우면 등 부분까지도 확실하게 익힐 수 있다.

집게로 뒤집기

아랫면을 봐서 노릇노릇한 색이 나 있으면 뒤집을 타이밍이다. 두꺼운 고기 등은 집게를 사용하는 게 편하다.

나무 주걱과 젓가락으로 뒤집기

햄버그나 생선처럼 모양이 부서지기 쉬운 것은 나무 주걱과 젓가락으로 집어 살살 세워서 뒤집는다.

뚜껑 덮기

두꺼운 고기나 생선, 햄버그 등은 뒤집은 후에 뚜껑을 덮어 열이 빠져나가지 않게 해서 속까지 잘 익힌다. 요리에 따라서는 소량의 수분을 첨가하는 경우도 있다.

STEP 4 마무리한다

하나. 체크하기

중앙의 두툼한 부분에 꼬치를 꽂은 다음 손등에 댔을 때 따뜻한 느낌이 나면 잘 익은 것이다. 차갑게 느껴지면 1~2분간 더 굽는다.

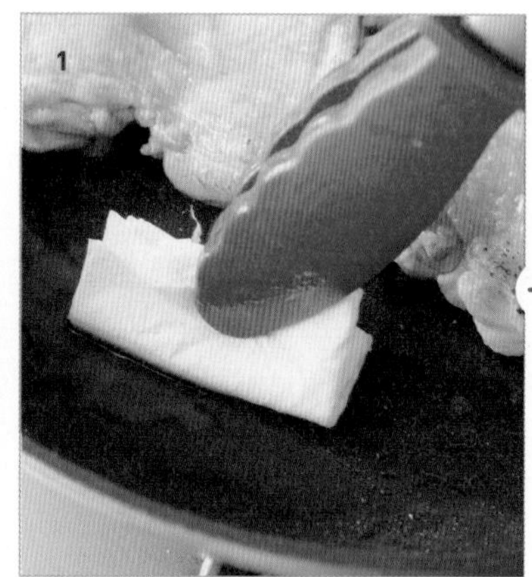

둘. 양념하기

1 소스로 간을 할 때는 키친타월로 기름기를 닦아낸다.
2 불을 끄고 소스를 붓는다. 기름기를 제거해 소스가 잘 밴다.

셋. 윤기 내기

소스를 첨가한 다음 중불로 중간중간 뒤집어가면서 졸이면 소스가 잘 배고 윤기가 난다.

넷. 버터 끼얹기

잘 구운 생선에 버터로 풍미를 더할 때는 잘 녹은 버터를 숟가락으로 떠서 전체적으로 잘 끼얹는다. 생선을 뒤집지 않기 때문에 살이 쉽게 부스러지지 않는다.

다섯. 휴지시키기

두꺼운 고기를 구운 다음 곧바로 자르면 육즙이 다 흘러나온다. 따뜻할 때 약 5분간 둬서 휴지시킨 다음 썰면 좋다.

여섯. 굽고 난 프라이팬으로 소스 만들기

고기를 구운 다음의 프라이팬에는 고기의 감칠맛이 남아 있기 때문에 이어서 식재료를 넣고 소스를 만들면 좋다. 그을음 등이 있으면 가볍게 닦아내고 만든다.

Q&A

겉면은 탄 것 같은데도 속은 아직 안 익은 경우가 있어요. 왜 그런 거죠?

식재료의 온도가 낮았던 탓이에요. 두꺼운 고기 같은 건 굽기 20분 전쯤에 냉장고에서 꺼내 실온에 둬야 합니다.

닭다리 살을 굽는데 식용유 '약간'으로는 프라이팬에 눌어붙지 않을까요?

굽는 동안 껍질에서 지방이 녹아 나오기 때문에 눌어붙지 않고 괜찮아요.

토마토소스 치킨 소테

닭고기를 구운 기름에 생토마토를 볶아 만든 간단 토마토소스!
노릇하게 구운 치킨에 듬뿍 올리면 색도 예쁘고 맛도 일품이랍니다.

재료 2인분
닭다리 살 2장(400~450g)
소금 ½작은술 / 후추 약간
식용유 약간

토마토소스
토마토 2개(350g)
소금 ½작은술
후추 약간

1인분 350kcal
조리 시간 20분
–
닭고기를 실온에 꺼내두는 시간, 밑간을 하는 시간은 제외한다.

1. 준비하기

닭고기는 상온에 두고 여분의 지방을 제거한 뒤, 살에 얕은 칼집을 3~4개 넣는다. ▶70~71쪽 참조 트레이에 담아서 양면에 소금, 후추를 뿌리고 약 10분간 둔다.

2. 굽기

키친타월로 프라이팬에 식용유를 약간 바른다. 조금 센 중불에 약 10초간 달군 뒤 껍질을 아래로 해서 닭고기를 나란히 넣는다. 2~3분간 구워 약간 기름이 나오면 집게 같은 걸로 눌러주면서 3~4분간 더 굽는다. 중간중간 새어나오는 기름은 키친타월로 닦는다. 노릇노릇해지면 뒤집고 중불에서 4~5분간 더 굽는다. 트레이나 접시에 꺼내고 약 5분간 그대로 두어 휴지시킨다.

3. 토마토소스 만들어 완성하기

토마토는 꼭지를 제거하고 2cm 크기로 자른다. 닭고기를 구웠던 프라이팬을 그대로 중불로 가열해 토마토를 넣고 3~4분간 볶은 후, 소금과 후추를 뿌린다. 구운 닭고기는 먹기 편한 크기로 썰어서 그릇에 담고 토마토소스를 뿌린다.

닭날개 소금구이

겉면을 바삭하게 구우면
닭날개의 감칠맛을 그대로 맛볼 수 있어요.

재료 2인분
닭날개 6~8개(400g)
소금 ½작은술
흑후추(굵게 간 것) 약간
식용유 약간
레몬(빗모양 썰기) 적당량
시치미토가라시 적당량

1인분 230kcal
조리 시간 20분
–
닭날개에 밑간을 하는 시간은 제외한다.

1. 준비하기

닭날개는 찬물에 씻어서 물기를 닦는다. 뼈를 따라 주방 가위로 칼집을 넣는다. ▶ 74쪽 참조 소금, 후추를 뿌리고 약 20분간 그대로 두어 밑간을 한다.

2. 굽기

키친타월로 프라이팬에 식용유를 가볍게 바른다. 조금 센 중불을 켜고 약 10초 후, 닭날개를 껍질이 두꺼운 면을 아래로 해서 나란히 넣는다. 집게 같은 것으로 가볍게 눌러주면서 8분간 굽는다. 뒤집어서 중불로 하고, 새어나온 기름을 키친타월로 닦아주면서 약 6분간 더 굽는다.

3. 차려내기

그릇에 담고 반으로 자른 레몬과 시치미토가라시를 곁들인다.

연어 뫼니에르

뫼니에르(Meuniere)는 프랑스어로 '제분업자'라는 의미예요.
연어 전면에 밀가루를 꼼꼼하게 발라 감칠맛이 달아나지 않게 노릇노릇하게 구워냅니다.

재료 2인분
생연어(토막) 2장(250~300g)
밀가루 1큰술
식용유 ½큰술
버터 2큰술
간장 ¼작은술
그린 리프(또는 양상추) 적당량
당근(채썬 것) 약간
레몬 적당량

A
소금 ½작은술
후추 약간
화이트와인(또는 청주) 1작은술

1인분 290kcal
조리 시간 20분
–
연어에 밑간을 하는 시간은 제외한다.

1. 준비하기

연어에 A를 순서대로 뿌려서 묻힌 다음 약 20분간 그대로 두어 밑간을 한다. 키친타월로 연어의 물기를 닦고 밀가루를 얇게 바른다.

2. 굽기

프라이팬에 식용유를 둘러 중불로 달구고, 겉면이 될 쪽을 아래로 가게 연어를 나란히 넣는다. 약 4분간 구운 다음 뒤집어서 2~3분간 더 굽는다. 불을 끄고 키친타월로 프라이팬을 가볍게 닦는다. 다시 한 번 중불에 버터, 간장 순으로 첨가한다. 녹은 버터를 연어에 끼얹고 뚜껑을 덮어 약 2분간 찐다.

3. 차려내기

2를 그릇에 담아 잘게 찢은 그린 리프와 당근을 섞어서 곁들이고, 프라이팬에 남아 있던 국물을 뿌린다. 반달 모양으로 자른 레몬을 곁들인다.

'볶음'의 기본

볶음은 어려운 조리법은 아니지만, 씹는 맛이 살아 있게 볶기 위해서는 알아두어야 할 포인트가 있습니다. 레시피에 있는 표현과 각 과정의 요령을 먼저 파악하는 것이 중요하답니다.

STEP 1 준비를 한다

분량의 양념 섞어두기

볶기 전에 분량의 양념 재료를 잘 섞어둔다. 볶음 요리는 재빠르게 마무리하지 않으면 물이 생겨 싱거워지기 때문에 재료를 먼저 준비해야 한다.

차가운 기름과 마늘 넣기

마늘 향을 낸 기름으로 볶을 때는 프라이팬에 기름과 마늘을 넣고 천천히 가열한다. 달궈진 기름에 넣으면 마늘이 타서 쓴맛이 날 수 있으니 주의해야 한다.

STEP 2 식재료를 넣는다

밑동 부분을 먼저

1 청경채처럼 부위에 따라 두께가 다른 재료들은 익는 데 시간이 걸리는 밑동 부분을 먼저 프라이팬에 펼쳐서 넣는다.
2 그다음 중간 부분, 마지막으로 부드러운 잎 부분 순으로 넣는다.

채소는 주변이나 위쪽에 넣기

고기와 채소를 같이 볶는 요리는 익는 데 시간이 걸리는 고기를 중앙에 놓는다. 그 주변에 버섯 등을 늘어놓고, 마지막으로 금방 익는 숙주나물 등을 올린다.

흩뜨려 넣기

참푸르(볶음)를 할 경우, 두부는 간격을 두어 늘어놓고 그 사이사이에 고기를 작게 잘라 넣는다. 이렇게 하면 섞기도 쉽고 두부의 모양도 잘 부서지지 않는다.

STEP 3 데운다

눌러주기

재료를 넣은 다음 나무 주걱으로 가볍게 눌러주고, 뚜껑을 덮어서 열기를 잡아 그 열로 데운다. 이렇게 하면 열이 빠져나가지 않아서 볶는 시간이 단축되고 쉽게 물기가 생기지 않는다.

재료를 첨가하고 잠깐 그대로 두기

1 채소를 넣은 다음에는 곧바로 섞지 않고 잘 펼쳐서 그대로 1~2분간 둔다.
2 이어서 고기를 넣을 때도 잠깐 그대로 두어 데운다. 그 후에 섞으면 빨리 익는다.

Q&A

고기와 채소를 볶을 때 고기를 먼저 볶나요, 채소를 먼저 볶나요?

어떤 요리를 하느냐에 따라 다릅니다. 레시피를 확인하고 순서대로 만들면 맛도 식감도 적당하게 완성된답니다.

STEP 4 볶는다

향이 날 때까지

마늘이나 생강 등은 미세한 기포가 생기고 좋은 향이 날 때까지 볶으면 기름에 풍미가 밴다. 이때를 다음 식재료를 넣을 기준으로 삼는다.

뒤집기

큼지막하게 썬 채소 등의 재료는 나무 주걱과 나무젓가락으로 집어서 앞뒤를 뒤집어주며 볶는다.

바닥에서부터 떠서 뒤집기

겹쳐서 넣은 식재료는 나무 주걱으로 바닥에서부터 떠서 뒤집는다.

풀어헤치기

다진 고기를 볶을 때는 나무 주걱으로 썰듯이 성글게 풀어주고, 더 세세하게 풀어주면서 볶아 고슬고슬하게 한다.

기름이 잘 스며들 때까지

전체적으로 기름이 스며들어 윤기가 나올 정도로 볶는다. 다음 식재료를 첨가하거나 볶고 난 다음 끓일 때 끓인 국물을 붓는 기준이 된다.

숨이 죽을 때까지

적당히 익어 야들야들해질 때까지 볶는다. 파나 양파 같은 풍미 채소를 볶을 때의 기준이 된다.

고기 색이 변할 때까지

고기의 붉은색이 하얗게 변하면 거의 익었다는 증거다. 다른 식재료를 첨가하거나 양념을 하는 기준이 된다.

빠르게 볶기

재빠르게 섞으면서 단시간에 볶는다. 10~30초간이 기준으로, 마지막에 잘 익는 식재료를 첨가했을 때 이용한다.

STEP 5 마무리한다

소금 뿌리기

소금으로 간을 할 때는 거의 다 익은 다음에 뿌린다. 소금을 빨리 뿌리면 채소에서 수분기가 나와 흐물흐물해지는 원인이 된다.

가운데를 비우고 양념 넣기

액체로 된 양념은 가운데를 비우고 프라이팬 바닥에 직접 넣는다. 금방 달궈져서 바로 완성되고 더 고소해진다.

수분 날리기

마지막으로 불을 세게 하고 크게 섞어주면서 볶아 여분의 수분을 날린다.

Q&A

볶음 요리는 역시 중화냄비를 사용해 볶는 것이 더 맛있겠지요?

바닥이 둥그런 중화냄비는 가정용 가스레인지에는 적합하지 않아요. 열이 빠르게 전달되지 않아 오히려 실패할 확률이 크답니다. 초보자에게는 일반 프라이팬이 가장 알맞답니다.

청경채 마늘볶음

잎과 뿌리 부분에서 서로 다른 식감을 즐길 수 있는 청경채.
심플하게 소금으로만 간을 해서 재료 본연의 맛을 만끽할 수 있어요.

재료 2인분
청경채 2장
마늘 ½쪽
참기름 2작은술
소금 ⅓작은술
청주 1큰술
후추 약간

1인분 60kcal
조리 시간 10분

1. 준비하기

청경채는 길이를 3등분으로 자르고, 뿌리 부분은 세로 6등분으로 썬다. 마늘은 세로로 반을 잘라 심을 제거하고 가로로 얇게 썬다.

2. 볶기

프라이팬에 참기름, 마늘을 넣고 중불로 가열해 향이 나면 청경채의 뿌리 부분을 넣고 한가운데 이파리를 순서대로 포개어 넣는다. 나무 주걱으로 눌러주면서 약 1분간 데운다. 나무 주걱과 젓가락으로 집어 앞뒤를 뒤집어주면서 약 30초간 볶는다.

3. 양념하기

소금을 뿌리고 청주를 둘러가며 뿌린다. 센불로 국물을 날리면서 약 30초간 볶은 후, 후추를 뿌리고 섞는다.

돼지고기 숙주볶음

숙주는 불에 너무 많이 익히면 아삭한 식감을 살릴 수 없어요.
마지막에 소금을 뿌려 전체적으로 잘 섞으면 완성!

재료 2인분
숙주 한 봉지(200g)
생표고버섯 6개(100g)
돼지고기 불고기용 200g
참기름 ½큰술
소금 ½작은술
후추 약간

1인분 300kcal
조리 시간 15분

1. 준비하기

숙주는 충분한 양의 물에 약 5분간 담갔다가 체에 밭쳐 물기를 빼고 키친타월로 물기를 닦는다. 표고버섯은 단단한 밑동을 제거하고 줄기는 4등분으로 찢는다. 버섯갓은 얇게 썰어둔다.

2. 볶기

프라이팬에 참기름을 넣고 중불로 가열한 후, 돼지고기를 넣고 대강 넓게 펼쳐서 약 1분간 굽는다. 돼지고기 가장자리 색이 변하기 시작하면 중앙으로 모아 주변에 표고버섯을 넣고 그 위에 숙주를 올려 나무 주걱으로 눌러주면서 2분간 데운다. 앞뒤를 뒤집어주면서 1~2분간 볶는다.

3. 양념하기

소금, 후추를 뿌리고 약 1분간 볶아서 양념이 잘 배게 한다.

돼지고기 피망 미소볶음

미소는 미림으로 희석하면 맛이 더 잘 뱁니다.
순식간에 만들어낼 수 있는 속성 반찬이에요.

재료 2인분
피망 3개
파 1대
생강 1쪽
돼지고기 불고기용 150g
밀가루 1작은술
식용유 2큰술

A
미소 2큰술
미림 2큰술

1인분 410kcal
조리 시간 10분

1. 준비하기

피망은 마구썰기를 하고, 꼭지와 씨를 제거한다. 파는 1cm 간격으로 어슷썰기를 한다. 생강은 껍질을 벗겨 얇게 썬다. 돼지고기에는 밀가루를 대강 묻힌다. A는 섞어둔다.

2. 볶기

프라이팬에 식용유를 둘러 중불로 가열하고, 생강을 넣어 볶는다. 향이 나면 돼지고기를 넣고 대강 넓게 펼쳐서 그대로 약 1분간 둔다. 돼지고기를 중앙에 모아두고, 가장자리에 피망과 파를 넣는다. 나무 주걱으로 채소를 가볍게 눌러주면서 약 2분간 데우고, 앞뒤를 뒤집으면서 볶는다.

3. 양념하기

프라이팬 중앙을 비워서 A를 넣은 후 잘 섞으면서 약 1분간 볶아 맛이 배게 한다.

소고기 샐러리볶음

서양채소인 샐러리를 매콤달콤하게 볶았어요
샐러리의 향이 소고기의 맛을 더욱 살려준답니다.

재료 2인분
샐러리 2줄기
소고기 불고기용 150g
참기름 1작은술
시치미토가라시 약간

A
설탕 1작은술
간장 1작은술

B
미림 1큰술
간장 1큰술
시치미토가라시 약간

1인분 370kcal
조리 시간 10분

1. 준비하기

샐러리는 심을 제거하고, 두꺼운 줄기는 5mm 간격으로 어슷썰기를 한다. 얇은 줄기는 4~5cm 길이로 잘라 세로로 얇게 썰고, 잎은 먹기 좋은 크기로 잘게 찢는다. 소고기는 A를 순서대로 첨가해 주물러 놓는다. B는 잘 섞어둔다.

2. 볶기

프라이팬에 참기름 1큰술을 넣어 중불로 달구고, 샐러리 줄기를 전체적으로 펼쳐서 넣어 그대로 1~2분간 데운 다음 1~2분간 볶는다. 중앙을 비워서 소고기를 넣고 고기의 색이 변하기 시작하면 뒤집고 샐러리와 함께 볶는다.

3. 마무리하기

프라이팬의 중앙을 비워 B를 넣고 전체적으로 섞는다. 국물이 줄어들 때까지 같이 볶는다. 샐러리 잎을 첨가해 빠르게 볶고 참기름 1작은술을 뿌리고 섞는다. 그릇에 담고 시치미토가라시를 뿌린다.

'조림'의 기본

조림 양념장을 이용해 맛이 배게 하는 조리법입니다. 볶고 난 다음 끓이거나, 이중으로 뚜껑을 덮거나 찌는 등 방법도 여러 가지입니다. 불 조절이나 여열을 어떻게 사용하느냐가 포인트입니다.

STEP 1 끓이기 시작한다

볶은 다음 조림 양념장 붓기

1 니쿠자가 같은 요리는 먼저 재료를 순서대로 볶는다.
2 고기의 색깔이 변하면 조림 양념장을 첨가한다. 양념장의 재료를 미리 섞어두면 빨리 조리할 수 있다.

볶은 다음 물 붓기

1 돈지루(돼지고기 미소국) 등 마지막에 양념을 첨가하는 경우에는 먼저 재료를 순서대로 볶는다.
2 고기의 색깔이 변하면 물을 붓는다.

STEP 2 식재료를 넣는다

푹 끓인 양념장에 생선 넣기

생선조림을 할 때는 프라이팬에 양념장의 재료를 넣고 중불에 끓여 팔팔 끓을 때 생선을 넣는다. 겉면이 바로 단단해져서 특유의 비린내를 잡아준다.

푹 끓인 양념장에 채소 넣기

토란이나 단호박처럼 쉽게 뭉개지는 채소는 푹 끓인 국물에 넣어 조린다.

STEP 3 조린다

조림 양념장 끼얹기

생선처럼 살이 잘 부서지는 식재료는 국물을 떠서 끼얹으며 조린다. 이렇게 하면 뒤집지 않아도 전체적으로 맛이 잘 밴다.

거품 제거하기

육류나 생선을 끓일 때는 표면에 불순물 같은 거품이 잘 생기는데, 거품을 걷어내면 맛이 더 깔끔해진다. 국자 등을 이용해 거품을 걷어낼 때는 국물을 같이 버리지 않도록 주의한다.

Q&A

조림은 약불로 보글보글 끓이면 더 맛있나요?

꼭 그런 것은 아니에요. 요리에 따라서는 센 불로 했을 때 맛이 더 깊어지는 경우도 있답니다.

끓는 동안 양념장이 점점 줄어드는데, 어떻게 하나요?

그럴 때는 물을 넣고 뚜껑을 반만 덮어 끓이면 됩니다. 이때, 양념을 같이 첨가하면 맛이 더 진해지니 주의하세요.

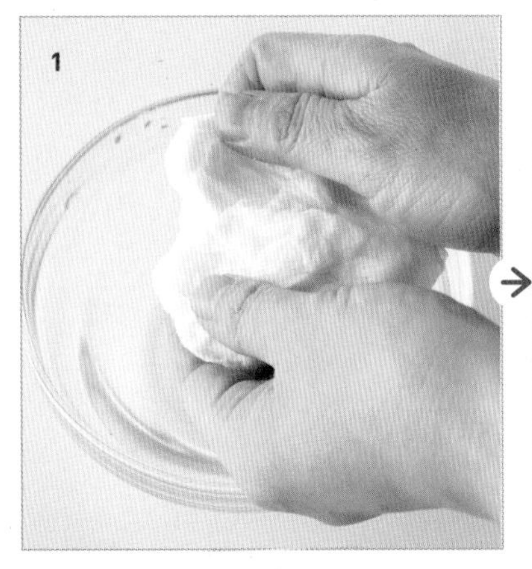

이중으로 뚜껑 덮기

1 키친타월을 접어서 물에 적신 다음 가볍게 물기를 짠다. 건조한 채로 올려두면 국물을 흡수하기 때문에 좋지 않다.
2 키친타월을 펼쳐서 식재료에 직접 씌운다. 적은 국물로도 전체적으로 고르게 맛을 배게 할 수 있다.
3 뚜껑을 덮고, 열을 잡아 뭉근하게 익힌다.

부드러워질 때까지

대나무 꼬치를 찔러봐서 부드럽게 쑥 들어가면 안까지 부드러워졌다는 증거다. 딱딱한 느낌이 있을 때는 1~2분 정도 더 끓인다.

STEP 4 마무리한다

뜸들이기

1 토란조림 등은 부드럽게 잘 익었는지를 확인한 다음 불을 끄고, 다시 한 번 키친타월로 뚜껑을 덮는다.
2 그대로 10분간 뜸을 들인다. 그러면 국물이 잘 스며들어 색이 진해진다.

조리기

생선조림은 마지막에 뚜껑을 열어 센 불에 2~3분간 팔팔 끓이면, 바짝 조려져 국물이 걸쭉해진다.

앞뒷면 뒤집기

니쿠자가 등은 국물이 졸면 나무 주걱과 젓가락으로 집어서 앞뒷면을 뒤집어 전체적으로 맛이 잘 배게 한다.

양념하기

요리에 따라 다르지만 마지막에 양념을 넣기도 한다. 미소 맛의 국물이나 조림은 마지막에 미소를 풀어 넣어 풍미를 살린다.

부르마니에로 걸쭉하게 하기

1 실온에 꺼내둔 버터를 개어서 밀가루를 넣고 잘 반죽한다(부르마니에).
2 적당한 양의 조림 양념장을 넣어 녹이고 다시 냄비에 담아 섞는다. 서양식 찜 요리 등에 사용한다.

물에 갠 전분으로 걸쭉하게 하기

1 전분과 물을 잘 섞어서 녹인다.
2 팔팔 끓는 국물에 둘러가며 넣은 후 저어서 걸쭉하게 한다. 일식이나 중화요리의 조림이나 국물 요리 등을 할 때 이용한다.

니쿠자가

일본어로 '니쿠'는 고기, '자가'는 감자를 뜻해요. 프라이팬에서 볶아 그대로 조리다가,
마지막에 제대로 뜸을 들여 감자는 포슬포슬하게, 고기는 부드럽게 하는 것이 포인트예요!

재료 2인분
소고기 불고기용 150g
감자 2~3개
양파 ½개
풋완두 꼬투리 8개
식용유 2큰술

밑간
설탕 1작은술
간장 1작은술

양념장
설탕 2큰술
간장 2큰술
물 ⅔컵

1인분 560kcal
조리 시간 35분

1. 준비하기

감자는 약 3cm 크기로 자르고, 물에 약 5분간 담갔다가 물기를 뺀다. 양파는 빗모양으로 6등분하여 썬다. 풋완두 꼬투리는 심을 제거하고 세로로 반 자른다. 소고기는 밑간 재료를 순서대로 넣어 재워둔다. 조림 양념장의 재료를 합쳐서 섞어둔다.

2. 볶기

프라이팬에 식용유를 넣고 중불로 가열하여, 양파를 넣고 빠르게 볶는다. 그런 다음 감자를 넣어 볶고 기름기가 퍼지면 소고기를 넣어 앞뒷면을 뒤집어가면서 가볍게 볶는다. 고기 색깔이 반쯤 변하면 표면을 평평하게 한다.

3. 조리기

양념장을 넣고, 팔팔 끓으면 거품을 걷어낸다. 젖은 키친타월을 씌워 뚜껑을 덮고 약불로 10분간 조린다.

4. 마무리하기

키친타월을 치우고 풋완두 꼬투리를 넣은 후 뚜껑을 덮는다. 불을 끄고 약 10분간 그대로 뜸을 들인다. 앞뒷면을 뒤집어 맛이 잘 배게 한다.

토란조림

적당히 찐득찐득한 식감과 은은한 단맛이 배어나는 맛의 토란조림.
손님 접대용으로 좋은 메뉴입니다.

재료 2인분
토란(작은 것) 10개(약 350g)
소금 1큰술

양념장
설탕 2큰술
간장 2½큰술
물 ½컵

1인분 150kcal
조리 시간 45분
–
토란을 건조시키는 시간은 제외한다.

1. 준비하기

토란은 깨끗하게 씻어서 건조시킨 후, 위아래를 잘라내고 세로로 껍질을 벗긴다. 볼에 담아 소금을 묻혀서 약 30초간 조물조물 버무린다. 빠르게 물에 씻어서 키친타월로 물기와 점액을 닦는다. ▶ 60~61쪽 참조

2. 조리기

작은 프라이팬에 양념장과 재료를 넣고 중불로 끓인다. 팔팔 끓어오르면 약불로 줄이고 젖은 키친타월을 씌운 다음 뚜껑을 덮고 15~18분간 조린다. 대나무 꼬치를 찔러 부드럽게 들어가면 불을 끄고, 키친타월을 빼고 뚜껑을 덮어 10분간 뜸을 들여 맛이 배게 한다.

고등어 미소조림

살이 통통하게 잘 오른 고등어를 진한 양념장에 조리면,
밥 한 그릇을 금방 비우게 만드는 대표 밥반찬이 됩니다.

재료 2인분
고등어(토막) 2토막(200g)*
생강 1개
파 1대

A
미소 2큰술
간장 2큰술
청주 2큰술
설탕 2큰술

1인분 320kcal
조리 시간 20분

–

• 생선 머리를 잘라내고 등뼈는 붙이고 배를 갈라 2장으로 손질한 것을 한 번 더 반으로 자른 것.

1. 준비하기

생선은 깨끗이 씻어 키친타월로 물기를 닦고, 껍질에 칼집을 2군데씩 넣는다. 파는 5cm 길이로 썬다. 생강은 껍질을 벗기고 얇게 저민다.

2. 조리기

작은 프라이팬에 A를 넣어 섞고, 물 ½컵을 조금씩 넣으면서 미소를 풀어 섞는다. 중불로 가열해 팔팔 끓어오르면 고등어를 껍질이 위로 가게 해서 나란히 넣는다. 파와 생강을 첨가하고 이따금씩 숟가락으로 양념장을 끼얹으며 약 3분간 조린다. 젖은 키친타월을 씌우고 그 위에 뚜껑을 덮어 약불로 약 8분간 더 조린다. 뚜껑과 키친타월을 벗기고 약불로 2~3분간 바짝 조린다.

'튀김'의 기본

기름을 잘 다루지 못하는 초보자에게는 살짝 불안한 조리법입니다. 그렇지만 주의해야 할 점을 잘 알아두면 가라아게나 돈가스 정도는 성공할 수 있어요.

STEP 1 밑간을 한다

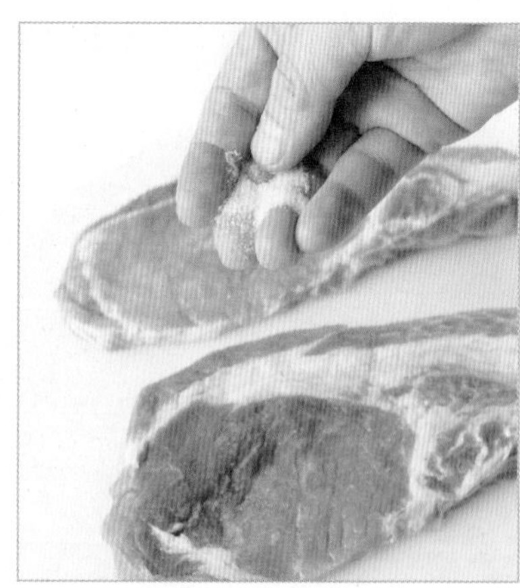

간장과 달걀로

가라아게를 할 때는 간장, 설탕, 달걀 등을 손으로 잘 주무른다. 달걀을 넣으면 촉촉해지고 깊은 맛이 난다.

소금, 후추를 뿌려서

돈가스나 튀김을 할 경우에는 양면에 소금, 후추를 뿌려 밑간을 한다. 소금을 약간 높은 지점에서 뿌리면 빠짐없이 골고루 묻힐 수 있다.

STEP 2 튀김옷을 입힌다

1

2

밀가루 섞기

1 가라아게를 할 경우 밀가루를 넣는다.
2 손으로 잘 섞어 가루가 없어지고 표면이 질척해지면 OK.

빵가루 묻히기

1 풀어놓은 달걀과 달걀물(우유 등을 섞어 만든다)에 밀가루를 첨가해 가루 느낌이 없어질 때까지 섞는다.

2 밀가루 반죽액 볼에 식재료를 넣어 전체적으로 묻힌다. 밀가루 반죽액을 묻혀두면 빵가루가 잘 떨어지지 않는다.

3 빵가루 위에 식재료를 놓고 그 위에도 빵가루를 듬뿍 올린 후 가볍게 눌러 잘 묻게 한다. 여분의 가루는 털어낸다.

◆ **빵가루에는 건식 빵가루와 습식 빵가루가 있어요!**

건식 빵가루는 입자가 작고 바싹 말라 있기 때문에 약간 딱딱합니다. 습식 빵가루는 입자가 크고 부드러워서 튀기면 바삭바삭하고 볼륨감이 생기는 것이 특징입니다. 습식 빵가루는 식빵을 갈아 만든 것으로 대신 써도 좋아요.

STEP 3 기름을 가열한다

프라이팬에 기름을 넣고 가열, 조리용 긴 젓가락으로 온도 체크

프라이팬에 식용유를 약 2cm 깊이로 따르고, 강한 중불로 가열한다. 기름의 온도는 조리용 젓가락으로 체크한다. 잘 마른 조리용 젓가락을 비스듬히 넣고 끝을 프라이팬 바닥에 닿게 해서 기포가 생기는 모습을 관찰한다.

기름 온도의 기준

저온(약 160℃) 마른 조리용 젓가락을 넣었을 때, 천천히 기포가 생기는 상태.

중온(약 170℃) 마른 조리용 젓가락을 넣었을 때, 자잘한 기포들이 톡톡 터지는 상태.

고온(약 180℃) 마른 조리용 젓가락을 넣었을 때, 곧바로 자잘한 기포들이 기세 있게 터지는 상태.

STEP 4 식재료를 넣는다

손으로 1개씩 넣기

1 1개씩 손으로 넣는다. 조리용 젓가락으로 넣으면 미끄러져 들어가기 쉬워 기름이 이리저리 튈 수 있기 때문에 반드시 손으로 집어서 살며시 넣는다.

2 가라아게 등을 할 때, 조금씩 튀기면 온도가 높아져 금방 탈 수 있으니 전부 넣고 천천히 튀긴다.

펼쳐서 넣기

돈가스 등을 할 경우에는 한 장씩 양손으로 잡고 펼쳐서 살며시 넣는다.

꼬리 잡고 넣기

전갱이 튀김 등을 할 경우에는 꼬리를 잘 붙들고 머리 쪽부터 살며시 눕혀 넣는다.

Q&A

튀김 요리를 할 때 기름이 튀어 놀란 적이 많은데, 어떻게 하면 기름이 튀는 것을 방지할 수 있을까요?

주된 원인은 물이에요. 식재료는 물론 손이나 조리용 젓가락, 그물 국자 등도 물기를 잘 닦은 다음에 튀겨야 해요.

튀김에 사용했던 기름을 한 번 더 사용할 수 있나요?

그럼요, 사용할 수 있어요. 한 김 식힌 다음에 키친타월 등으로 거른 후 기름병에 옮겨 담아 직사광선이 없는 서늘한 곳에서 보관하면 된답니다.

STEP 5 뒤집는다

조리용 젓가락으로

가라아게 등을 할 경우에는 가장자리가 단단해지기 시작하면 조리용 젓가락으로 굴리듯이 1개씩 뒤집는다.

나무 주걱과 조리용 젓가락으로

1 돈가스 등을 할 경우, 아랫면이 단단해지기 시작하면 나무 주걱과 조리용 젓가락으로 살며시 뒤집는다.

2 시간은 레시피를 기준으로 해서 튀긴다. 몇 번씩 뒤집지 않아도 된다.

STEP 6 마무리한다

꺼내기

전체적으로 노릇노릇한 색을 띠고 바삭해지면 조리용 젓가락으로 집어 올려 가볍게 흔들어 기름기를 뺀다.

늘어놓고 기름기 빼기

키친타월을 깐 트레이에 늘어놓고 기름기를 쪽 뺀다.

세워서 기름기 빼기

돈가스처럼 재료가 큰 경우에는 트레이의 가장자리에 세우면 기름기가 잘 빠진다.

치킨 가라아게

간장 맛이 제대로 밴 가라아게는
밥반찬으로도, 맥주 안주로도 그만이에요.

재료 2~3인분
닭다리 살 2장(400~450g)
밀가루 ½컵
식용유 적당량
레몬 적당량

밀간
간장 2큰술
설탕 1작은술
후추 약간
달걀 1개

1인분 430kcal
조리 시간 25분
–
닭고기에 밑간 하는 시간은 제외한다.

1. 준비하기

닭다리 살은 여분의 지방을 제거하고 1장을 6등분으로 자른다. ▶ 70~71쪽 참조

2. 밑간을 하고 튀김옷 입히기

볼에 닭다리 살을 넣고 밑간할 재료를 순서대로 넣어 손으로 잘 주무른다. 그대로 약 10분간 둔다. 이후 밀가루를 넣고 손으로 잘 섞는다.

3. 튀기기

프라이팬에 식용유를 2cm 깊이로 붓고, 약간 센 중불로 고온(약 180℃)이 될 때까지 가열한다. 닭고기를 1조각씩 손으로 넣고, 전부 다 넣었으면 그대로 3~4분간 튀긴다. 표면이 단단해지기 시작하면 앞뒤를 뒤집고 약 4분간 더 튀긴다. 노릇노릇해지고 바삭해지면 키친타월을 깐 트레이에 꺼내서 기름기를 뺀다.

4. 차려내기

그릇에 담고 반달 모양으로 자른 레몬을 곁들인다.

돈가스

겉은 바삭바삭, 속은 촉촉!
두툼한 돼지고기 등심으로 씹는 즐거움을 만끽할 수 있답니다.

재료 2인분
돼지고기 등심(돈가스용) 2장(250g)
소금 ¼작은술
후추 약간
습식 빵가루 3컵
식용유 적당량
중화소스 4큰술
채 썬 양배추(돈가스 2장분)

밀가루 달걀 반죽
달걀 1개
우유 1큰술
밀가루 4큰술

1인분 810kcal
조리 시간 25분

1. 준비하기

돼지고기는 칼등으로 양면을 20~30회 정도 두드린다. 손으로 모양을 정돈한 다음, 양면에 소금, 후추를 뿌린다.

2. 튀김옷 입히기

볼에 달걀을 풀고 우유를 넣어 잘 섞은 후, 밀가루를 첨가해 더 고르게 잘 섞는다. 돼지고기에 반죽을 묻혀 빵가루를 묻힌다.

3. 튀기기

프라이팬에 식용유를 2cm 깊이로 붓고, 약간 센 중불로 고온(약 180℃)이 될 때까지 가열한다. 빵가루 묻힌 돼지고기를 1장씩 넣어, 그대로 3~4분간 튀긴다. 뒷면이 단단해지기 시작하면 앞뒤를 뒤집고 2~3분간 더 튀긴다. 전체적으로 노릇노릇해지고 바삭해지면 키친타월을 깐 트레이에 꺼내서 기름기를 뺀다.

4. 차려내기

한 김 식힌 다음, 먹기 좋은 크기로 썰어 그릇에 담고 양배추를 곁들여 중화소스를 뿌린다.

'찜'의 기본

찜통이 없더라도 항상 쓰는 프라이팬이나 냄비로 '찜' 요리를 할 수 있습니다. 포인트는 소량의 수분을 넣고 뚜껑을 덮어 수증기를 확실히 잡아주는 것. 어렵게만 느껴졌던 달걀찜도 쉽게 만들 수 있답니다.

프라이팬으로 찌기

STEP 1 넣는다

채소를 깔고 물을 붓기

프라이팬에 채소를 펼쳐서 넣고, 고기나 생선을 그 위에 올린다. 슈마이를 할 경우, 양배추를 깔면 슈마이를 프라이팬 바닥에 닿지 않고 몽실몽실하게 찔 수 있다. 물 ½컵 정도를 가장자리를 따라 둘러가며 넣는다.

STEP 2 뚜껑을 덮는다

뚜껑을 덮고 중불에

프라이팬으로 찔 때는 불을 가하기 전에 뚜껑을 덮고 열을 확실히 잡아준다.

◆ 뚜껑 있는 프라이팬이나 냄비로 찌기

프라이팬은 직경 24~26cm 사이즈의 것을, 뚜껑은 프라이팬 사이즈에 맞는 것을 준비합니다. 빈틈이 있으면 수증기가 흘러서 눌어붙게 되는 원인이 됩니다. 내열유리 재질의 뚜껑은 물이 끓는 모습을 확인할 수 있어서 편리해요.
냄비도 약간 큰 것이 좋고, 일본식 달걀찜 차왕무시 2인분을 할 거라면 직경 24cm짜리를 준비하면 됩니다. 프라이팬과 마찬가지로 틈이 생기지 않는 딱 맞는 뚜껑이 있는 것이 좋겠지요.

STEP 3 찐다

푹 끓으면 약불로

감자나 무 등 익는 데 시간이 걸리는 채소를 아래에 두었을 경우에는 안에 있는 수분이 부글부글 끓어오르면 약불로 천천히 찐다.

중불 그대로

불에 잘 익는 식재료의 경우에는 중불 그대로 찐다. 안의 수분이 끓고 난 후부터 찌는 시간을 측정한다.

STEP 4 마무리한다

체크하고 뜸 들이기

1 익는 데 시간이 걸리는 식재료는 대나무 꼬치를 찔러서 쑥 들어가면 불을 끈다.

2 딱딱하다 싶으면 1~2분 더 찐다. 뚜껑을 덮고 한동안 그대로 두어 뜸을 들인다. 이렇게 하면 식재료가 국물을 빨아들여 감칠맛이 생기고 맛이 한층 더 깊어진다.

Q&A

시중에 파는 슈마이를 사용할 때도 같은 방법으로 하면 되나요?

다 익은 슈마이를 다시 데워서 사용하려면 팔팔 끓고 난 다음의 가열 시간을 4~5분으로 하면 됩니다. 냉동일 경우에는 표시된 사항에 따르는 게 좋습니다.

냄비로 찌기

STEP 1 넣는다

1

2

물을 먼저

1 냄비로 일본식 달걀찜 차왕무시를 할 경우, 냄비에 물을 2cm 깊이까지 붓는다.
2 달걀물을 넣은 내열 용기를 넣는다.

STEP 2 뚜껑을 덮는다

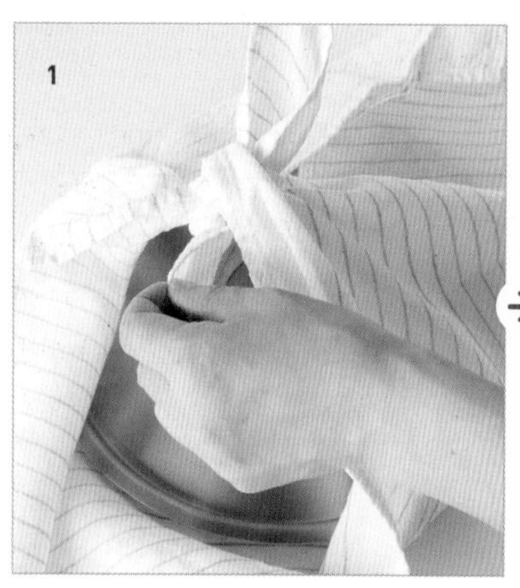
1

2

뚜껑을 행주로 감싸서

1 식재료에 물방울이 떨어지는 것을 방지하고 싶을 때는 뚜껑을 약간 큰 사이즈의 행주로 감싸고 행주가 불에 닿지 않도록 가운데에서 단단히 묶는다.
2 냄비를 중불로 켜고 물이 끓기 시작하면 뚜껑을 덮는다. 행주로 감싸두면 뚜껑 밑에 맺히는 물방울이 떨어지는 것을 막을 수 있다.

STEP 3 찐다

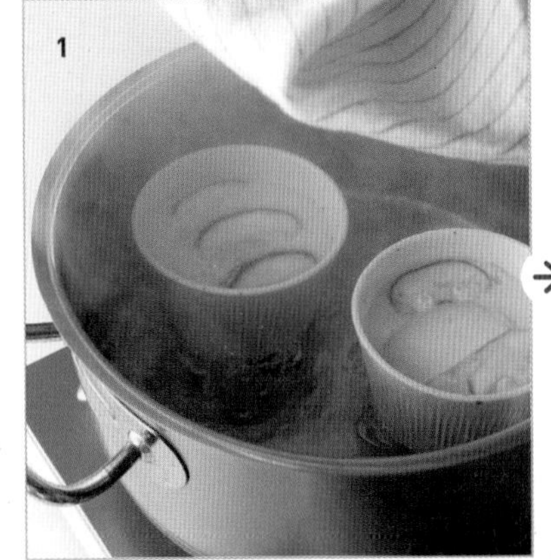

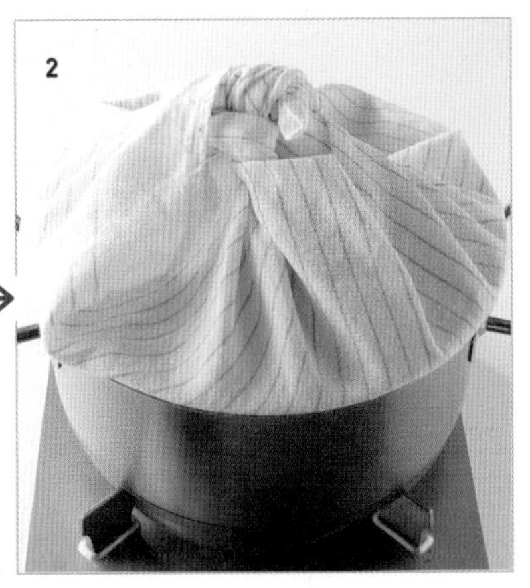

처음엔 센 불로

차왕무시의 경우, 불이 세면 작은 구멍이 생기기 쉬운데 그렇다고 처음부터 약불로 하면 익을 때까지 시간이 걸리기 때문에 1~2분만 센 불로 한다.

색이 하얘지면 약불로

1 차왕무시의 경우, 달걀물이 하얘지면 약불로 한다.
2 다시 뚜껑을 덮고 약 5분간 찐다. 하얘지지 않았을 경우에는 센 불로 약 1분간 더 찐 다음 다시 한 번 체크한다.

STEP 4 마무리한다

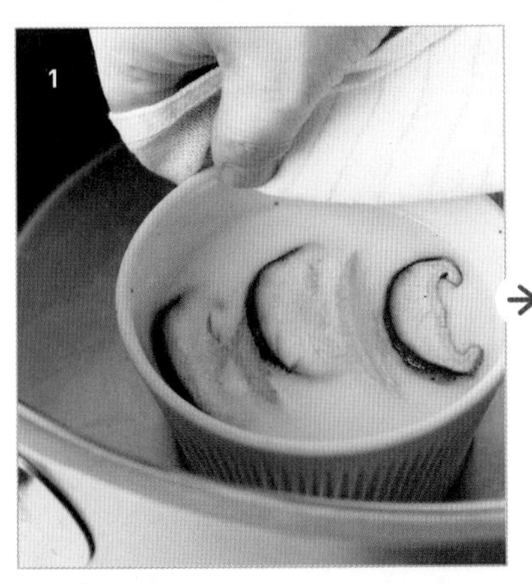

체크하고 꺼내기

1 차왕무시는 그릇을 행주로 잡아 살짝 흔들어보고 가장자리가 잘 고정되어 있고 찰랑거리는 탄력이 느껴지면 완성.
2 물기가 나오거나 표면에 물결이 친다면 1~2분간 더 찐다. 불을 끄고 수증기가 수그러들면 행주를 팽팽하게 한 상태로 씌워서 잘 들어 꺼낸다.

Q&A

차왕무시를 냄비로 만들 때 그릇이 달그락거리는 소리를 내서 시끄럽던데, 좋은 방법이 없을까요?

그릇 아래에 키친타월이나 행주를 깔면 소리가 덜 나서 신경이 많이 쓰이지 않을 거예요.

돼지고기 슈마이

굵게 다진 양파의 아삭한 식감이 매력적인 슈마이!
함께 쪄낸 양배추의 부드러움이 더해져 더욱 맛있답니다.

재료 2~3인분
돼지고기 간 거 250g
양파 ½개(80g)
소금 ½작은술
전분 2작은술
슈마이 피 16장
양배추 4~5장(200g)
겨자 적당량
간장 적당량

A
간장 2작은술
설탕 2작은술
참기름 1작은술

1인분 290kcal
조리 시간 30분
–
양파에 소금을 버무려두는 시간은 제외한다.

1. 준비하기

양파는 굵게 다진다. 볼에 담아 소금을 넣고 잘 버무린 다음 약 10분간 그대로 둔다. 물기를 짜고 전분을 묻힌다. 양배추는 사방 약 5cm 크기로 찢는다.

2. 빚기

볼에 다진 고기, 앞서 준비한 양파, A를 넣고 찰기가 생길 때까지 잘 섞어 반죽한다. 반죽한 것을 16등분으로 나누고 둥글게 빚는다. 슈마이 피 중앙에 소 1개를 올려서 마주 보는 방향을 서로 만나게 하듯이 옆면에 붙인다(사진 1). 위아래를 가볍게 눌러 주면서 옆면을 지그시 눌러 원통 모양으로 다듬는다(사진 2). 위쪽은 고기가 살짝 튀어나와 있어도 좋다. 나머지도 같은 방식으로 만든다.

3. 찌기

프라이팬에 양배추를 펼쳐서 넣고, 빚은 슈마이를 올린 다음 물 ½컵을 잘 둘러서 넣는다. 뚜껑을 덮고 중불로 가열해 물이 팔팔 끓어오르면 그대로 6~7분간 찐다.

4. 차려내기

양배추를 그릇에 펼쳐서 담고 그 위에 슈마이를 올린다. 겨자와 간장을 곁들인다.

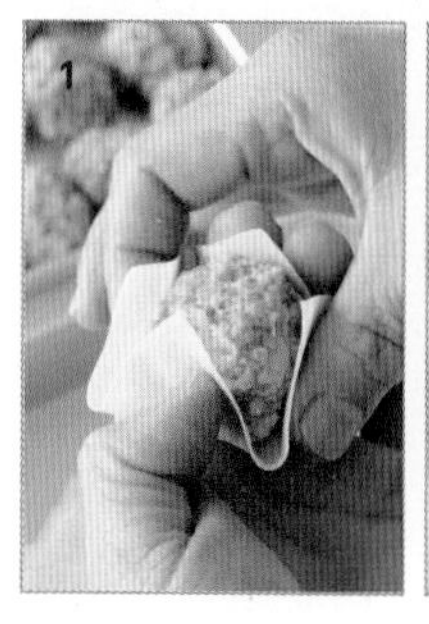
1

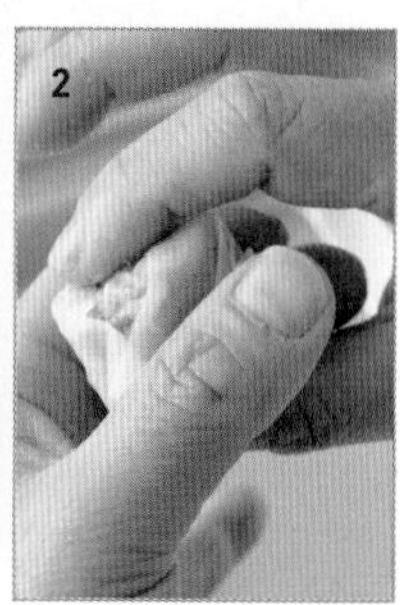
2

닭고기 감자찜

육즙이 살아 있는 부드러운 닭고기와 포슬포슬한 감자의 조화!
메인 반찬을 샐러드 느낌으로 즐길 수 있는 요리입니다.

재료 2인분
닭다리 살 1장(250g)
소금 ½작은술
후추 약간
감자 2개(300g)

명란 마요네즈
명란젓 50g
마요네즈 3큰술
간장 1~2작은술
후추 약간

1인분 520kcal
조리 시간 30분

1. 준비하기

닭다리 살은 지방을 제거한 후에▶70쪽 참조 반으로 잘라, 양면에 소금, 후추를 뿌린다. 감자는 잘 씻어서 껍질째 4등분으로 자른다.

2. 찌기

프라이팬에 감자를 늘어놓고 닭고기를 껍질이 붙은 쪽이 아래로 가게 해서 올린 다음, 물 ½컵을 둘러가며 넣는다. 뚜껑을 덮고 중불에 가열하다가 끓어오르면 약불로 줄여서 약 10분간 찐다. 감자에 꼬치를 찔러서 쑥 들어가면 불을 끈다. 아직 딱딱하다 싶으면 1~2분간 더 찐다. 다시 뚜껑을 덮고 그대로 약 5분간 뜸을 들인다.

3. 마무리하기

명란젓은 겉껍질을 제거하고 숟가락으로 속을 긁은 후, 남은 재료를 첨가해 잘 섞어 준다(**명란 마요네즈**). 닭고기는 꺼내서 먹기 편한 크기로 자른다. 그릇에 닭고기와 감자를 차려내고 명란 마요네즈를 뿌린다.

일본식 달걀찜 차왕무시

닭고기, 어묵, 표고버섯이 들어가는 일본식 달걀찜!
맛도 좋고 색감도 예뻐서 누구에게나 인기 만점인 반찬이랍니다.

재료 2인분
달걀 2개
닭 안심 한 덩어리(50g)
소금 약간
어묵 2cm(약 20g)
생표고버섯(大) 1개
파드득나물 4가닥

A
다시국물 1½컵(300㎖)
소금 ⅓작은술
미림 1작은술
간장 약간

1인분 120kcal
조리 시간 25분
–
다시국물은 식혀둔다.
▶168~170쪽 참조

1. 준비하기

어묵은 5mm 간격으로 썬다. 표고버섯은 줄기를 제거하고 얇게 썰어놓는다. 파드득나물은 밑동 부분을 잘라 1가닥씩 묶는다. 닭 안심은 7~8mm 간격으로 포를 떠 소금을 뿌린다.

2. 달걀물 만들어 그릇에 넣기

A를 잘 섞어놓는다. 볼에 달걀을 잘 풀고 **▶40~50회 / 104~105쪽 참조** A를 조금씩 첨가하며 섞은 후 체로 거른다(달걀물).

내열 용기에 파드득나물을 제외한 **1**의 재료를 똑같이 나눠 넣고 달걀물을 붓는다.

3. 찌기

약간 큰 냄비에 물을 2cm 깊이까지 붓고 **2**를 넣어 중불에 가열한다. 팔팔 끓어오르면 행주로 감싼 뚜껑을 덮고 센 불로 1~2분간 찐다. 달걀물이 하얘지면 약불로 하고 뚜껑을 조금 빗겨놓고 5~7분간 뜸을 들여 굳힌다. 꺼내서 파드득나물을 올린다.

'데치기'와 '삶기'의 기본

식재료나 써는 방법에 따라 찬물에 넣어 삶기도 하고 뜨거운 물에 데치기도 합니다. 데친 후에도 찬물에 헹궈서 체에 올려두는 등 다양한 방법이 있습니다. 데치는 방법의 차이를 파악하는 것은 요리의 중요한 요소입니다. 확실하게 배워봅시다.

STEP 1 찬물에서부터 삶는다

1

2

뿌리채소

1 감자 같은 뿌리채소는 냄비에 넣어 자박하게 잠길 정도로 물을 붓고 중불에 가열한다.

2 끓어오르면 약불로 하고 뚜껑을 덮어 삶는다. 찬물에서부터 천천히 가열하면 감자는 포슬포슬해지고 뿌리채소는 부드러워진다.

덩어리 고기

덩어리 고기는 냄비에 넣어 자박하게 잠길 정도의 물(약 1ℓ)을 붓고 중불로 가열한다. 청주와 간장을 첨가하면 고기의 누린내를 잡아준다.

숙주

숙주는 냄비에 넣어 자박하게 잠길 정도의 물을 붓고, 뚜껑을 덮고 센 불로 가열한다. 끓어오르면 곧바로 불을 끈다. 단시간에 데쳐서 숙주의 식감을 살린다.

STEP 2 뜨거운 물로 데친다

푸른 잎채소는 밑동 부분부터 넣기

푸른 잎채소를 데칠 때는 냄비에 충분한 양의 물을 끓여서, 아랫부분을 먼저 넣어 약 10초가 지나면 전체를 담근다. 상대적으로 익히는 데 시간이 더 걸리는 밑동 부분을 조금 더 오래 데침으로써 잎 부분을 오래 데치는 것을 방지할 수 있다. 떫은맛이 있는 채소는 나중에 찬물로 헹구기 때문에 소금은 첨가하지 않는다.

채소를 아삭아삭하게

우엉이나 당근같이 채를 썬 채소나 양상추 등은 금세 익기 때문에 끓는 물에 넣어 단시간 데치면 식감이 잘 살아난다.

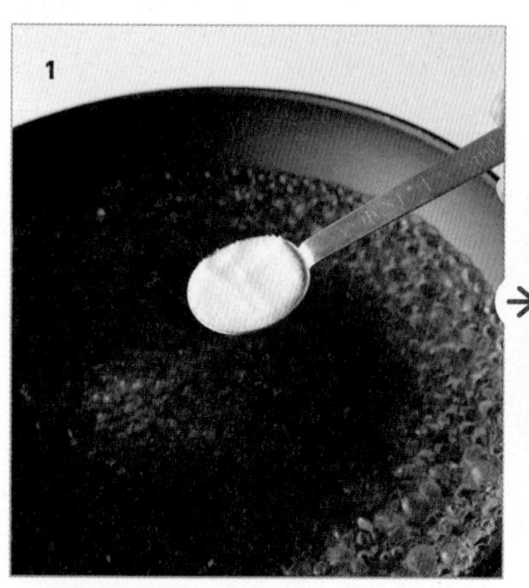

소금 넣기

1 아스파라거스나 브로콜리, 풋완두 꼬투리 등 떫은맛이 적은 채소는 뜨거운 물에 소금을 넣어 데친다. 소금의 양은 끓는 물 1ℓ에 소금 1~2작은술의 비율이 기준이다.

2 아스파라거스처럼 길고 가느다란 것은 프라이팬이 편리하다. 소금을 넣으면 살짝 간이 밴다.

소금을 묻힌 채로

껍질콩이나 풋콩 등은 소금을 묻혀 그대로 뜨거운 물에 넣어 데친다. 이렇게 하면 표면에 짭짜름한 맛이 잘 밴다.

STEP 3 온도를 낮춰서 데친다

얇게 썬 고기를 부드럽게

1 얇게 썬 고기를 데칠 때는 80~85℃의 물에서 데치면 부드러워진다. 뜨거운 물 5컵(1ℓ)에 물 1컵을 더한다.
2 고기를 넣으면 불을 끄고 천천히 풀어 가면서 여열로 익힌다.

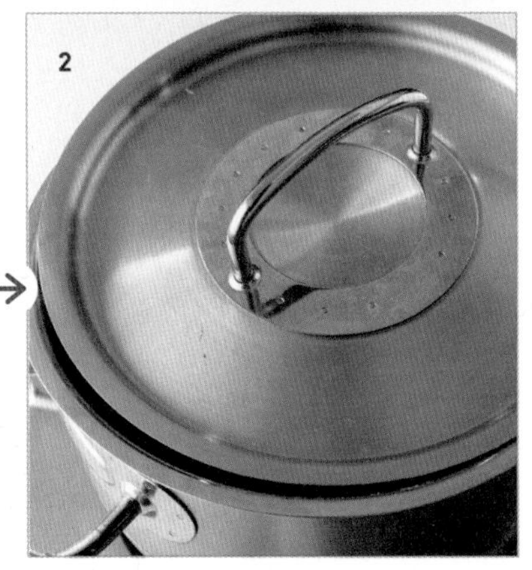

덩어리 고기를 약불로 뭉근하게

1 덩어리 고기를 삶을 때는 팔팔 끓는 물에 넣는다.
2 약불로 하고 뚜껑을 비스듬하게 덮어 열을 내보내면서 천천히 삶는다.

어패류를 부드럽게

오징어나 새우는 충분한 양의 끓는 물에 넣어 곧바로 불을 끄고, 섞어주면서 여열로 익힌다. 이렇게 하면 어패류의 살이 단단해지는 것을 피할 수 있다.

Q&A

푸른 잎채소를 데칠 때 왜 많은 양의 물을 끓여야 하나요?

물의 양이 많으면 식재료를 넣어도 온도가 그다지 내려가지 않아요. 그렇기 때문에 푸른 잎채소나 면 종류처럼 고온에서 빠르게 데쳐야 맛있는 것은 물의 양을 조금 많게 합니다.

STEP 4 꺼내서 물기를 뺀다

체크하기

감자 같은 뿌리채소는 대나무 꼬치로 찔러보고 쑥 들어가면 속까지 부드러워졌다는 증거이다. 딱딱하다 싶으면 2~3분간 더 삶는다.

떫은맛이 적은 채소는 체에 밭쳐서

아스파라거스나 브로콜리, 풋완두 꼬투리처럼 떫은맛이 적은 채소는 익으면 금방 체에 밭치고 잘 펼쳐서 식힌다.

고기는 체에 밭쳐서

냉샤브샤브를 할 때는 데친 고기를 체에 밭쳐 식힌다. 찬물에 넣으면 지방이 응고되어 씹는 맛이 좋지 않고 고기도 수축해 단단해진다.

찬물에 넣기

떫은맛이 있는 푸른 잎채소는 데친 다음 바로 찬물에 담가 식힌다. 급격히 식히면 색이 선명해지고 떫은맛도 제거할 수 있다.

물기 짜기

찬물에 담갔던 푸른 잎채소는 밑동 부분을 가지런히 세워 들고 끝에서부터 조금씩 쥐며 가볍게 짠다. 너무 세게 짜면 푸른 잎채소의 감칠맛이 빠져나가므로 주의한다.

Q&A

데친 아스파라거스를 최대한 식지 않게 하기 위해 차려내기 직전까지 냄비에 넣어두어도 괜찮을까요?

데친 물에 그대로 담가두면 여열로 인해 식감이나 색이 안 좋아져요. 시간을 잘 맞춰 데친 다음 곧바로 체에 밭쳐 두는 게 좋아요.

{ 달걀 삶는 법 }

1

2

3

4

5

6

삶은 달걀(달걀 3~4개 기준)

1 달걀을 꺼내 실온으로 준비한다. 냄비에 물 4컵을 끓이고 중불로 해서 소금 ½작은술, 식초 1작은술을 넣어 섞는다. 소금은 달걀에 균열이 생기지 않게 도와주고, 식초는 균열이 생겼을 경우 달걀흰자가 흘러나오는 것을 막아주는 작용을 한다.

2 달걀은 1개씩 국자에 올려서 살짝 넣는다.

3 달걀을 다 넣으면 취향에 맞게 삶도록 타이머를 세팅한다.

4 지정된 시간이 되면 달걀을 꺼내 찬물에 넣는다. 급격하게 식히면 껍질을 까기 쉬워진다.

5 삶은 달걀이 충분히 식으면 냄비에 넣고 물 ½~1컵을 넣은 후 뚜껑을 덮어 냄비를 3~4회 흔들어 달걀에 균열이 가게 한다.

6 껍질이 깨진 부분과 균열이 간 부분에 엄지손가락을 넣고 벗긴다. 껍질과 흰자 사이에 물이 들어가서 매끈하게 벗길 수 있다.

삶는 시간

6분

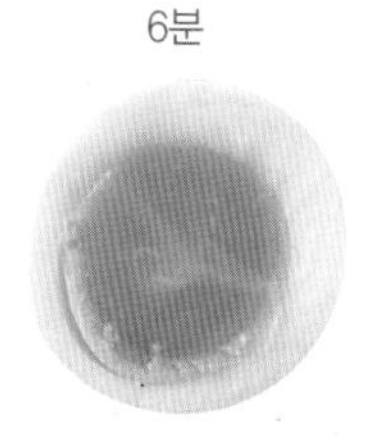

노른자가 덜 익어 흐를 듯한 상태.

8분

노른자가 진득진득한 상태. 반숙.

10분

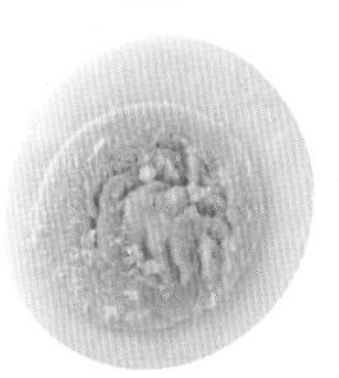

노른자가 응고되어 있긴 하지만 부드러운 상태.

12분

노른자가 완전히 응고되어 있는 상태. 완숙.

온천 달걀(달걀 4~6개 기준)

1 달걀을 꺼내서 실온으로 준비한다. 냄비에 물 5컵을 끓이고, 불을 끈 다음 물 1컵을 첨가한다.
2 달걀은 1개씩 국자에 올려 살짝 넣고, 뚜껑을 덮어 30~35분간 그대로 둔다. 꺼낸 다음에는 찬물에 넣지 않고 그대로 식힌다. 냉장고에서 3~4일 보존 가능하다.

Q&A

달걀을 삶을 때, 왜 물이 팔팔 끓은 다음에 넣나요? 찬물에서부터 넣으면 안 되나요?

찬물에서부터 삶는 방법도 있어요. 물의 온도는 계절에 따라 다르지만 팔팔 끓어오른 물은 100℃로 일정하니까 실패할 일이 적답니다.

만들어봅시다!

다시간장을 곁들인 온천 달걀

그릇에 온천 달걀을 깨뜨려 넣고, 다시국물과 ▶ 170~172쪽 참조 간장을 3대 1의 비율로 섞어 넣는다.

{ 파스타 · 면 삶는 법&식히는 법 }

파스타(스파게티)

1 큰 냄비에 충분한 양의 물(2인분 기준 1.5~2ℓ)을 끓이고, 중불로 해서 소금을 첨가한다. 소금은 뜨거운 물의 1%(뜨거운 물 2ℓ 기준, 소금 1큰술)를 넣는다.

2 스파게티를 넓게 펼치며 넣어 집게 등으로 빠르게 물속에 담근다.

3 타이머를 표시 시간의 2분 전으로 세팅한다. 여열로 부드러워지기 때문에 조금 꼬들꼬들하게 삶는다.

4 파스타가 나긋나긋해지기 시작하면 크게 섞는다. 이때 잘 섞어놓으면 파스타가 들러붙는 것을 막아준다. 다시 팔팔 끓기 시작하면 끓어 넘치지 않는 정도로 불을 약하게 해서 삶는다.

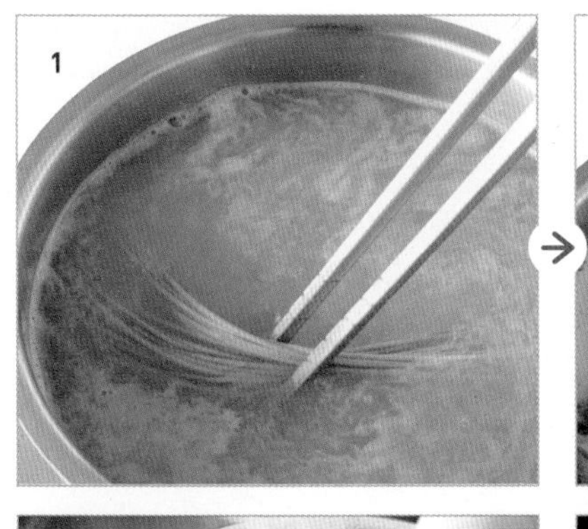

메밀국수(건면)

1 큰 냄비에 충분한 양의 물(면의 10배가 기준)을 끓인 후, 메밀국수를 넓게 펼쳐서 넣고 조리용 젓가락으로 저어준다.

2 다시 끓어오르기 시작하면 약간 센 중불로 하고, 약 6분간 혹은 표시 시간대로 삶는다. 끓어 넘칠 것 같으면 물 ½컵을 첨가한다.

3 체에 밭쳐서 뜨거운 물을 뺀 후 체를 그대로 찬물에 넣는다. 빠르게 들어 올려서 볼에 든 물을 버린다. 흐르는 물에 메밀국수를 차갑게 하고 주물러 헹구면서 끈끈한 점액을 제거한다.

4 체를 위아래로 크게 흔들어서 물기를 뺀다.

우동(냉동면)

1 프라이팬에 냉동 우동면을 그대로 넣고 반쯤 잠길 정도로 물을 붓는다.
2 뚜껑을 덮고 센 불로 가열한다.
3 뚜껑에 수증기가 많이 맺히고 팔팔 끓어오르면 뚜껑을 열고 조리용 젓가락으로 면을 풀어준다.
4 체에 밭쳐서 물을 뺀다. 메밀국수와 마찬가지로 찬물과 흐르는 물에 잘 식힌 후, 주물러 헹구고 물기를 뺀다.

소면

메밀국수와 마찬가지로 끓는 물에 넣어 저어주고, 1~2분간(혹은 표시대로) 삶는다. 물을 뺀 후 찬물과 흐르는 물에 잘 식히고, 주물러 헹궈서 점액을 제거하고 물기를 뺀다.

데친 아스파라거스와 온천 달걀

소금물에 데친 아스파라거스의 색감과 식감, 향을 두루 즐길 수 있는 요리입니다.
온천 달걀이 소스 역할을 대신해주지요. 아침 식사 메뉴로 추천합니다.

재료 2인분
그린 아스파라거스 1묶음(4~6개)
온천 달걀 ▶ 148쪽 참조 2개
소금 적당량
치즈가루 적당량
흑후추(굵게 간 것) 약간
올리브유 적당량

1인분 100kcal
조리 시간 10분
–
물을 끓이는 시간, 아스파라거스를 식히는 시간은 제외한다.

1. 준비하기

아스파라거스는 밑동을 약간 잘라내고, 필러로 껍질을 군데군데 벗긴다.

2. 데치기

프라이팬에 물 5컵을 넣어 끓이고, 소금 2작은술을 넣는다. 끓는 물에 아스파라거스를 넣어 약 2분간 데친 다음 체에 밭쳐 식힌다.

3. 차려내기

아스파라거스는 길이를 반으로 잘라 그릇에 담는다. 온천 달걀을 깨뜨려서 올리고 소금 약간, 치즈가루, 흑후추를 뿌린 후 마지막으로 올리브유를 뿌린다.

숙주 콘버터

빠르게 데쳐낸 숙주는 단맛이 나고, 아삭아삭한 식감도 그만이죠.
옥수수의 단맛과 버터의 진한 맛이 어우러져 한층 더 맛이 깊어진답니다.

재료 2인분
숙주 1봉지(200g)
옥수수(통조림) 약 3큰술(50g)
버터 10g
간장 2작은술
흑후추(굵게 간 것) 약간

1인분 80kcal
조리 시간 10분

1. 준비하기

숙주는 충분한 양의 물에 4~5분간 담그고, 체에 밭쳐서 물기를 뺀다. 옥수수는 통조림의 국물을 뺀다.

2. 데치기

냄비에 숙주를 넣고 숙주가 자박하게 잠길 정도의 물(약 2½컵)을 따른다. 뚜껑을 덮고 센 불로 팔팔 끓인 후, 물이 끓어오르면 바로 불을 끄고 체에 밭쳐 물기를 뺀다.

3. 곁들이기

숙주를 식기 전에 볼에 넣고 뜨거울 때 옥수수, 버터, 간장, 흑후추를 첨가해 잘 섞어준다.

오징어 숙회 쪽파무침

금방 데친 오징어의 열로 쪽파의 숨이 죽어 부드러워집니다.
쪽파의 은은한 향과 참기름의 풍미가 맛을 더해주지요.

재료 2인분
갑오징어(생식용 大) 1마리(약 300g)
쪽파 ½단(50g)

A
참기름 2큰술
식초 1큰술
소금 1작은술
설탕 1작은술

1인분 220kcal
조리 시간 15분
–
물을 끓이는 시간은 제외한다.

1. 준비하기

오징어는 다리와 내장을 떼어낸 후, 다리는 2개씩 자르고 몸통은 1.5cm 폭으로 통썰기를 한다. ▶ 90~91쪽 참조

2. 쪽파에 양념하기

쪽파는 송송 썰어 볼에 넣고 A를 넣어 섞는다.

3. 데쳐서 무치기

냄비에 물 2ℓ를 넣고 끓인다. 물이 끓으면 오징어를 넣은 후 곧바로 불을 끈다. 섞어주면서 약 2분간 여열로 데친다. 체에 밭쳐서 물기를 빼고 2의 볼에 넣어 무친다.

파소스를 뿌려 먹는 데친 채소와 돼지고기

채소와 고기를 이어서 데칩니다. 채소는 끓는 물에 아삭하게 데치고,
고기는 온도를 낮춰서 부드럽게 삶아주는 것이 비법!

재료 2인분
돼지고기 등심(샤브샤브용) 200g
밀가루 2큰술
양상추 4장
숙주 ½봉지(100g)

파소스
파 ⅓쪽
간장 3큰술
식초 2~3큰술
참기름 1큰술
설탕 2작은술
두반장 1작은술

1인분 400kcal
조리 시간 10분
–
물을 끓이는 시간, 한 김 식히는 시간은 제외한다.

1. 준비하기

양상추는 한입 크기로 잘게 찢고 숙주는 물에 4~5분간 담갔다가 물기를 뺀다. 볼에 돼지고기를 넣고 밀가루를 첨가해 대강 버무린다.

2. 데치기

냄비에 물 5컵을 넣고 팔팔 끓여 양상추, 숙주를 넣고 약 20초간 데친다. 불을 끄고 집게 등으로 집어 올려 체에 밭쳐 물기를 뺀다. 냄비 안의 물을 다시 한 번 센 불로 팔팔 끓이고 물 1컵을 넣는다. 돼지고기를 넣고 불을 끈 다음, 조리용 젓가락으로 풀어주면서 2~3분간 여열로 데쳐서 익힌다. 체에 밭쳐 한 김 식힌다.

3. 차려내기

파는 다져서 볼에 넣고 파소스의 나머지 재료를 첨가해 잘 섞어준다. 그릇에 채소와 돼지고기를 담고 파소스를 뿌린다.

'무침'의 기본

어려운 테크닉이 필요 없는 조리법이면서도 요리의 맛을 결정짓는 중요한 과정입니다. 무치는 타이밍이나 순서 등 섬세한 작업 속에 맛을 한층 높여줄 비결이 숨어 있답니다.

STEP 1 밑간을 한다

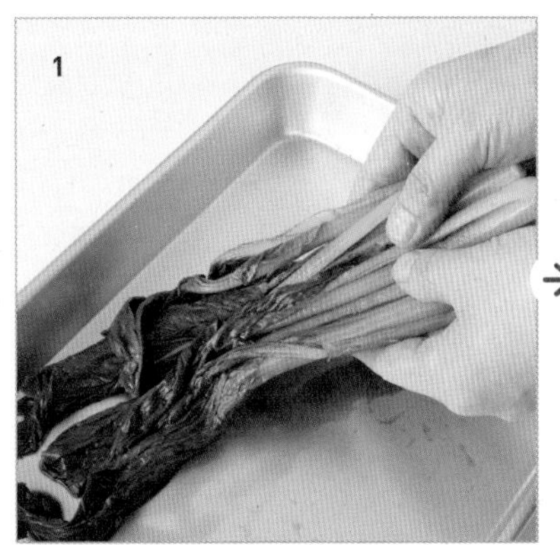

푸른 잎채소에 간장 끼얹기

푸른 잎채소(소송채, 시금치 등) 겨자무침 등을 할 때는, 데쳐서 물기를 짠 다음 간장을 전체적으로 끼얹는다.

간장을 묻혀서 짜기

1 손으로 푸른 잎채소를 풀어주면서 간장을 묻힌다. 잘라서 묻히게 되면 단면에 간장이 스며들어 짜진다.

2 밑동 부분과 이파리 부분을 서로 어긋나게 다발로 묶어 세로로 쥐고 가볍게 짠다. 서로 어긋나게 하면 맛이 고르게 밴다.

배합초 묻히기

식초로 조미하는 요리를 할 때, 오이에 소량의 배합초를 먼저 묻혀두면 맛이 잘 배고 오이도 숨이 죽어 나긋나긋해진다.

오일 묻히기

양념으로 무치기 전에 오일을 묻혀 표면을 코팅해주면, 쉬이 물기가 생기지 않고 신선함을 유지할 수 있다. 샐러드 느낌의 무침 요리 등에 알맞다.

뜨거울 때 드레싱

포테이토 샐러드를 만들 때는 삶아서 수분을 날린 감자가 뜨거울 때 소량의 드레싱을 묻혀서 식힌다.

뜨거울 때 묻혀서

1 간이 배는 데 시간이 걸리는 우엉은 데쳐서 물기를 뺀 다음, 뜨거울 때에 밑간 양념을 묻힌다.
2 볼의 측면까지 이용해 넓게 펼쳐서 식힌다. 우엉이 식을 때 간이 배기 시작한다.

STEP 2 무침용 고물을 만든다

시로아에 고물(으깬 두부를 넣은 고물)

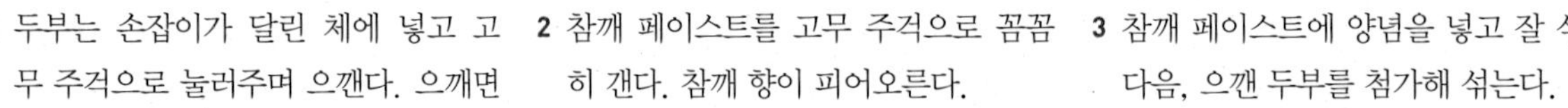

1 두부는 손잡이가 달린 체에 넣고 고무 주걱으로 눌러주며 으깬다. 으깨면 입에 넣을 때의 식감이 매끄러워진다.
2 참깨 페이스트를 고무 주걱으로 꼼꼼히 갠다. 참깨 향이 피어오른다.
3 참깨 페이스트에 양념을 넣고 잘 섞은 다음, 으깬 두부를 첨가해 섞는다.

깨를 볶아서

참깨로 버무릴 때는 프라이팬에 넣어 쉬지 않고 섞어주면서 중불로 볶는다. 색깔이 진해지고 고소한 향이 나면 불을 끈다. 여열로 인해 눌어붙지 않도록 곧바로 트레이에 옮겨서 식힌다.

STEP 3 무친다

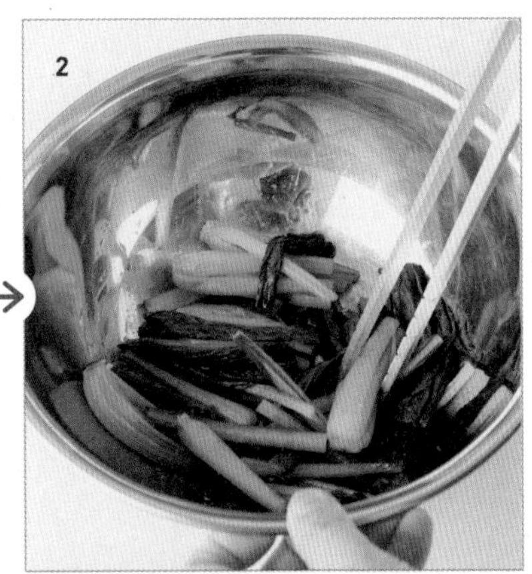

조리용 젓가락으로

1 볼에 데친 푸른 잎채소와 양념을 넣는다.
2 조리용 젓가락으로 살살 풀어주면서 무친다.

고무 주걱으로

시로아에 같은 페이스트 상태의 무침용 고물은 고무 주걱을 이용해 가장자리에 붙은 것을 긁어주면서 무친다.

손으로 조물조물

섬유질이 강하고 간이 배기 쉽지 않은 채소는 손으로 조물조물 주물러 무친다. 이렇게 하면 효율적으로 간이 잘 배고 부드러워 먹기에도 편하다.

드레싱은 2회로 나눠서

1 전분면을 넣은 샐러드 등을 할 때는 불려서 물기를 뺀 후 드레싱의 ½양을 뿌리고 손으로 주물러 버무린다.

2 면에 드레싱이 잘 스며들고 즙이 없어지면 채소 등을 넣고 나머지 드레싱을 첨가해 무친다.

마지막에 참깨를 첨가

볶아서 간 참깨는 양념을 잘 흡수하기 때문에 채소에 양념이 잘 배게 한 다음 마지막에 첨가한다. 참깨의 향도 한층 더 두드러진다.

Q&A

밑간을 하기가 사실 조금 번거로워요. 한 번에 넣어서 마지막에 잘 섞으면 되지 않나요?

약간의 부지런함으로 밑간을 해놓으면 간이 더 촉촉하게 배어 맛있어진답니다. 한번 비교해서 먹어보세요!

Q&A

매콤한 겨자무침이나 참깨무침은 대표적인 밑반찬이니까, 한 번에 많이 만들어두어도 괜찮을까요?

잎채소로 무친 것은 물기가 생겨서 싱거워지기 때문에 먹기 직전에 무치는 것이 기본이에요.
포테이토 샐러드 같은 마요네즈를 베이스로 한 샐러드라면 OK.

소송채 겨자무침

간장의 짭짤한 맛과 풍미가 그대로 배어 있으면서도
겨자의 매콤함과 향이 은은하게 퍼지는 품격 있는 맛이랍니다.

재료 2인분
소송채 1단(200g)
간장 1큰술

A
겨자 ½작은술
간장 1작은술

1인분 20kcal
조리 시간 10분
–
물을 끓이는 시간,
소송채를 찬물에 담그는 시간,
식히는 시간은 제외한다.

1. 준비하기

소송채는 밑동 부분에 칼집을 넣어 찬물에 약 15분간 담가 아삭함을 살린다.

2. 데치기

냄비에 물 7~8컵을 끓여 소송채의 아랫부분을 담그고, 약 10초 후 전체를 담근다. 다시 팔팔 끓어오르면 약 20초간 데친 다음 꺼내서 찬물에 헹군다.

3. 밑간하기

물기를 가볍게 짜고 트레이에 넣어 간장을 뿌려 잘 버무린다. 반을 나눠서 가볍게 물기를 짜고 5~6cm 길이로 자른다.

4. 무치기

볼에 A를 넣고 잘 버무린 다음, 3을 넣고 무친다.

브로콜리 크림소스무침

으깬 두부와 땅콩버터를 사용해 크림 같은 느낌을 낸 무침 요리예요.
브로콜리가 없다면 껍질콩이나 당근, 푸른 잎채소를 사용해도 좋답니다.

재료 2인분
으깬 두부 ½모(150g)
브로콜리 ½개(150g)
소금 2작은술

A
땅콩버터(알갱이 있는 거) 3큰술
설탕 1큰술
간장 1작은술
겨자 1작은술

1인분 260kcal
조리 시간 10분
–
물 끓이는 시간,
한 김 식히는 시간은 제외한다.

1. 데치기

브로콜리는 작은 송이들로 나눈다. 냄비에 물 5컵을 끓여서 소금을 넣고 브로콜리를 넣어 약 2분간 데친 다음 체에 밭쳐 한 김 식힌다.

2. 버무릴 소스 만들기

두부는 약 4등분으로 찢어 손잡이가 달린 체에 넣고 고무 주걱으로 으깨서 볼에 넣는다. 다른 볼에 땅콩버터를 넣고 고무 주걱으로 짓이긴 후 A의 남은 재료를 첨가해 잘 섞고 두부를 넣어 한층 더 버무린다.

3. 무치기

2에 1의 브로콜리를 넣어 무친다.

껍질콩 참깨무침

시중에 판매하는 간 깨를 사용하면 쉽고 간단하게 만들 수 있어요.
고소한 참깨를 이용해 간단하면서도 풍미 있는 밑반찬이 완성된답니다.

재료 2인분
껍질콩 150g
소금 1큰술
간 참깨 3큰술

A
설탕 2작은술
미소(된장) 1작은술
간장 1작은술

1인분 170kcal
조리 시간 10분
–
물을 끓이는 시간,
껍질콩, 간 참깨를
식히는 시간은 제외한다.

1. 준비하기

껍질콩은 소금을 뿌려서 무쳐 약 1분간 조물조물 주무른다. 냄비에 물 3컵을 끓이고 껍질콩을 소금이 묻은 채 넣어서 중불로 2~3분간 데친다. 체에 밭쳐서 식힌다.

2. 간 참깨 볶기

프라이팬에 간 참깨를 넣고 중불로 가열해 나무 주걱으로 저어주면서 볶는다. 향이 나고 색깔이 나기 시작하면 불을 끄고 트레이에 펼쳐서 식힌다.

3. 무치기

껍질콩은 꼭지 부분을 떼어내고, 길이를 3등분으로 자른다. 볼에 A를 넣고 잘 섞은 다음 껍질콩을 넣어 무친다. 2의 간 참깨를 첨가하고 전체적으로 무친다.

오이 문어 초무침

새콤달콤한 맛의 배합초와
생강의 풍미가 조화를 이루어 상큼함을 이룬답니다.

재료 2인분
데친 문어 다리 100g
오이 2개
소금 2작은술
생강 ½쪽

배합초
식초 3큰술
설탕 1큰술
소금 ½작은술

1인분 80kcal
조리 시간 10분
–
오이에 배합초를 버무려두는 시간은 제외한다.

1. 준비하기

오이 위에 소금을 뿌리고 도마에 문지른다. ▶ 42~43쪽 참조 물로 빠르게 헹궈 물기를 닦고, 2mm 간격으로 얇게 썰어 볼에 넣는다. 다른 볼에 배합초 재료를 넣고 잘 버무린다. 오이에 배합초 약 ½큰술을 뿌려 잘 섞어서 약 10분간 그대로 둔다. 문어는 칼을 비스듬히 넣어 7~8mm 간격으로 포를 뜨듯이 썬다. ▶ 94쪽 참조 생강은 껍질을 벗기고 채썬다.

2. 무치기

오이에서 나오는 즙을 가볍게 짜고 다른 볼에 넣어 문어와 생강을 첨가한다. 남은 배합초를 빙 둘러가며 넣고 전체적으로 무친다.

‘밥 짓기’의 기본

요즘은 정미 기술이 발달해서 예전처럼 쌀을 박박 씻을 필요는 없어요. 냄새가 나지 않도록 빠르게 물기를 빼고, 쌀 알갱이가 부서지지 않게 살살 씻는 것이 중요하답니다.

STEP 1 쌀 씻는 법

하나. 표면을 재빠르게 씻기

1 큰 볼에 충분한 양의 물을 넣고, 쌀을 담은 체를 끼워 넣는다.

2 한 번 휘릭 저어서 씻고 곧바로 물을 버린다. 물에 담근 채 그대로 두면 쌀겨 냄새가 배기 때문에 재빨리 버리는 것이 좋다.

둘. 씻기

쌀을 담은 체를 볼에 넣고 쌀이 잠길 정도로 물을 붓는다. 양손으로 쌀끼리 비비듯이 살살 씻는다. 물이 탁해지면 버리고 다시 한 번 물을 부어 씻는다. 이 과정을 3~4번 반복한다.

◆ 쌀은 쌀 계량컵으로 계량!

전기밥솥에 함께 들어 있는 쌀 계량컵은 보통 그 용량이 180㎖. 이것은 과거의 단위인 ‘합’을 기준으로 하기 때문이에요. ‘합’은 쌀을 계량하는 단위로 일반적으로 정착되어, 전기밥솥의 눈금도 쌀을 ‘합’으로 계량한 것으로 적혀 있습니다. 일반적인 계량컵은 200㎖이니 실수하지 않도록 주의합시다.

쌀 계량컵 180㎖

셋. 헹구기

흐르는 물로 헹군다. 체를 움직여 쌀 전체에 흐르는 물이 닿도록 한다.

넷. 물기 빼고 흡수시키기

체를 흔들어 물기를 빼고 약 30분간 그대로 두어 쌀 알갱이가 수분을 흡수하도록 한다. 체를 비스듬히 해두면 여분의 수분이 빨리 빠진다.

STEP 2 물 양 맞추기

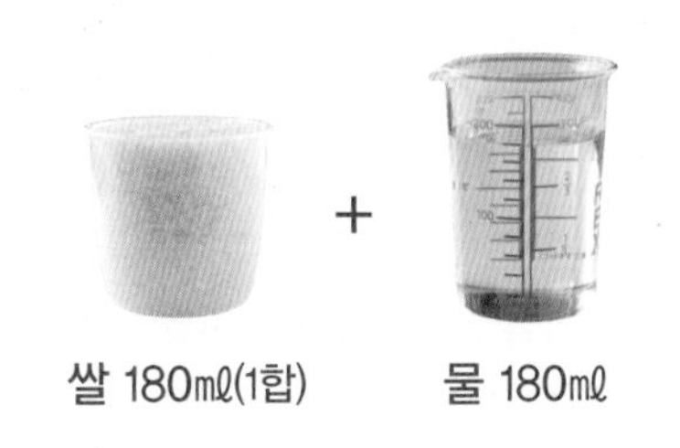

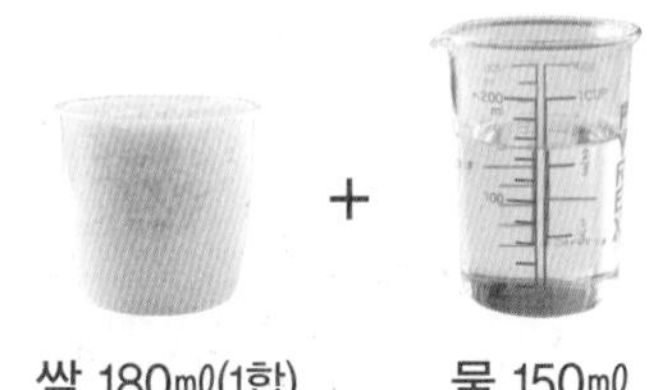

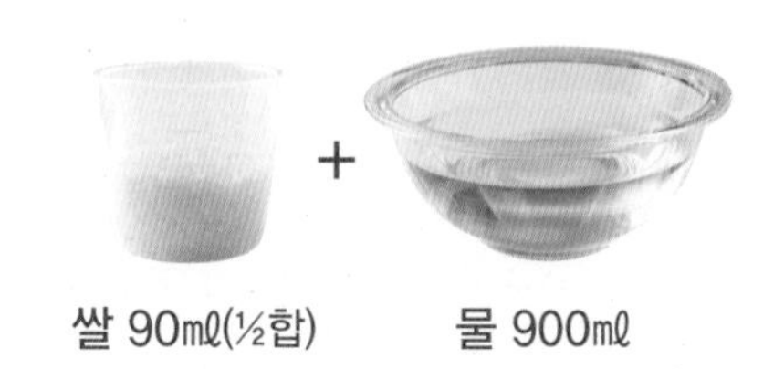

쌀과 물을 같은 양으로

일반적인 흰 쌀밥을 지을 때는 쌀과 같은 양의 물을 넣으면 적당한 식감의 밥이 된다.

물을 적게

양념을 첨가해 밥을 지을 때는 물을 약간 적게 해서 조금 되게 짓는다.

넉넉한 물로

죽은 물의 양으로 부드러움이 결정된다. 쌀의 10배 정도 되는 물로 끓이는 것이 기본 죽이다. 완성되면 쌀의 8~9배가 된다. 쌀의 5배 물로 끓이거나 7배 물로 끓이는 경우도 있다.

STEP 3 여러 가지 밥 짓기

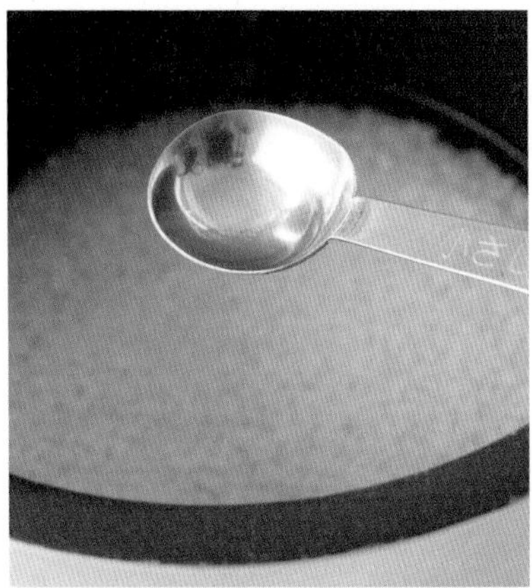

일반적인 전기밥솥으로

전기밥솥 안에 든 내솥에 쌀과 물을 넣고 전원을 켠다. 밥솥 설명서에 따른다.

식용유를 첨가해서

초밥에 쓸 밥을 지을 경우에는 내솥에 쌀과 물을 넣은 다음, 소량의 식용유를 넣고 섞어서 지으면 밥이 잘 풀어진다.

소금을 첨가해서

주먹밥(오니기리)을 할 때는 전기밥솥의 내솥에 쌀과 물을 넣은 다음, 소량의 소금을 첨가해 섞어서 지으면 짠맛이 생겨서 초밥을 만들 때 손에 소금 간을 하는 번거로움이 줄어든다.

1

2

건더기 재료를 올려서

1 건더기 재료를 넣어 밥을 할 때는 첨가하는 물에 양념을 섞어 붓는다. 이렇게 하면 맛이 고르게 밴다.

2 재료는 밥 위에 올리고 표면을 평평하게 한다. 쌀과 섞으면 열이 균등하게 전달되지 않고, 밥에 심이 생기게 된다.

Q & A

밥을 맛있어 보이게 담는 비결이 있나요?

밥알이 붙지 않게 주걱을 물로 적셔 2~3회로 나눠서 담습니다. 눌러 담지 말고 중앙을 약간 높게 해서 폭신해 보이게 담으면 보기에 좋답니다.

죽을 끓일 때는 냄비에

1 죽은 끓어 넘치기 쉽기 때문에 약간 큰 냄비에 쌀과 물을 넣는다. 팔팔 끓어오르면 크게 휘저으며 바닥에 눌어붙는 것을 방지한다.

2 뚜껑을 약간 비스듬히 해서 수증기를 빼내면서 약불로 천천히 끓이면 걸쭉한 죽이 완성된다.

STEP 4 초밥용 밥 짓기

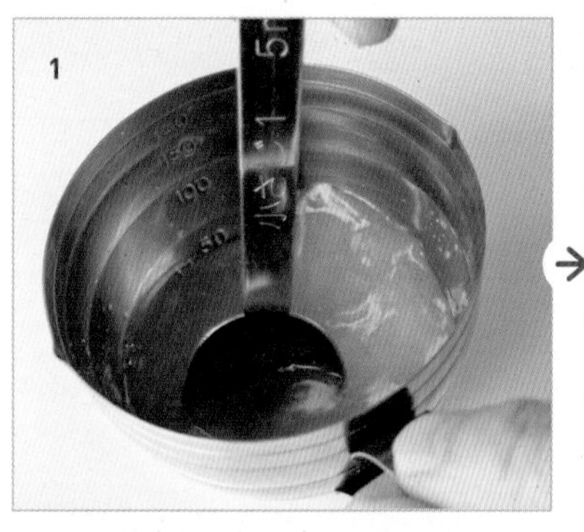

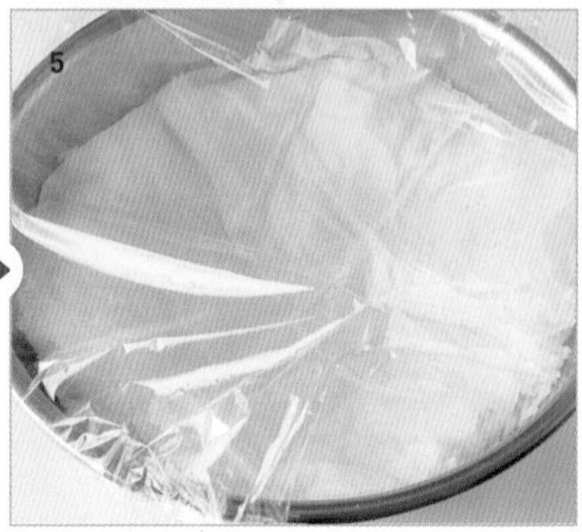

1 초밥용 식초의 재료는 잘 섞어, 설탕과 소금을 잘 녹여둔다. 곧바로 밥에 스며들어 맛이 골고루 밴다.

2 갓 지은 밥을 큰 볼에 옮겨 담는다. 밥이 식으면 초밥용 식초가 잘 스며들지 않으니 뜨거울 때 초밥용 식초를 둘러가며 뿌린다.

3 주걱을 세로로 해서 썰 듯이 섞고, 한 번씩 바닥에서부터 푹 퍼서 위아래를 뒤집어준다.

4 이것을 4~5회 반복해서 초밥 식초가 잘 스며들게 한다.

5 볼의 측면 부분까지 이용해 전체적으로 밥을 펼친 후 물에 적신 키친타월을 덮고, 랩을 느슨하게 씌운다. 살짝 따끈한 정도로 식으면, 맛도 좋고 밥이 딱딱해지지 않아서 다루기가 쉽다.

Q&A

집에서 싸는 주먹밥 재료가 한정되어 있어서 질릴 것 같은데, 뭔가 새로운 게 없을까요?

그럴 때는 적당히 가공품을 이용해도 좋아요. 김조림+치즈+잔멸치, 소시지+짜사이 등을 추천합니다.

삼각 오니기리

삼각형 모양의 오니기리는 손의 형태대로 모양을 잡으면 쉽게 만들 수 있어요.
소금을 넣어 지은 밥을 사용하기 때문에 모양만 잘 잡으면 적당히 짭조름한 오니기리가 완성!

재료 7~8개

밥
쌀 360㎖(2합)
물 2컵(400㎖)
소금 ½작은술

매실 장아찌 7~8개
구운 김(전장) 약 1장

1인분 140kcal
조리 시간 20분
–
쌀을 체에 밭쳐놓는 시간, 밥 짓는 시간은 제외한다.

1. 준비하기

쌀은 밥하기 30분 전에 씻어서 체에 밭친다. 전기밥솥에 분량의 쌀, 물, 소금을 넣어 섞고 평소대로 밥을 한다. 매실 장아찌는 씨를 제거한다. 김은 주방 가위로 가로 4등분으로 자른 다음 세로로 반을 더 자른다.

2. 밥공기에 넣기

밥공기에 랩을 깔고, 밥 80~100g을 넣어 중앙에 매실 장아찌 1개를 올린다. 가볍게 누르고 약간의 밥을 매실 장아찌 위에 더 올린다.

3. 만들기

랩으로 밥을 싸서 꽉 비틀고 가볍게 모양을 만든다. 뜨거울 때는 행주 등으로 한 번 더 감싸도 된다. 밑의 손으로 가볍게 잡고 위쪽 손을 구부려 대강 삼각형 모양을 만든다.

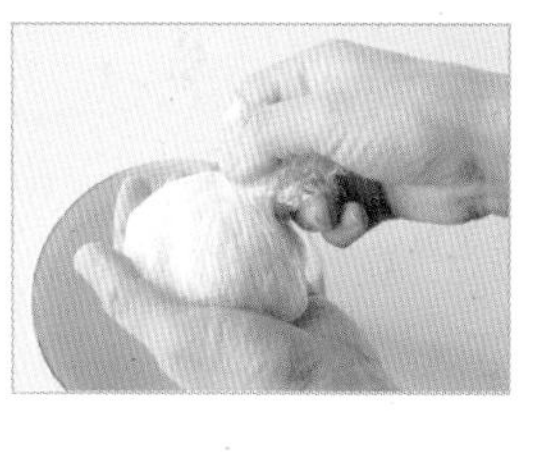

4. 모양 다듬고 김 말기

밥이 식어서 손으로 직접 만질 수 있을 정도가 되면 랩을 푼다.

손을 물에 적셔서 밑의 손으로 폭을 정하고 위쪽 손은 '<' 모양으로 구부려 각도를 깔끔하게 만든다. 양 손바닥으로 가볍게 눌러주면서 앞쪽으로 굴려 삼각형 모양을 다듬는다. 바닥 부분에 김 1조각을 말아 붙인다.

해산물 지라시 스시

초밥용 밥이 맛있게 완성되었으면 회를 올려볼까요?
특별한 테크닉이 필요 없으면서도 화사하고 멋스러운 스시가 된답니다. 회는 취향껏 올려주세요.

재료 2~3인분

밥
쌀 360㎖(2합)
물 1½컵(300㎖)
식용유 ½작은술

초밥용 식초
식초 3큰술
설탕 1큰술
소금 1작은술

모둠 회(참치, 도미, 문어 등) 250~300g
구운 김(전장) 2장
푸른 차조기 적당량
고추냉이 적당량

1인분 500kcal
조리 시간 15분
–
쌀을 체에 밭쳐놓는 시간, 밥하는 시간, 초밥용 밥을 식히는 시간은 제외한다.

1. 밥하기

쌀은 밥하기 30분 전에 씻어서 체에 밭쳐둔다. 전기밥솥 내솥에 분량의 쌀, 물, 식용유를 넣고 잘 섞은 다음 평소대로 밥을 한다.

2. 초밥용 밥 만들기

초밥용 식초의 재료를 잘 섞어놓는다. 밥이 다 되면 약간 큰 볼에 옮겨서 식초를 둘러서 넣는다. 주걱으로 썰 듯이 섞어 펼친 후 물에 적신 키친타월을 올리고 랩을 느슨하게 씌워서 식힌다. ▶ 166쪽 참조

3. 차려내기

김은 손으로 작게 찢는다. 그릇에 초밥을 담아 김을 뿌리고 푸른 차조기를 곁들여 회를 올린 후 고추냉이를 곁들인다.

묽은 죽

흰죽과 미음의 중간 정도인 묽은 죽은
약불로 푹 끓여 목 넘김이 부드러울 뿐만 아니라 깔끔하고 심플한 맛이 특징입니다.

재료 밥공기 4~5그릇분
쌀 90㎖(½합)
물 4½컵(900㎖)
매실 장아찌 적당량

1인분 60kcal
조리 시간 50분

1. 쌀 씻기

쌀을 씻은 후 체에 밭쳐 물기를 뺀다.

2. 밥하기

냄비에 쌀을 넣고 분량의 물을 부어 중불로 가열한다. 물이 팔팔 끓어오르면 1~2회 크게 저은 다음 뚜껑을 살짝 비스듬히 덮는다. 중간에 2~3회 저으면서 약불로 30~40분간 더 끓인다.

3. 차려내기

죽을 그릇에 담고, 씨앗을 제거한 매실 장아찌를 올린다.

'육수'의 기본

요리의 기본, 육수를 배워볼까요?
다시마와 가츠오부시로 우린 다시국물은 다양한 요리에 활용할 수 있는 만능 육수입니다. 닭날개로 우려낸 닭 육수는 깊은 맛과 감칠맛을 동시에 냅니다.

STEP 1 다시국물 내는 법

재료 약 5컵 분량 : 다시마 10g(10×20cm) | 얇게 깎은 가츠오부시 15~20g | 물 5½컵
전체 70kcal | 조리 시간 10분 | 다시마를 물에 담그는 시간은 제외한다.

하나. 다시마를 물에 담그기

냄비에 물 5컵과 다시마를 넣고 그대로 약 30분간 둔다.

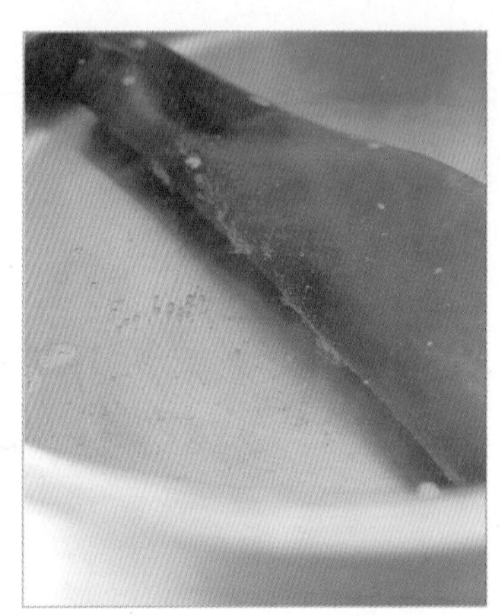

둘. 중불로 끓이기

약불에 가열하고 물이 보글보글 끓기 시작할 때까지 천천히 끓인다.

다시마

국물용으로 시판되는 다시마는 얇은 것이 육수를 낸 뒤에 활용하기 편하다.

얇게 깎은 가츠오부시

굵고 얇게 깎은 육수용(사진) 외에 작은 팩에 들어 있는 자잘한 타입도 괜찮다. 어떤 것이든 선도가 좋은 것을 사용하면 향이 좋고 비린내도 잘 나지 않는다.

셋. 다시마 꺼내기

다시마 전체에서 거품이 나오기 시작하면 꺼낸다. 여기서 끓어오를 때까지 그대로 두면 다시마의 비린내나 점액이 나와버리기 때문에 주의한다.

넷. 온도 조절하기

1 일단 센 불로 팔팔 끓인다.

2 물 ½컵을 첨가하고 불을 끈다.

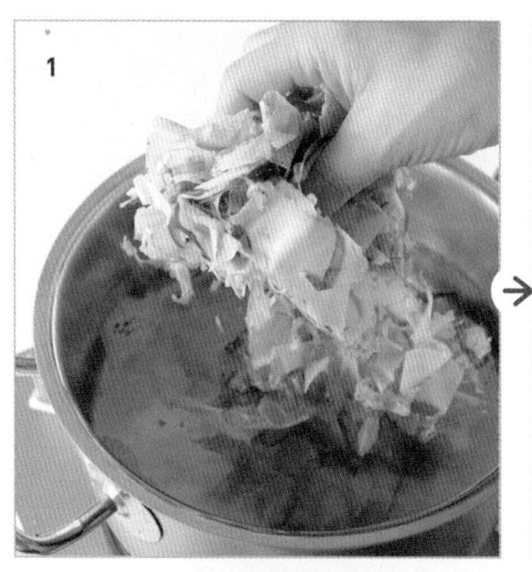

다섯. 가츠오부시 넣기

1 얇게 깎은 가츠오부시를 첨가한다.

2 그대로 2~3분간 둔다. 가츠오부시는 약 80℃의 물로 추출시키면 비린내가 잘 나지 않고, 감칠맛과 향을 더 살릴 수 있다.

여섯. 체로 거르기

체에 키친타월을 깔고 볼에 올린 후 살며시 거른다.

일곱. 가볍게 짜기

조리용 젓가락으로 키친타월을 접어 정리하고, 체를 들어 올리면서 젓가락으로 눌러 가볍게 짠다. 꽉 눌러 짜면 가츠오부시의 비린내가 날 수 있다.

여덟. 보존

페트병처럼 따르기 쉬운 밀폐용기에 담아 냉장고에 넣는다. 2~3일 정도를 기준으로 그 안에 다 쓰도록 한다.

Q&A

육수를 조금만 내고 싶을 때, 뭔가 좋은 방법이 없을까요?

작은 냄비에 물 1¼컵과 가츠오부시 1봉지(5g)를 넣고 중불로 팔팔 끓인 다음, 약 1분간 더 끓여서 걸러내요. 이렇게 하면 약 1컵의 육수를 우려낼 수 있습니다.

육수를 낸 후의 다시마와 얇게 깎은 가츠오부시로 !

다시마와 가츠오부시 간장조림

재료 2인분

육수를 내고 난 다시마 / 가츠오부시 ▶ 170쪽 참조 / 파 1줄기

조림 국물 : 간장 · 미림 · 식초 각 1큰술, 식용유 1작은술, 물 ⅔컵

1. 다시마는 사방 2cm로 자르고, 가츠오부시는 굵게 썬다. 파는 끝에서부터 1cm 폭으로 썬다.
2. 냄비에 조림 국물 재료를 넣고 중불로 가열해 팔팔 끓으면 **1**을 첨가하고, 이따금씩 저어가면서 8~10분간 끓인다.

1인분 100kcal

조리 시간 15분

STEP 2 닭 육수 내는 법

재료 약 4~5컵 분량 : 닭날개 6개 | 생강 1쪽 | 파의 파란 부분 1줄기 | 청주 2큰술 | 물 6컵

전체 440kcal | 조리 시간 30분

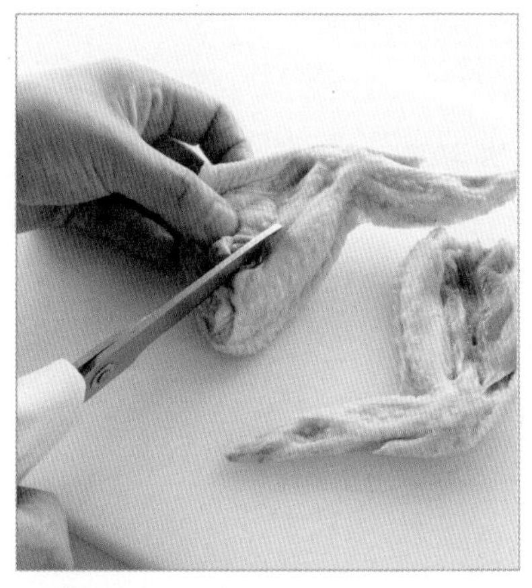

하나. 닭날개 손질하기

닭날개는 물로 씻어 물기를 빼고, 키친타월로 물기를 닦는다. 껍질이 두꺼운 쪽을 아래로 한 후, 주방 가위로 뼈를 따라 칼집을 넣는다. ▶ 74쪽 참조

둘. 중불로 가열하기

생강은 껍질을 벗겨 얇게 저민다. 냄비에 분량의 물, 닭날개, 생강, 파, 청주를 넣고 중불로 가열한다.

셋. 불순물 제거하기

팔팔 끓으면 떠오르는 거품이나 불순물을 국자로 제거한다. 거품은 처음에 확실히 제거해두면 나중에는 잘 안 생긴다.

넷. 약불로 끓이기

약불로 하고, 약 20분간 끓인다. 불을 끄고 파와 생강을 꺼낸다. 닭날개는 넣은 채, 또는 꺼내서 이용한다.

완성 !

다섯. 보존

닭 육수는 식으면 젤리 형태로 굳어버리기 때문에 입구가 넓은 밀폐 용기에 넣어 냉장고에 보관하고, 2~3일 정도를 기준으로 그 안에 다 사용하도록 한다.

Q&A

닭 육수를 내는 데 사용한 닭날개를 맛있게 먹는 방법이 있을까요?

뼈를 발라 드레싱이나 마요네즈, 만능 마늘간장 ▶ 253쪽 참조 등으로 무쳐도 좋을 것 같아요.

나메코 미소국

나메코 버섯은 미끈미끈한 식감이 매력적이에요.
미소를 넣고 불을 꺼야 버섯의 풍미를 그대로 살릴 수 있답니다.

재료 2인분
나메코 1봉지(100g)
다시국물 ▶ 170~172쪽 참조 2컵
미소 2~3큰술
파드득나물 약간

1인분 46kcal
조리 시간 5분

1. 준비하기

나메코는 체에 넣고 물속에서 가볍게 휘저어 씻은 다음 물기를 뺀다.

2. 끓이기

냄비에 다시국물을 넣고 중불로 가열해 1의 나메코를 첨가한다.

3. 미소 풀기

미소를 손잡이 달린 체에 넣고, 2가 끓어오르기 직전에 넣어 미소를 풀어주면서 불을 끈다. 그릇에 담고 2cm 길이로 썬 파드득나물을 후드득 뿌린다.

밀기울과 파드득나물국

육수의 맛과 향을 살리는 비밀은 양념의 절묘한 조화와 튀지 않는 무난한 재료에 있어요.
누군가에게 대접하기에 그만이랍니다.

재료 2인분
다시국물 ▶ 170~172쪽 참조 2컵
테마리 밀기울
(생밀기울을 볶은 식품) 6개
파드득나물 6줄기

A
미림 1작은술
소금 ¼작은술
간장 약간

1인분 20kcal
조리 시간 5분

1. 손질하고 준비하기

파드득나물은 밑동 부분을 잘라서 3cm 길이로 썬다.

2. 끓이기

약간 작은 냄비에 다시국물을 넣고 A를 첨가한다. 중불로 가열해서 팔팔 끓으면, 테마리 밀기울을 넣어 약 30초간 끓인다.

3. 차려내기

그릇에 담고 파드득나물을 올린다.

담백한 닭 국물 국수

소면을 닭 육수에 직접 넣어 끓이면 되는 간단한 요리입니다.
소면의 염분을 생각해 양념은 되도록 삼가는 게 좋아요.

재료 2인분
닭 육수 ▶ 173쪽 참조 전체
소면 2묶음(100g)
파드득나물 ½묶음
파 ½줄기
참깨 1큰술
간장·참기름 적당량

1인분 440kcal
조리 시간 30분

-

닭날개는 6개를
다 넣은 상태로 해도 좋다.

1. 준비하기

파드득나물은 밑동 부분을 떼어내고 3~4cm 길이로 자른다. 파는 세로로 반을 자른 다음 얇게 어슷썬다.

2. 소면 끓이기

닭 육수를 중불로 가열하고 팔팔 끓어오르면 소면을 직접 넣어 3~4분간 끓인다. 소면이 부드러워지면 불을 끈다.

3. 차려내기

그릇에 2를 담고, 파드득나물과 파를 올린 후 참깨를 뿌린다. 간장, 참기름을 취향대로 뿌려 맛을 조절한다.

착각하기 쉬운 요리 용어

레시피에 등장하는 요리 용어 중 이해가 잘 안 되는 것이 있나요?
이번 기회에 확실히 외워서 맛있는 요리를 만들어봅시다.

◆ 한입 크기로 자르기

입에 들어갈 정도의 크기로 자르는 것. 정해진 것은 없지만 한 변을 2~3cm 정도를 기준으로 해서 모양과 크기를 맞춰서 자른다.

◆ 먹기 편한 크기로 자르기

식재료나 요리에 따라 다르지만, 한입이나 두 입에 먹을 수 있는 크기를 기준으로 해서 모양과 크기를 맞춰 자른다.

◆ 적당량

상황에 맞춘 적당한 양. 식재료나 도구의 크기에 따라 양이 바뀔 때에 사용된다. 만드는 법 중에 '충분한 양' '2cm 깊이'처럼 기준이 적혀 있는 경우가 많다. 찍어 먹는 간장이나 향신료 등은 취향대로 양을 조절한다.

◆ 약간

'소금 약간'은 엄지손가락과 집게손가락으로 집은 양. 혹은 상황에 맞춰서 판단한다. ▶ 20쪽 참조
후추도 소금과 마찬가지인데 취향대로 조절하면 된다. 그 밖의 양념은 너무 많이 넣지 않도록 주의하고, 상태를 보면서 판단한다.

◆ 1쪽

마늘 1쪽은 얇은 껍질에 둘러싸인 작은 덩어리 1개를 가리킨다. 생강 1쪽은 엄지손가락의 제1관절 정도의 크기를 가리킨다. 양쪽 다 약 10g이 기준.

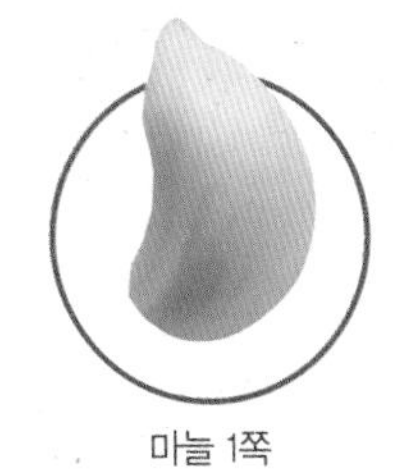
마늘 1쪽

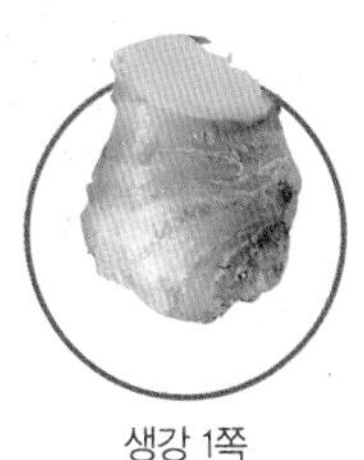
생강 1쪽

◆ 찬물

수돗물은 계절에 따라 온도 변화가 있으므로, 기온이 높을 때는 물 1~2ℓ에 얼음 2~3개를 넣으면 좋다.

◆ 한 김 식히기

가열 조리한 직후의 뜨거운 것을 손으로 만질 수 있을 정도까지 식히는 것. 완전히 식어버리면 다음 작업을 하기 힘든 경우도 있으므로 주의한다.

PART 4

요리 초보자도 맛있게 만드는 인기 레시피

요리의 기본을 익혔으면 이제 본격적인 실전으로 들어가 볼까요?
우리가 만들 음식은 남녀노소 누구나 좋아하는 인기 메뉴입니다.
이 요리들을 완벽하게 익히면 더욱 다양한 응용 요리에도 도전할 수 있을 거예요.
이제 요리가 주는 즐거움을 만끽해보세요!

육류 인기 레시피

◆

매일 식탁 위에 오르는 메뉴부터 특별한 날 먹고 싶은 메뉴까지, 육류 요리는 언제나 식탁의 주인공이 되지요. 맛을 한층 더 높여줄 요령을 터득해서 나만의 주특기 레시피를 늘려보는 것은 어떨까요?

돼지고기 생강구이

돼지고기 하면 떠오르는 대표적인 반찬. 생강의 깔끔한 풍미와 마지막에 입 안을 감도는
달짝지근한 고소함이 돼지고기의 맛을 한층 더 살려줍니다.

재료 2인분
돼지고기 등심(얇게 썬 것) 200g
양파 ½개
전분 2작은술
식용유 1큰술
설탕 1큰술
방울토마토 4개
그린 리프(혹은 양상추) 적당량

소스
생강 2쪽
청주 2큰술
간장 1큰술

1인분 390kcal
조리 시간 15분

1. 준비하기

양파는 섬유질 방향을 따라 얇게 썬다. 생강은 껍질을 까고 갈아서 소스의 나머지 재료와 섞어둔다. 돼지고기에 전분을 대강 묻힌다.

2. 굽기

프라이팬에 식용유를 두르고 중불로 가열해, 1의 돼지고기를 펼쳐 넣는다. 돼지고기 주위에 양파를 넣고 그대로 2~3분간 굽고, 고기의 가장자리 부분이 하얘지기 시작하면 앞뒤를 뒤집는다.

3. 양념하기

불을 끄고 중앙을 비워 만들어놓은 소스를 넣는다. 약간 센 중불을 켜고 앞뒤를 뒤집으면서 국물이 자작해질 때까지 1분간 조린다. 다시 중앙을 비워 설탕을 넣고, 조리용 젓가락으로 설탕을 가볍게 저어서 녹인다. 노릇노릇한 색이 되면 고기에 묻혀 전체적으로 섞어준다.

4. 차려내기

방울토마토는 꼭지를 따서 가로로 반 자르고, 그린 리프는 먹기 편한 크기로 자른다. 그릇에 3을 담고 채소를 곁들인다.

돼지고기 파 생강구이

파를 듬뿍 넣고 소금으로 담백하게 맛을 낸 돼지고기 파 생강구이.
설탕을 사용하지 않아 파 본연의 단맛을 느낄 수 있습니다.

재료 2인분
돼지고기 등심(얇게 썬 것) 200g
파(파란 부분도 있으면 사용) 1줄기
전분 2작은술
참기름 1큰술

소스
생강 1쪽
청주 2큰술
소금 ⅔작은술
후추 1큰술

1인분 350kcal
조리 시간 10분

1. 준비하기

파는 세로로 반을 자른 다음, 얇게 어슷썰기한다. 생강은 껍질을 까고 갈아서 소스의 나머지 재료와 섞어둔다. 돼지고기는 전분을 대강 묻힌다.

2. 굽기

프라이팬에 참기름을 두르고 중불로 가열한 다음, 1의 돼지고기를 펼쳐 넣고 그대로 2~3분간 굽는다. 돼지고기 끝부분이 하얘지기 시작하면 뒤집어서 파를 첨가한다.

3. 양념하기

불을 끄고 중앙을 비워서 1의 소스를 첨가한다. 약간 센 중불로 켜고, 앞뒤를 뒤집으면서 국물이 자작해질 때까지 약 1분간 조린다.

치킨 데리야키

노릇노릇 윤기 있게 잘 구워진 닭 안심살은
그 식감이 놀랄 만큼 부드럽답니다.

재료 2인분
닭 안심살 2장(450g)
피망 2개
밀가루 3큰술
식용유 1큰술

소스
간장 2큰술
미림 2큰술
청주 2큰술
설탕 1큰술

1인분 600kcal
조리 시간 20분
–
닭고기를 실온 상태로 준비하는 시간은 제외한다.

1. 준비하기

닭 안심살은 실온 상태로 준비해서 여분의 지방을 제거하고, 얕은 칼집을 3~4개 넣어 밀가루를 얇게 묻힌다. ▶71, 73쪽 참조 피망은 세로로 반을 잘라 꼭지와 씨를 제거한다. 소스 만들 재료를 섞어둔다.

2. 굽기

프라이팬에 식용유를 두르고 중불로 가열해 닭고기 껍질을 아래쪽으로 해서 넣는다. 가장자리에 피망을 넣고 약 5분간 굽는다. 닭고기가 노릇노릇해지기 시작하면 닭고기와 피망을 뒤집어 약 3분간 더 굽는다.

3. 양념하기

불을 끄고 피망을 꺼낸 다음 키친타월로 프라이팬의 기름을 닦아낸다. 1의 소스를 빙 둘러가며 넣고 다시 중불에 가열해 끓어오르면 이따금씩 뒤집어주면서 3~4분간 윤기가 돌 때까지 조린다.

4. 차려내기

닭고기를 꺼내서 2분간 그대로 두었다가, 약 2cm 폭으로 썬다. 뜨거우니 집게나 조리용 젓가락으로 눌러주면 썰기 쉽다. 그릇에 담아 피망을 곁들이고, 프라이팬에 남아 있던 소스를 뿌린다.

참깨소스 치킨 소테

간 깨를 듬뿍 첨가한 달콤한 소스를 뿌리면
심플한 닭고기찜이 순식간에 특별한 요리로 변신!

재료 2인분
닭 가슴살 2장(400g)
소금 ½작은술
후추 약간
밀가루 2큰술
식용유 1큰술
푸른 차조기 2장

참깨소스
간 깨 3큰술
간장 1큰술
미림 1큰술
물 ¼컵

1인분 590kcal
조리 시간 20분
–
닭고기를 실온 상태로 준비하는 시간은 제외한다.

1. 준비하기

닭 가슴살은 실온 상태로 준비하고 양면에 소금, 후추를 뿌린 다음 밀가루를 묻혀 가볍게 털어낸다.

2. 굽기

프라이팬에 식용유를 두르고 중불로 달군 후, 닭고기를 껍질이 아래로 가게 늘어놓고 약 5분간 굽는다. 노릇노릇한 색이 나면 뒤집어서 뚜껑을 덮고 약불로 약 3분간 찐다. 불을 끄고 그대로 약 5분간 두어 뜸을 들이고 여열로 속까지 익힌다. 닭고기는 꺼낸다.

3. 참깨소스를 만들고, 차려내기

2의 프라이팬에 갈아놓은 참깨 이외의 참깨소스 재료를 넣는다. 중불로 달궈 끓어오르면 갈아놓은 깨를 첨가해 섞고, 불을 끈다. 닭고기는 약 1.5cm 폭으로 썰어 그릇에 담는다. 참깨소스를 뿌리고 푸른 차조기를 찢어서 올린다.

김말이 닭 안심구이

담백한 닭 안심에 고소한 김의 풍미가 더해져
밥맛을 돋워준답니다.

재료 2인분
닭 안심 6쪽(약 300g)
참기름 2작은술
구운 김(전장) ½장
밀가루 2큰술
식용유 1큰술
산초가루 약간

소스
간장 1⅓큰술
미림 1⅓큰술
물 2큰술

1인분 320kcal
조리 시간 15분

1. 준비하기

닭 안심은 힘줄을 제거하고 참기름을 뿌려 골고루 묻힌다. ▶73쪽 참조 김은 띠 모양으로 6등분해서 자른다.

2. 밀가루 묻히기

닭 안심 중앙에 김을 1장씩 말아준다. 밀가루를 가볍게 골고루 묻힌다.

3. 굽기

프라이팬에 식용유를 두르고 중불에 달궈, 2를 펼쳐 넣는다. 약 3분간 구운 다음 뒤집어서 3분 정도 더 굽는다. 소스 만들 재료를 섞어서 넣고, 윤기가 날 때까지 약 1분간 더 조린다. 그릇에 담아 산초가루를 뿌린다.

닭 간 채소볶음

꼬들꼬들한 닭 간과 아삭한 채소에
풍미가 좋은 소스까지 어우러져 더욱 맛있답니다.

재료 2인분
닭 간 250g
우유 ½컵
양파 ½개
당근 ⅓개(50g)
양배추 4장(200g)
식용유 1큰술

소스
미소 2큰술
간장 1큰술
설탕 1큰술
마늘(간 것) ½쪽 분량
두반장 ½작은술
전분 · 참기름 각 1큰술

1인분 330kcal
조리 시간 20분
–
닭 간을 찬물에 담그는 시간,
우유에 재워놓는 시간은 제외한다.

1. 담기

닭 간은 물에 빠르게 헹군 후 찬물에 20분 정도 담근다. 지방이나 힘줄을 뺀 후 한입 크기로 자르고, 핏덩어리는 제거한다. 볼에 닭 간, 우유를 넣고 냉장고에 약 10분간 둔다. 키친타월로 국물을 닦는다. ▶75쪽 참조 소스 만들 재료를 섞어 간을 첨가해 골고루 묻힌다.

2. 채소 손질하기

양파는 섬유질 방향을 따라 얇게 썬다. 당근은 깨끗이 씻어서 껍질째로 길이 4~5cm, 폭 1cm로 얇게 썬다. 양배추는 사방 5cm로 썬다.

3. 볶기

프라이팬에 식용유를 중불로 달궈, 양념 소스를 묻힌 간을 넣는다. 펼쳐서 2~3분간 그대로 두고 가장자리가 하얗게 변하기 시작하면 뒤집는다. 양파, 당근, 양배추 순으로 올리고 그대로 약 1분간 둔다. 약간 센 중불로, 앞뒤를 뒤집어주면서 2분 정도 맛이 잘 스며들 때까지 볶는다.

닭 모래주머니 후추볶음

채소의 단맛과 흑후추의 알싸한 매운맛이 닭 모래주머니의 맛을 한층 더 돋워줍니다.
맥주 안주로 안성맞춤이지요!

재료 2인분
닭 모래주머니 250g
파 1줄기
파프리카(적색) 1개(150g)
흑후추(굵은 것) ½작은술
참기름 1큰술
간장 1작은술
소금 ½작은술

1인분 190kcal
조리 시간 20분

1. 손질 및 준비하기

닭 모래주머니는 하얀 힘줄 부분을 긁어 없애고, 두께를 절반으로 자른다. ▶76쪽 참조
파는 1cm 두께로 어슷썰기하고, 파프리카는 세로로 반을 잘라 꼭지와 씨앗을 제거해서 길이 3~4cm, 폭 1cm로 자른다. 흑후추는 키친타월에 끼워서 숟가락으로 으깬다.

2. 닭 모래주머니 볶기

프라이팬에 참기름 ½큰술을 중불로 달구고, 닭 모래주머니를 넣어 약 3분간 볶는다. 불을 끄고 일단 꺼낸 다음 간장을 묻힌다.

3. 볶기

2의 프라이팬에 참기름 ½큰술을 두르고, 으깬 흑후추를 중불로 볶는다. 향이 나기 시작하면 파, 파프리카를 첨가해 3~4분간 볶는다. 닭 모래주머니를 다시 넣어 소금을 뿌리고 앞뒤를 뒤집어주면서 1~2분간 같이 볶는다.

육즙이 촉촉한 햄버그

다진 고기의 감칠맛을 제대로 느낄 수 있는 햄버그입니다.
강판에 간 무즙을 곁들이면 순하고 담백한 맛을 즐길 수 있어요.

재료 2인분
혼합 다진 고기 300g
양파 ½개(80g)
식빵 ½장(약 20g)
달걀 1개
식용유 약간
무(강판에 간 것) 200g
마요네즈 2큰술
시판용 폰즈 간장* 2큰술
먹기 좋게 다듬은 물냉이(크레송) 적당량

A
소금 ½작은술
넛맥·후추 각 약간씩

1인분 530kcal
조리 시간 25분**

–

* 초간장을 취향대로 섞어도 좋다.
** 햄버그 패티를 냉장고에서 식히는 시간은 제외한다.

1. 패티 만들기

양파는 다지고, 식빵은 손으로 잘게 찢는다. 볼에 다진 고기, A를 넣어 약 1분간 섞고 양파, 식빵, 달걀을 첨가해 잘 섞는다. 전체적으로 잘 섞이기 시작하면 점성이 나올 때까지 약 2분간 반죽한다.▶81쪽 참조 2등분으로 나눈다.

2. 모양 다지기

손에 식용유를 살짝 바르고, 1을 양손으로 캐치볼을 하듯이 손바닥에 치대며 4~5번 반복해 공기를 뺀다. 약 2cm 두께의 타원형으로 다져서 트레이에 넣고 냉장고에서 약 30분간 식힌다.

3. 굽기

프라이팬에 기름을 두르지 않은 채, 2를 펼쳐놓고 중앙을 가볍게 눌러 움푹 패게 한다. 중불로 달궈 약 5분간 굽는다. 아랫면에 노릇노릇한 색이 나기 시작하면 뒤집어서 뚜껑을 덮고 약불로 7~8분간 구워 익힌다.

4. 차려내기

그릇에 담고, 물기를 뺀 강판에 간 무와 마요네즈를 섞은 것, 물냉이(크레송)를 곁들인다. 폰즈 간장을 뿌려 먹는다.

날개 달린 교자

남녀노소 모두에게 인기 있는 메뉴인 날개 달린 교자.
다져서 첨가한 돼지고기 삼겹살로
그 맛이 한층 업그레이드!

재료 3~4인분
돼지고기 다진 고기 100g
돼지고기 삼겹살(얇게 썬 것) 50g
양배추 3~4장(150g)
소금 1작은술
교자피 1봉지(24장)
식용유 1큰술

A
생강(간 것) 1쪽 분량
마늘(간 것) 1개분
간장 1큰술
참기름 1작은술
물 3큰술

B
밀가루 2큰술
치즈가루 1큰술
물 ⅔컵

소스
식초 2큰술
두반장 2작은술

1인분 290kcal
조리 시간 50분
–
양배추에 소금을 뿌려두는 시간, 교자 소를 냉장고에서 식히는 시간은 제외한다.

1. 준비하기

양배추는 굵게 다져서 볼에 담고, 소금을 묻혀서 손으로 주무르듯이 1분간 섞는다. 약 10분간 그대로 두어 물기를 짠다. 돼지고기 삼겹살은 포개서 끝에서부터 5mm 폭으로 썬다.

2. 교자 소 만들기

볼에 돼지고기 삼겹살, 다진 고기, A를 넣고 손으로 약 2분간, 점성이 생길 때까지 반죽한다. 양배추를 첨가하고 약 1분간 더 섞는다. ▶ 81쪽 참조 트레이에 올려 표면을 평평하게 한 다음 냉장고에서 약 30분간 식힌다.

3. 빚기

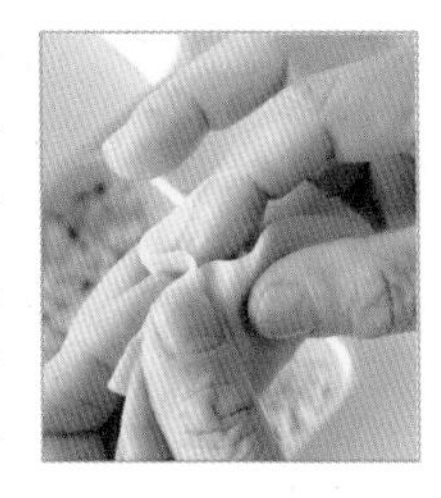

2는 24등분한다. 교자피에 1개분을 올리고 교자피 끝에 물을 약간 바른다. 반으로 접어, 집게손가락으로 반대편 피를 안쪽으로 누르듯이 주름을 잡아 빚는다.

4. 굽기

약간 작은 볼에 B의 밀가루와 치즈가루를 넣고 분량의 물을 조금씩 더하면서 잘 섞는다. 프라이팬에 식용유 ½큰술을 중불로 가열하고, 3의 ½양을 늘어놓는다. 약간 센 중불로 해서 2~3분간 바닥에 노릇노릇한 색이 생길 때까지 굽는다. 섞은 B의 ½양을 프라이팬 가장자리에 둘러 넣은 뒤, 바로 뚜껑을 닫고 중불로 4~5분간 찐다. 물기가 거의 없어지면 뚜껑을 열고 약 2분간 구워 불을 끈다.

5. 차려내기

프라이팬보다 작은 접시를 덮고 주방 장갑을 낀 손으로 눌러 프라이팬을 뒤집어 담는다. 나머지도 똑같이 굽고, 소스 만들 재료를 섞어 곁들인다.

삶은 돼지고기

덩어리 고기를 푹 삶은 후 얇게 썰어 생선회 같은 스타일로 먹는 요리입니다.
고추냉이와 겨자는 취향에 맞게 찍어 드세요.

재료 2인분

삶은 돼지고기 만들기 편한 분량
돼지고기 등심(덩어리) 2덩어리(800g)
소금 1큰술(돼지고기 중량의 약 2%)
식용유 1큰술
청주 ½컵
생강(얇게 저민 것) 1개분

자른 미역(건조) 2큰술
오이 1개
소금 1작은술
간장 · 고추냉이 · 겨자 각 적당량

1인분 230kcal
조리 시간 1시간
–
돼지고기를 냉장고에 넣어두는 시간, 식히는 시간, 미역을 불리는 시간은 제외한다.

1. 고기에 밑간하기

돼지고기에 소금을 뿌리고, 손으로 전체적으로 문질러 바른다. 식용유를 뿌리고 손으로 전체적으로 바른다. 1개씩 랩으로 싸서 냉장고에 넣어 최소 1시간, 최대 2일간 그대로 둔다. 오래 두면 여분의 수분이 빠져나가 육질이 쫀쫀해지고 감칠맛도 좋아진다.

2. 삶기

1의 돼지고기는 랩을 벗기고 빠르게 씻어 물기를 뺀다. 냄비에 넣고, 물 5컵, 청주, 생강을 첨가해 중불로 가열한다. 끓어오르면 거품 및 불순물을 걷어낸다. 물 1컵을 첨가해 삶는 국물의 온도를 낮추고 곧바로 뚜껑을 비스듬히 닫아 약불로 약 40분간 삶는다. 돼지고기를 꺼내서 밀폐용기(또는 볼)로 옮기고, 고기가 잠길 정도로 삶은 국물을 붓는다. 그대로 식힌다.

3. 차려내기

미역은 물 1컵에 담가 약 10분간 불린 다음 물기를 뺀다. 오이는 소금을 묻혀 바닥에 대고 굴린 다음 재빨리 씻어서 물기를 닦고, 채썰기를 한다. ▶ 42~43쪽 참조 삶은 돼지고기 ½개는 5~6mm 폭으로 썬다. 그릇에 담아 오이, 미역을 곁들인다. 간장, 고추냉이, 겨자를 곁들여 취향대로 찍어 먹는다.

◆ 보존

남은 고기는 삶은 국물에 잠긴 채로 냉장고에서 보존한다. 물에 적신 키친타월로 표면을 덮은 다음 뚜껑을 덮으면 쉽게 건조해지지 않는다. 약 일주일을 기준으로 두고 다 먹는다.

돼지고기 경단 튀김

두께감이 없는 얇은 돼지고기도 둥글게 굴려 튀기면 색다른 맛이 납니다.
맛있는 돼지고기를 부담 없이 즐길 수 있어 인기 있는 반찬이에요.

재료 2~3인분
돼지고기 불고기용 300g
밀가루 ½컵
식용유 적당량
오이 ½개
소금 ½작은술

밑간
간장 1큰술
설탕 1작은술
달걀 1개

1인분 410kcal
조리 시간 25분
–
돼지고기에 밑간을 해두는 시간은 제외한다.

1. 준비하기

볼에 돼지고기를 넣고, 밑간할 재료를 순서대로 첨가해 잘 버무려 약 10분간 둔다. 밀가루를 뿌려서 넣고 가루 날림이 없어질 때까지 잘 섞는다. 8등분으로 해서 손으로 둥글게 말아 트레이에 늘어놓는다.

2. 튀기기

프라이팬에 식용유를 2cm 깊이까지 붓고, 약간 센 중불로 고온(약 180℃)▶ 131쪽 참조으로 달구고 1을 1개씩 손으로 넣는다. 전부 다 넣었으면 그대로 3~4분간 튀기고 가장자리가 단단해지기 시작하면 앞뒤를 뒤집고 약 4분간 더 튀긴다. 노릇노릇해지고 바삭해졌으면, 키친타월을 깐 트레이에 꺼내서 기름기를 뺀다.

3. 차려내기

오이는 소금을 묻혀 도마에 문지르고▶ 42쪽 참조, 빠르게 헹궈서 물기를 닦은 후 어슷썰기를 한다. 그릇에 담고 그 위에 2의 돼지고기를 올린다.

파래가루를 뿌린 닭봉구이

밑간이 잘 배지 않는 닭봉은 튀기고 나서 양념을 묻히면 맛이 잘 스며듭니다.
향긋한 풍미가 살아나도록 시도해보세요.

재료 2~3인분
닭봉 8개
우유 1큰술
밀가루 ⅔컵
식용유 1½컵
레몬 적당량

A
파래가루 1큰술
미림 1큰술
소금 ½작은술
후추 약간

1인분 330kcal
조리 시간 30분

1. 준비하기

닭봉은 뼈를 따라 칼집을 넣는다. ▶74쪽 참조 트레이에 넣고 우유를 묻힌 다음 밀가루 양의 ½을 묻힌다. 촉촉해지기 시작하면 남은 밀가루를 묻힌다.

2. 튀기기

프라이팬에 식용유를 2cm 깊이까지 두르고, 약간 센 중불로 고온(약 180℃) ▶131쪽 참조 으로 가열하고, 1을 하나씩 넣는다. 전부 다 넣으면 4~5분간 튀기고 뒤집어서 또 4~5분 튀긴다. 전체가 노릇노릇한 색이 되고 바삭해지면 키친타월을 깐 트레이에 꺼내서 기름기를 뺀다.

3. 묻히기

볼에 A를 넣고 섞어 2를 뜨거울 때에 첨가하고 전체적으로 골고루 묻힌다. 그릇에 담고 빗모양으로 썬 레몬을 곁들인다.

어패류 인기 레시피

◆

어패류로 할 수 있는 메뉴에 한계가 있다는 분들의 고민을 말끔하게 해소해줄 간단 레시피를 소개할게요.
프라이팬 하나만 있으면 구이나 찜, 튀김도 OK. 다양한 맛의 변화를 느껴보세요.

전갱이 허브구이

소금과 함께 허브를 뿌리면,
평범했던 소금구이가 순식간에 멋진 허브구이로 대변신!

재료 2인분
전갱이 2마리
(1마리가 150~200g 정도의 것)
소금 ½작은술
믹스허브▶ 23쪽 참조 ½작은술
올리브유 1~2작은술

토마토소스
토마토(大) 1개
식초 1큰술
소금 · 후추 약간씩
올리브유 2큰술
파슬리(다진 것) 1작은술

1인분 250kcal
조리 시간 30분
–
전갱이에 소금과 믹스허브를 뿌려놓는 시간은 제외한다.

1. 준비하기

전갱이는 꼬리 쪽의 가시같이 생긴 비늘을 제거하고, 머리와 꼬리를 잘라낸 다음 배에 칼집을 넣어 내장을 긁어낸다. 물로 씻어서 키친타월로 물기를 닦는다. ▶86~87쪽 참조 트레이에 넣어 양면에 소금, 믹스허브를 뿌리고 약 20분간 그대로 둔다.

2. 토마토소스 만들기

토마토는 꼭지를 따서 가로로 반을 자른다. 숟가락 같은 것으로 씨를 제거하고 1cm 크기 정도로 자른다. 볼에 넣고 나머지 토마토소스 재료를 첨가해 섞는다.

3. 굽기

전갱이는 키친타월로 표면의 물기를 닦는다. 프라이팬에 올리브유를 두르고 중불로 가열한 후, 전갱이를 늘어놓고 약간 센 중불로 약 5분간 굽는다. 뒤집어서 약 4분간 더 굽는다. 도중에 기름이 나오면 키친타월로 프라이팬을 가볍게 닦아준다. 등 부분은 프라이팬 가장자리에 붙여서 굽고, 전체적으로 노릇한 색이 날 때까지 굽는다. 그릇에 담아 토마토소스를 끼얹는다.

오징어 통구이

오징어의 몸통을 자르지 않고 그대로 굽는 요리입니다.
쪄낸 내장을 오징어에 묻혀 소스처럼 찍어 먹으면 맛있어요.

재료 2인분
오징어(大) 1마리(약 300g)
마요네즈 1큰술
식용유 1큰술
소금 ¼작은술
간장 약간

1인분 210kcal
조리 시간 20분

–

오징어는 생식용으로 준비하고
내장도 사용한다.

1. 손질 및 준비하기

오징어는 다리와 내장을 떼어낸 다음, 다리를 2개씩 자르고 몸통은 8mm 정도 간격으로 칼집을 넣는다. ▶ 90~91쪽 참조 내장은 깨끗이 씻어서 상자처럼 만든 알루미늄 호일에 넣고 마요네즈를 뿌려 감싼다.

2. 굽기

프라이팬에 식용유를 넣어 중불로 가열하고, 오징어의 몸통과 다리, 호일에 감싼 내장을 넣는다. 약 3분간 구운 다음 몸통과 다리를 뒤집어서 1분간 더 굽는다. 호일에 감싼 내장을 꺼내고, 남은 오징어는 약 2분간 더 굽고 소금을 뿌린다.

3. 담기

그릇에 오징어를 담고, 내장은 가볍게 섞어서 곁들인다. 오징어를 잘라 내장을 찍어 먹는다. 싱겁다 싶으면 내장에 간장을 살짝 뿌린다.

새우 아스파라거스볶음

담백하게 소금 간을 한 새우의 감칠맛과
아스파라거스의 풍미를 만끽할 수 있는 요리입니다.

재료 2인분
새우(두절새우) 15~16마리(250g)
청주 2작은술
그린 아스파라거스 1단(150g)
파 1줄기
참기름 1큰술
소금 ½작은술

1인분 180kcal
조리 시간 20분

1. 손질 및 준비하기

새우는 껍질을 까서 등에 칼집을 넣고, 등에 있는 내장을 제거해▶ 92쪽 참조 청주를 바른다. 아스파라거스는 밑동 부분을 조금 잘라내고, 필러로 아래의 껍질을 벗겨 마구썰기를 한다. 파는 1cm 간격으로 어슷썰기한다.

2. 볶기

프라이팬에 참기름을 중불로 가열하고, 새우에 있는 물기를 키친타월로 가볍게 닦은 후 전체적으로 펼쳐서 넣고 약 1분간 그대로 둔다. 중앙으로 모아 새우 주변에 아스파라거스와 파를 넣고 나무 주걱으로 채소를 가볍게 눌러주면서 약 2분간 둔다. 앞뒤로 뒤집으면서 2~3분간 볶는다.

3. 양념하기

소금을 뿌리고 1~2분 정도 더 볶아 맛이 잘 배게 한다.

꽁치조림

밸런스가 잘 맞는 달콤 짭조름한 맛은 생선조림의 기본 양념이 됩니다.
전갱이나 가자미 등에도 응용할 수 있어요.

재료 2인분
꽁치 2마리(약 400g)
생강 2쪽

조림 양념장
간장 2큰술
청주 2큰술
설탕 2큰술
물 ½컵

1인분 560kcal
조리 시간 25분

1. 손질 및 준비하기

꽁치는 머리와 꼬리를 잘라내고, 길이를 3등분해서 통썰기한다. 내장을 제거하고 물로 씻어서 키친타월로 물기를 닦는다. ▶ 89쪽 참조 생강은 껍질을 긁어내 얇게 썰고 그중 ½은 채를 썬다.

2. 조리기

약간 작은 프라이팬에 조림 양념장을 만들 재료를 넣고 중불로 팔팔 끓인다. 꽁치, 얇게 저민 생강을 첨가해 가끔씩 숟가락으로 양념장을 끼얹으면서 약 3분간 끓인다. 물에 적신 키친타월을 씌우고, 뚜껑을 덮어서 약불로 10분 정도 더 조린다.

3. 차려내기

그릇에 담고, 채썬 생강을 흩뿌린다.

간단 방어조림

넉넉한 양의 청주로 자작하게 조려낸 요리예요.
방어와 무를 노릇하게 구운 다음 조려서 감칠맛이 응축되어 있답니다.

재료 2인분
무 ½개 정도(400g)
방어 2토막(250g)
소금 ⅓작은술
참기름 1큰술

A
청주 ½컵
간장 3큰술
설탕 3큰술

1인분 540kcal
조리 시간 35분

1. 손질 및 준비하기

방어는 물로 빠르게 씻어 키친타월로 물기를 닦는다. 1토막을 반으로 잘라 양면에 소금을 뿌린다. 무는 깨끗이 씻어 껍질이 붙은 채로 1.5cm 두께의 반달 모양으로 썬다. A는 합쳐서 섞어둔다.

2. 굽기

프라이팬에 참기름을 둘러 중불로 가열하고 방어를 늘어놓는다. 약 2분간 구운 다음 뒤집어서 2분간 더 굽고, 불을 끄고 꺼낸다. 프라이팬을 중불에 달궈 무를 늘어놓고 남은 기름으로 3~4분간 굽는다. 노릇노릇한 색이 나타나면 뒤집어서 3~4분 더 굽는다.

3. 조리기

방어를 무에 올리고, A를 둘러가며 끼얹는다. 끓어오르면 숟가락으로 국물을 떠서 전체적으로 끼얹고 약불로 줄인다. 적신 키친타월을 씌우고 뚜껑을 덮어 약 15분간 더 조린다. 방어와 무를 1토막씩 앞뒤로 뒤집고, 방어에 조림 양념장을 묻혀 맛이 배게 한다.

칠리새우

신선한 토마토로 만드는 칠리소스는 토마토 본연의 단맛이 매력적이에요.
마지막에는 달걀을 풀어서 걸쭉하게 완성!

재료 2인분
새우(두절새우) 15~16마리(250g)
식용유 2큰술
달걀 1개

A
전분 3큰술
소금 약간

밑간
소금 약간
참기름 1작은술
전분 3큰술

칠리소스
토마토 2개(300g)
간 마늘 ½~1쪽 분량
설탕 1큰술
참기름 1큰술
두반장 1작은술
소금 ½작은술

1인분 410kcal
조리 시간 15분

1. 손질 및 준비하기

새우는 껍질을 까서 등에 칼집을 넣고, 등에 있는 내장을 제거한다. 볼에 담아 A를 묻히고 주무른 다음 씻어서 물기를 닦는다. ▶ 92쪽 참조 볼에 넣고 밑간 재료를 순서대로 첨가해 골고루 묻힌다. 칠리소스를 만들 토마토는 꼭지를 제거하고 각 1cm로 자른다.

2. 굽기

프라이팬에 식용유를 둘러 중불로 가열하고, 1의 새우를 넣는다. 약 1분간 구운 다음 뒤집어서 1분 정도 더 구운 후, 새우가 탱글탱글해지면 불을 끄고 트레이에 꺼낸다.

3. 칠리소스로 조리고, 완성하기

프라이팬에 칠리소스 만들 재료를 넣고 약간 센 중불로 가열한다. 끓어오르면 그대로 약 5분간 조린다. 졸아들어서 걸쭉해지기 시작하면 2의 새우를 다시 넣고 섞는다. 달걀을 풀어서 둘러가며 넣고 크게 저어서 반숙 상태로 익힌다.

대구 아쿠아파차

아쿠아파차(Acqua pazza)는 물을 사용해 생선의 감칠맛을 끌어내는 이탈리아 생선 요리입니다.
방울토마토의 단맛과 마늘의 풍미를 더해 부드럽게 만들어봅시다.

재료 2인분
생대구* 2토막(250g)
방울토마토 10개
마늘 1쪽
올리브유 4큰술
검은 올리브 10개
케이퍼** 2큰술
씨를 제거한 홍고추 ½개분
소금 ⅓작은술
루콜라 적당량

밑간
소금 ½작은술, 후추 약간

1인분 370kcal
조리 시간 20분

–

* 도미나 청새치로 해도 좋다.
** 지중해산 식물의 봉오리를 소금과 식초로 절인 것. 특유의 풍미를 살려 생선 요리 등에 사용한다. 피클 타입이 일반적이다.

1. 손질 및 준비하기

트레이에 대구를 넣고 양면에 소금, 후추를 뿌려 밑간을 한다. 방울토마토는 꼭지를 떼고 껍질에 칼집을 넣는다. 마늘은 다져둔다.

2. 대구 굽기

프라이팬에 올리브유 2큰술을 중불로 가열한다. 마늘을 첨가해 휘릭 저은 후 곧바로 1의 대구를 껍질이 아래로 가게 늘어놓는다. 약 2분간 구운 다음 뒤집어서 2분간 더 굽는다.

3. 조리기

1의 방울토마토, 올리브, 케이퍼, 홍고추를 첨가하고 물 ¼컵을 둘러가며 끼얹는다. 소금을 뿌리고 끓어오르면 올리브유 2큰술을 첨가한다. 뚜껑을 덮고 약불에서 약 10분간 조린다. 그릇에 담고, 먹기 편한 길이로 찢은 루콜라를 곁들인다.

전갱이 튀김

일본 가정식에서 빠질 수 없는 전갱이 튀김.
겉은 바삭, 속은 부드럽게 튀겨봅시다.

재료 2인분
전갱이 2마리
습식 빵가루 2컵
식용유 적당량
양배추(채썬 것) 적당량
레몬(빗모양으로 썬 것) 적당량
우스타소스(취향껏) 적당량

밑간
소금 ¼작은술
후추 약간

밀가루 반죽
달걀 1개
밀가루 4작은술

1인분 300kcal
조리 시간 40분

1. 손질 및 준비하기

전갱이는 세비라키한 후에 뼈를 발라낸다. ▶88쪽 참조 양면에 소금, 후추를 뿌리고 밑간을 한다.

2. 튀김옷 입히기

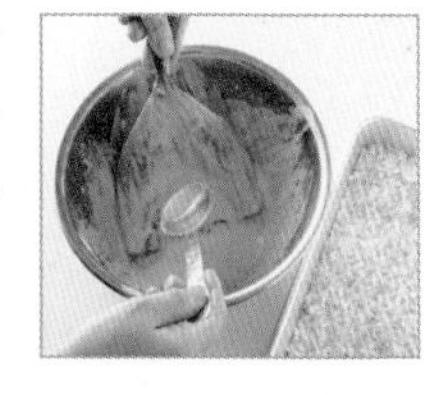

볼에 밀가루 반죽을 만들 달걀을 풀고 밀가루를 첨가해 잘 섞는다. 트레이에 빵가루를 펼쳐놓는다. 1의 전갱이 꼬리를 잡고 밀가루 반죽을 숟가락 등으로 조금씩 끼얹어 골고루 묻힌다. 꼬리에는 묻히지 않아도 된다. 빵가루 위에 올리고, 가볍게 눌러주면서 빵가루를 골고루 잘 묻힌다.

3. 튀기기

프라이팬에 식용유를 2cm 깊이로 붓고, 중간 불에서 고온(약 180℃)▶131쪽 참조으로 가열한 후 2를 넣는다. 약간 센 중불로 3분 정도 튀긴 다음, 뒤집어서 다시 3~4분간 튀긴다. 키친타월을 깐 트레이에 꺼내서 기름을 뺀다. 그릇에 양배추와 함께 담고, 반으로 자른 레몬을 곁들인다. 취향에 따라 우스타소스를 뿌린다.

두부 인기 레시피

◆

식탁에서 주연보다 조연 역할을 할 때가 더 많은 두부. 고기와 조합을 이루거나 심플하게 조리해도 얼마든지 메인 반찬이 될 수 있지요. 대표 인기 메뉴도 문제없답니다!

두부 삼겹살볶음

담백한 두부에 돼지고기의 감칠맛과 부추의 풍미, 달걀의 부드러움까지!
누구나 손쉽게 만들 수 있는 훌륭한 반찬이에요.

재료 2인분
목면두부(일반두부) 1모(300g)
돼지고기 삼겹살(얇게 썬 것) 100g
전분 1작은술
부추 ½단(50g)
달걀 1개
소금 ½작은술
참기름 1큰술
간장 1작은술
가츠오부시 1봉지(50g)

1인분 420kcal
조리 시간 15분
—
두부의 물기를 빼는 시간은 제외한다.

1. 준비하기

두부는 약 10등분으로 찢는다. 키친타월을 끼우고 약 15분간 두어 물기를 뺀다. ▶ 97~98쪽 참조 돼지고기는 5cm 길이로 자르고 전분을 묻힌다. 부추는 5cm 길이로 자른다. 달걀은 풀어놓는다.

2. 프라이팬에 넣어 데우기

프라이팬에 참기름을 두르고 중불로 가열한 다음, 1의 두부를 키친타월을 벗기고 늘어뜨려 돼지고기를 두부 사이사이에 넣고 그대로 약 2분간 둔다. 나무 주걱과 조리용 젓가락으로 집어서 앞뒤를 뒤집어 2분 더 그대로 둔다.

3. 볶아서 완성하기

소금을 뿌리고, 풀어놓은 달걀을 둘러가며 넣는다. 나무 주걱으로 바닥에서부터 크게 뒤집어주면서 10회 정도 섞고, 달걀을 전체적으로 묻히며 볶는다. 부추를 첨가해 크게 뒤집어서 빠르게 볶는다. 중앙을 비우고 간장을 넣어 전체적으로 섞은 후 가츠오부시를 첨가해 빠르게 섞는다.

마파두부

부드러운 두부와 다진 고기의 감칠맛이 조화를 이루는 요리입니다.
처음에 생강과 중국 조미료를 제대로 볶는 것이 풍미를 살리는 포인트예요.

재료 2인분
목면두부 1모(300g)
돼지고기 다진 것 100g
생강 1쪽
파 ½개
식용유 1큰술
두반장 1작은술
춘장 2큰술

A
간장 1½큰술
물 ½컵

물에 푼 전분
전분 2작은술
물 1⅓큰술

1인분 340kcal
조리 시간 15분

1. 준비하기

도마에 키친타월을 깔고 두부를 올려 약 2cm 크기로 자른다. 생강과 파는 다진다. A와 물에 푼 전분은 각각 섞어둔다.

2. 볶기

프라이팬에 식용유, 생강, 두반장, 춘장을 넣고 중불로 가열한다. 기름이 보글보글하기 시작하면 나무 주걱으로 볶는다. 향이 나면 다진 고기를 첨가해 풀어주면서 잘 볶는다. 고기가 다 흐트러졌으면 파를 넣고 빠르게 섞는다.

3. 조리기

합쳐놓은 A를 둘러가며 넣고 가볍게 섞는다. 끓어오르면 두부를 넣는다. 뜨거우면 불을 끄고 모양이 흐트러지지 않도록 손으로 조심히 넣는다. 두부가 뭉개지지 않도록 프라이팬을 흔들어주면서 약 2분간 조린다. 흔들리면서 조림 국물이 두부 위로 골고루 퍼져 맛이 스며든다.

4. 마무리하기

물에 푼 전분을 다시 한 번 섞고, 조림 양념장 쪽에 조금씩 첨가한다. 나무 주걱으로 바닥을 긁듯이 살며시 섞어주면서 약 1분간 조려서 걸쭉하게 한다.

두부 스테이크

노릇하게 구운 두부 속에 영양이 가득한 건강한 스테이크예요.
삶은 달걀이 들어간 진한 소스를 뿌려 먹는답니다.

재료 2인분
목면두부 1모(300g)
식용유 1큰술
베이비 리프 적당량

A
소금 ½작은술
밀가루 2큰술

간단 타르타르소스
삶은 달걀 1개
마요네즈 3큰술
홀그레인 머스터드 2작은술

1인분 370kcal
조리 시간 15분
–
두부의 물기를 빼는 시간은 제외한다.

1. 두부의 물기 빼기

도마에 키친타월을 깔고 두부를 가로로 놓은 후, 끝에서부터 4등분으로 자른다. 키친타월로 집어 약 30분간 두고 물기를 뺀다. ▶97~98쪽 참조

2. 간단 타르타르소스 만들기

삶은 달걀은 껍질을 까서 볼에 넣고, 포크의 등 쪽으로 으깬다. 나머지 타르타르소스 재료를 첨가해 골고루 섞는다.

3. 굽기

다른 트레이에 A를 섞어 쫙 펴놓는다. 1의 두부를 늘어놓고, 전체적으로 묻힌 후 가볍게 털어 얇게 바른다. 프라이팬에 식용유를 둘러 중불로 가열하고 두부를 늘어놓는다. 3~4분간 구운 다음 뒤집어서 다시 3~4분 더 굽는다.

4. 차려내기

그릇에 3을 담고, 베이비 리프를 곁들여 2를 뿌린다.

튀긴 두부 데리야키

튀긴 두부를 노릇하게 구워 달콤 짭조름한 소스를 묻혀 먹습니다.
적당한 식감도 느낄 수 있는 건강 메뉴랍니다.

재료 2인분
튀긴 두부 1장(200g)
밀가루 1큰술
새송이버섯 1개(50g)
식용유 1큰술
생강(강판에 간 것) 적당량

소스
미림 3큰술
간장 2큰술
설탕 1작은술

1인분 310kcal
조리 시간 20분

1. 준비하기

튀긴 두부는 미지근한 물속에서 표면을 씻는다. ▶100쪽 참조 키친타월로 물기를 닦고, 1.5cm 폭으로 자른다. 트레이에 늘어놓고, 밀가루를 뿌려 양면에 고루 묻힌다. 새송이버섯은 세로로 4등분한다. 소스 만들 재료를 합쳐서 섞어놓는다.

2. 굽기

프라이팬에 식용유를 두르고 중불로 가열한 후, 1의 튀긴 두부와 새송이버섯을 죽 나열해 넣는다. 3~4분간 구운 다음 뒤집어서 다시 3~4분 더 굽는다.

3. 마무리하기

불을 끄고 중앙을 비워서, 1의 소스를 붓는다. 다시 중불에 가열해 윤기가 생기고 걸쭉해질 때까지 약 1분간 조린다. 그릇에 담아 프라이팬에 남아 있는 소스를 뿌리고 강판에 간 생강을 곁들인다.

유부주머니 조림

주머니 모양의 유부에 날달걀을 넣어서 조린 심플한 요리예요.
걸쭉하게 흐르는 반숙 달걀과 달콤 짭조름한 조림 국물이 입 안에 가득 퍼진답니다.

재료 2인분
유부 2장(60g)
달걀 4개
식초 1작은술

A
간장 2큰술
설탕 1큰술
미림 4큰술

1인분 380kcal
조리 시간 20분
–
한 김 식히는 시간은 제외한다.

1. 준비하기

유부는 미지근한 물에서 주물러 씻고 물기를 짠 다음, 길이를 반으로 자른다. 도마에 한 장씩 올리고 유부 위에서 조리용 젓가락을 2~3회 굴린다. 절단면을 살며시 벌려서 손가락을 넣어 주머니 상태로 만든다. ▶99쪽 참조

2. 유부에 달걀 넣기

작은 용기에 달걀 1개를 깨뜨려 넣는다. 다른 용기에 1의 유부 1조각을 넣어 입구를 벌리고 달걀을 조심스레 옮겨 넣는다. 이쑤시개로 꿰매듯이 입구를 봉한다. 나머지도 똑같이 한다.

3. 조리기

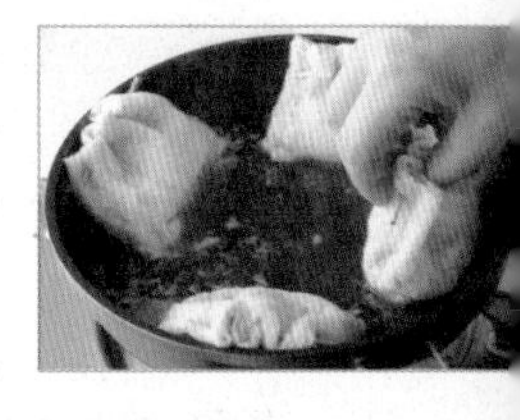

약간 작은 프라이팬에 A, 물 ½컵을 넣고 중불로 가열해 끓어오르면 2를 프라이팬 가장자리에 세우듯이 죽 나열해 넣는다. 2~3분간 조린 다음 쓰러뜨려서 약불로 약 5분간 조린다. 식초를 둘러가며 뿌리고 불을 끈 후 한 김 식을 때까지 두어 맛이 잘 배도록 한다.

달걀 인기 레시피

◆

달걀 요리는 메뉴에 따라 각각 부드럽고, 고소하고, 촉촉한 달걀의 매력을 느낄 수 있습니다. 달걀을 어떻게 풀고, 불 조절은 어떻게 하느냐에 따라 맛이 달라지므로 요리의 포인트를 확실히 익히는 것이 중요합니다.

플레인 오믈렛

겉은 폭신하고 속은 촉촉한 오믈렛.
부드러움의 비결은 바로 달걀물에 첨가한 마요네즈랍니다.

재료 1인분
달걀 3개
식용유 1작은술
버터(차가운 것) 1작은술

A
마요네즈 1큰술
소금·후추 각 약간씩

1인분 370kcal
조리 시간 5분

1. 달걀물 만들기

볼에 달걀을 깨뜨려 넣고 잘 풀어서(약 30회) ▶104~105쪽 참조 A를 첨가해 섞는다. 마요네즈는 멍울이 져 있어도 괜찮다.

2. 굽기

약간 작은 프라이팬에 식용유를 넣어 중불로 2분 정도 가열하고, 버터를 첨가해 약 ⅔양이 녹아서 거품이 일기 시작하면 달걀물을 높은 지점에서 한 번에 부어 넣는다. 곧바로 20~30회 섞어준다. 고무 주걱을 사용하면 모양을 다듬기 편하다. 프라이팬을 불에서 내려 젖은 행주 위에 올려놓고 프라이팬을 살짝 기울이면서 고무 주걱으로 반대편 쪽으로 모은다.

3. 뒤집기

프라이팬을 기울여 중불에 달궈 30초간 표면을 굽는다. 그 후 다시 불에서 내리고, 고무 주걱으로 가장자리 부분을 떼어서 자기 앞쪽으로 뒤집는다(사진 1). 다시 중불에 가열해 자기 앞쪽으로 오게 하고, 프라이팬의 가장자리 곡선에 맞춰 모양을 다듬으면서 30초~1분간 굽는다(사진 2).

4. 모양 다듬기

불을 끄고 다시 반대쪽으로 모은다. 프라이팬의 손잡이를 반대쪽 손으로 잡고 뒤집으면서 그릇에 담는다. 키친타월을 씌워 모양을 다듬는다(사진 3).

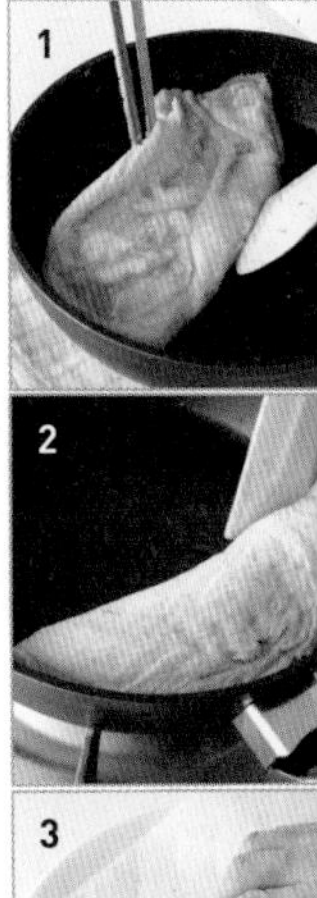

감자 베이컨 프리타타

프리타타(frittata)는 이탈리아식 달걀말이예요.
프라이팬의 모양에 맞춰서 두꺼운 원형으로 굽는 것이 특징입니다.

재료 2~3인분
(직경 약 20cm 프라이팬 1개분)
달걀 4개
감자 2개(300g)
양파 ¼개
베이컨 4장(80g)
올리브유 2큰술
소금 ⅓작은술

1인분 350kcal
조리 시간 20분
–
감자를 한 김 식히는 시간은 제외한다.

1. 준비하기

감자는 약 2cm 크기로 자르고 물에 담갔다가 물기를 뺀다. 내열 접시에 넣고 느슨하게 랩을 씌워 전자레인지(600W)에 약 3분간 돌리고, 꺼내서 한 김 식힌다. 베이컨은 1cm 폭으로 자르고, 양파는 섬유질 방향을 따라 얇게 썬다. 볼에 달걀을 깨뜨려 넣고 깔끔하게 푼다(약 40~50회). ▶104~105쪽 참조

2. 속 재료 볶기

약간 작은 프라이팬에 올리브유를 두르고 중불로 가열한 다음, 1의 감자를 약 4분간 볶는다. 소금을 뿌리고 베이컨, 양파를 첨가해 약 3분간 더 볶는다.

3. 달걀물 붓고 굽기

달걀물을 높은 지점에서 한 번에 둘러 가며 넣는다. 가장자리 부분이 굳기 시작하면 나무 주걱으로 약 10회 크게 섞는다. 프라이팬을 불에서 내려놓고, 젖은 행주 위에 올려 나무 주걱으로 끝에 붙은 부분을 떼어내면서 중앙으로 모아 모양을 다듬는다. 다시 중불로 약 1분간 굽는다.

4. 뒤집어서 완성하기

불을 끈 다음, 주방장갑을 끼고 프라이팬보다 조금 작은 접시를 씌운다(사진 1). 프라이팬째로 앞뒤를 뒤집어 접시에 낸다(사진 2). 접시에서 미끄러뜨리듯이 프라이팬으로 다시 담는다(사진 3). 약불로 모양을 다듬으면서 2~3분간 굽는다. 대나무 꼬치를 찔러서 달걀물이 흐르지 않으면 완성. 꺼내서 접시에 담고 먹기 편한 크기로 나누어 자른다.

1

2

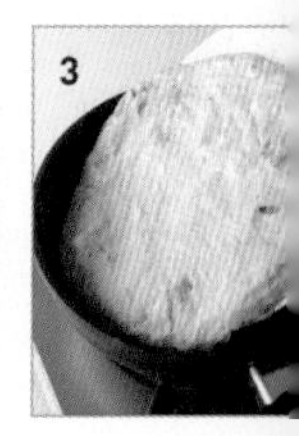
3

달걀말이

달걀에 다시국물을 첨가해 단맛을 줄인 기본 달걀말이입니다.
부드러운 식감과 은은한 감칠맛을 즐겨보세요.

재료 2인분
달걀 4개
식용유 적당량
푸른 차조기 2장
강판에 간 무 적당량
간장 적당량

A
다시국물 ▶ 170~172쪽 참조 3큰술
국간장 1작은술
미림 2작은술

1인분 190kcal
조리 시간 15분
–
한 김 식히는 시간은 제외한다.

1. 달걀물 만들기

볼에 달걀을 깨뜨려 넣고 잘 풀어서(약 30회) ▶ 104~105쪽 참조 A를 첨가해 섞는다.

2. 굽기

식용유를 키친타월에 묻혀 프라이팬에 얇게 바르고, 중불로 달군 다음 불에서 내려 젖은 행주 위에 올린다. 달걀물을 1국자 떠서 쫙 흘려 넣고 전체적으로 골고루 퍼지게 한다. 다시 중불로 가열해 약 10초간 굽고, 가장자리가 굳기 시작하면 떼어내서 자기 앞쪽으로 돌돌 만다. 반대쪽으로 밀어 넣고 빈 곳에 키친타월로 식용유를 얇게 바른다.

3. 말아가면서 굽기

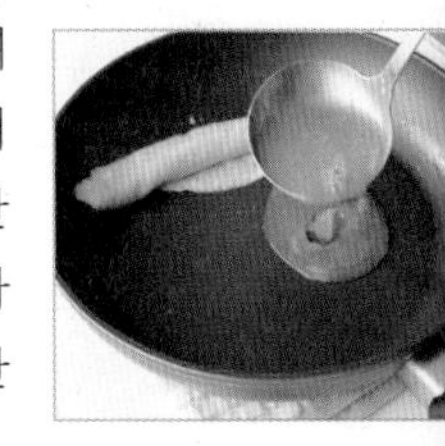

다시 불에서 내려서 젖은 행주 위에 올리고, 달걀물을 1국자 떠서 흘려 넣고 2와 똑같이 구으며 만다. 이것을 달걀물이 없어질 때까지 반복하고, 표면을 노릇노릇한 색으로 구워서 익힌다.

4. 마무리하기

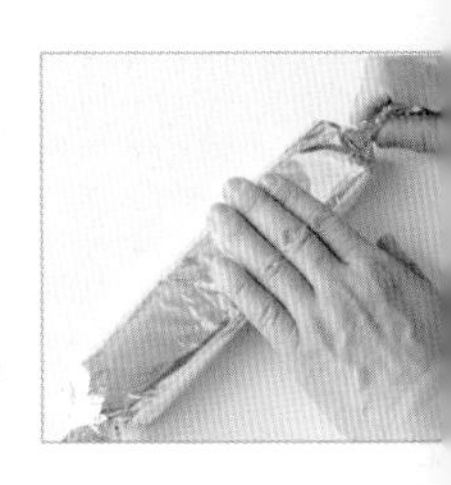

알루미늄 호일을 펼치고 뜨거울 때 3을 올려서 빠르게 돌돌 말아 모양을 다듬는다. 한 김 식으면 먹기 편한 크기로 자른다. 그릇에 푸른 차조기를 깔고 달걀말이를 담아 강판에 간 무를 곁들인다. 간장을 무에 끼얹는다.

풋완두 꼬투리 타마고토지

수북한 풋완두 꼬투리를 부드러운 달걀로 감싼 요리입니다.
국물을 머금은 달걀의 순한 맛이 매력적이지요.

재료 2인분
달걀 2개
풋완두 꼬투리 100g

A
미림 2큰술
소금 ½작은술
간장 약간

1인분 140kcal
조리 시간 15분
–
풋완두 꼬투리를 물에 담그는 시간은 제외한다.

1. 준비하기

풋완두 꼬투리는 찬물에 약 20분간 담가서 아삭하게 하고, 꼭지와 힘줄을 제거한다. 볼에 달걀을 깨뜨려 넣고 가볍게 풀어놓는다(약 10회). ▶104~105쪽 참조

2. 끓이기

약간 작은 프라이팬(또는 냄비)에 A를 넣고 중불로 가열해 끓어오르면 풋완두 꼬투리를 첨가하고 약 2분간 끓인다.

3. 달걀 풀기

풀어놓은 달걀물의 절반(국자로 약 1국자 분량)을 중앙에서부터 작은 원을 그리듯이 둘러가며 넣고, 20~30초간 끓인다. 나머지 달걀물을 전체적으로 둘러가며 넣고, 프라이팬을 흔들면서 달걀이 반숙 상태가 될 때까지 끓인다.

라멘 달걀

라멘의 토핑 재료로 인기가 좋은 양념 달걀.
파, 생강, 죽순 장아찌가 들어간 절임 국물에 넣기만 하면 되는 초간단 요리입니다.

재료 만들기 쉬운 분량
삶은 달걀* 3~4개

절임 국물
파 ¼개
생강 ½쪽
죽순 장아찌 25g
간장 1큰술
굴소스 ½큰술
설탕 ½큰술
참기름 ½작은술
후추 ¼작은술
물 ½컵

전체 310kcal
조리 시간 10분**

–

* 8분간 삶은 것. ▶147쪽 참조
** 절임 국물을 식히는 시간, 맛이 스며드는 시간은 제외한다.

1. 준비하기

파는 세로로 반을 자른 다음 얇게 어슷썬다. 생강은 껍질을 긁어내고 채썬다. 죽순 장아찌의 두꺼운 부분은 세로로 2~3등분해서 자른다.

2. 절임 국물 만들기

약간 작은 냄비에 절임 국물을 만들 재료를 넣고 중불로 가열한다. 끓어오르면 불을 끄고 식힌다.

3. 절이기

비닐 지퍼백에 절임 국물, 껍질 깐 삶은 달걀을 넣고 공기를 뺀 후 입구를 단단히 막는다. 냉장고에 넣어 6시간 이상 두고 맛이 스며들게 한다.

◆ 보존

냉장고에 넣고 약 일주일을 기준으로 그 안에 다 먹도록 한다.

채소 인기 레시피

◆

심플한 샐러드부터 뚝딱 만들어낼 수 있는 볶음 요리, 본연의 맛을 만끽할 수 있는 조림 요리, 미리 만들어놓을 수도 있는 마리네나 피클까지. 식탁을 풍성하게 만드는 채소 인기 레시피를 소개합니다.

포테이토 샐러드

적은 재료로 만들 수 있는 심플한 포테이토 샐러드.
양파의 풍미와 햄의 감칠맛이 감자의 부드러운 맛을 살려줍니다.

재료 2~3인분
감자 3개(450g)
양파 작은 것 ½개
소금 ¼작은술
햄 2장
마요네즈 6큰술

드레싱
식초 1큰술
소금 ¼작은술
후추 약간
올리브유 1큰술

1인분 320kcal
조리 시간 30분
–
감자를 물에 담그는 시간,
차갑게 식히는 시간,
양파에 소금을 묻혀두는 시간은
제외한다.

1. 감자 삶기

감자는 필러로 껍질을 벗겨서, 약 3cm 크기로 썬다. 물에 5분 정도 담갔다가 물기를 뺀다. 냄비에 감자를 넣고 감자가 잠길 정도의 물을 부어 중불로 가열한다. 끓어오르면 약불로 하고 뚜껑을 덮어 12~15분간, 대나무 꼬치를 찔러 쑥 들어갈 때까지 삶는다.

2. 밑간하기

불을 끄고 냄비를 기울여 삶은 국물을 버린다. 다시 중불로 켜서 1~2분간 가열하고 남은 수분이 끓어오르기 시작하면 불을 끄고 냄비를 흔든다. 이것을 2~3회 반복해서 감자의 표면을 바싹 마른 상태로 만든다. 감자를 볼에 넣고, 드레싱 재료를 첨가해 섞은 다음 식힌다.

3. 들어갈 재료 손질하기

양파는 섬유질을 따라 얇게 썰어서 다른 볼에 넣는다. 소금을 뿌려 섞고, 약 10분간 그대로 둔다. 햄은 사방 1cm로 자른다.

4. 버무리기

양파의 물기를 가볍게 짜고 2의 볼에 넣어 햄, 마요네즈를 첨가해 버무린다.

경수채와 잔멸치 샐러드

잔멸치를 바삭하게 볶아서 경수채에 뿌려 먹는 따뜻한 샐러드.
섞으면 경수채의 숨이 죽어 야들야들해져서 새로운 식감을 느낄 수 있어요.

재료 2인분
경수채 ⅔단(100g)
잔멸치 ⅓컵
참기름 2큰술
참깨 1큰술

A
식초 1큰술
간장 1큰술
후추 약간

1인분 180kcal
조리 시간 10분
–
경수채를 찬물에 담그는 시간은 제외한다.

1. 준비하기

경수채는 밑동 부분을 잘라내고 6~7cm 길이로 자른다. 경수채를 찬물에 넣고 20분간 두어 아삭하게 한다. 체에 밭쳐서 물기를 빼고 키친타월로 가볍게 감싸듯이 물기를 닦는다. 약간 큰 볼에 넣는다.

2. 잔멸치 볶기

약간 작은 프라이팬에 참기름을 두르고 중불에서 1~2분간 가열한 후, 잔멸치를 넣어 나무 주걱으로 저어주면서 노릇노릇하고 바삭해질 때까지 볶는다. 잔멸치가 부드러운 타입일 경우에는 중불로, 건조한 타입일 경우에는 약불로 타지 않도록 볶는다.

3. 섞기

2를 1의 볼에 넣고 참기름을 두른 후 숟가락과 조리용 젓가락으로 바닥에서부터 퍼내듯이 빠르게 섞어준다. A를 첨가해 섞고, 전체적으로 골고루 묻힌다. 그릇에 담아 참깨를 뿌린다.

우엉 샐러드

우엉의 향과 식감이 일품인 샐러드.
달콤 짭조름한 밑간과 마요네즈의 부드러운 맛이 배어 들어서 더욱 맛있어요.

재료 2인분
우엉 1줄기(150g)
당근 30g
마요네즈 3~4큰술
간 깨 1큰술
시치미토가라시 약간

밑간
간장 1큰술
설탕 1작은술
참기름 1작은술

1인분 230kcal
조리 시간 15분
–
우엉을 물에 담그는 시간,
물을 끓이는 시간,
식히는 시간은 제외한다.

1. 준비하기

우엉은 깨끗이 씻어서 껍질을 벗긴다. 약간 두껍게 채썰어 물에 5분간 담갔다가 물기를 뺀다. 당근은 깨끗이 씻어 껍질째 약간 두껍게 채썬다.

2. 데쳐서 밑간하기

냄비에 물 5컵을 끓인 후, 당근을 넣어 약 1분간 데치고 꺼내서 체에 밭친다. 남은 물에 우엉을 넣고 약 2분간 데친다. 체에 밭쳐서 물기를 빼고 볼에 옮겨 담는다. 뜨거울 때에 밑간 재료를 섞어서 첨가하고, 잘 섞어서 식힌다.

3. 섞기

2에 데친 당근을 첨가해 섞어주고, 마요네즈, 간 깨를 첨가해 잘 섞어준다. 그릇에 담아 시치미토가라시를 뿌린다.

여주 삼겹살볶음

돼지고기 삼겹살의 감칠맛이 좋아서 밥 반찬으로 그만이에요.
여주를 물에 담갔다 쓰면 쓴맛을 줄일 수 있답니다.

재료 2인분
여주 1개(250g)
돼지고기 삼겹살(얇게 썬 것) 200g
참기름 ½작은술
소금 약간

A
된장 2큰술
술 1큰술
설탕 1작은술
간장 1작은술

1인분 480kcal
조리 시간 15분
–
여주를 물에 담그는 시간은 제외한다.

1. 준비하기

여주는 세로로 반을 잘라 내용물과 씨를 제거하고 끝에서 8mm 간격으로 자른다. 물에 약 20분간 담갔다가 물기를 뺀다. 돼지고기는 5cm 폭으로 자른다. A는 섞어둔다.

2. 볶기

프라이팬에 참기름을 둘러 중불로 데우고 돼지고기를 펼쳐서 넣는다. 그대로 1~2분간 두고 고기 주위의 색이 변하면 중앙으로 모아 그 주변에 여주를 넣는다. 전체적으로 소금을 뿌리고 나무 주걱으로 여주를 가볍게 누르며 약 2분간 둔다. 앞뒤를 뒤집고, 중앙을 비워 A를 첨가한 후 잘 섞으면서 2~3분간 볶는다.

소송채 소시지볶음

뚝딱 하고 만들 수 있는 간편한 볶음 요리입니다.
소시지와 소송채의 어울림으로 맛이 더욱 살아난답니다.

재료 2인분
소송채 작은 것 1단(200g)
소시지 4개(20g)
식용유 2작은술
소금·후추 각 약간

1인분 200kcal
조리 시간 10분

1. 준비하기

소송채는 밑동을 조금 떼어내고, 5cm 길이로 자른다. 밑동이 두꺼운 부분은 세로로 반을 자르고, 잎과 줄기로 나누어 둔다. 소시지는 7~8mm 폭으로 어슷썬다.

2. 볶기

프라이팬에 식용유를 둘러 중불로 가열하고, 소시지를 넣어 빠르게 볶는다. 중앙을 비워 소송채 줄기를 넣고 잎을 올린다. 나무 주걱으로 가볍게 누르면서 약 1분간 데우고, 앞뒤를 뒤집으며 약 30초간 함께 볶는다.

3. 양념하기

센 불로 수분을 날리며 약 30초간 볶아서 숨이 죽으면 소금, 후추를 뿌려 섞어준다.

우엉 베이컨볶음

짭짤하면서도 고소한 맛의 베이컨과 아삭아삭 씹는 맛이 매력인 우엉은 그야말로 찰떡궁합!
흑후추의 매콤함이 맛을 더욱 잡아줍니다.

재료 2인분
우엉 1줄기(150g)
베이컨 2장(40g)
참기름 1큰술
흑후추(굵게 간 것) 약간

A
미림 1큰술
간장 2작은술

1인분 210kcal
조리 시간 15분

1. 준비하기

우엉은 깨끗이 씻어서 껍질을 벗긴다. 필러로 약 15cm 길이의 띠 모양으로 깎아서 물에 약 5분간 담갔다가 물기를 빼고, 키친타월로 남은 물기를 닦는다. 베이컨은 1cm 폭으로 자른다. A는 섞어둔다.

2. 볶기

프라이팬에 참기름을 두르고 중불로 가열한 다음, 베이컨을 펼쳐서 약 1분간 그대로 둔다. 우엉을 펼쳐서 첨가하고 그대로 약 1분간 두었다가 1~2분간 함께 볶는다.

3. 양념하기

일단 불을 끄고, A를 둘러가며 넣는다. 다시 중불을 켜서 섞으면서 국물이 거의 없어질 때까지 조린다. 흑후추를 뿌리고 섞는다.

마파가지

조금 많은 듯한 기름으로
가지를 튀기듯이 굽는 것이
맛의 비결입니다.
향미 채소와 다진 고기를
푹 끓여 만든 양념에
가지를 골고루 묻히면 완성!

재료 2인분
가지 3개
돼지고기 다진 것 100g
생강 ½ / 쪽파 ½개
두반장 1작은술 / 미소 2큰술
식용유 4~5큰술 / 참기름 1작은술
산초가루 적당량

A
간장 1큰술 / 청주 1큰술
설탕 1큰술 / 물 ½컵

물에 푼 전분
전분가루 2작은술 / 물 1⅓큰술

1인분 420kcal
조리 시간 20분

1. 준비하기

생강은 곱게 다지고, 파는 2~3mm 폭으로 송송 썬다. **A**와 물에 푼 전분은 각각 섞어 둔다. 가지는 꼭지를 떼어내고 세로 4등분으로 자른다.

2. 가지를 튀기듯이 굽기

프라이팬에 식용유 4큰술을 넣어 중불로 2~3분간 가열한 후, 가지의 절단면이 아래로 가게 나열해 넣고 뒤집으면서 4~5분간 튀기듯이 굽는다. 불을 끄고 키친타월을 깐 트레이에 꺼낸다.

3. 볶아서 조리기

2의 프라이팬에 기름이 줄어들면 식용유를 첨가해 약 1큰술로 만든다. 중불로 가열해서 생강을 가볍게 볶고, 두반장과 미소를 첨가해 볶는다. 향이 나면 다진 고기를 첨가해 풀어주면서 볶는다. 부슬부슬해지기 시작하면 파를 첨가해 휘릭 섞는다. **A**를 둘러가며 넣고, 끓어오르면 프라이팬을 중간중간 흔들어가면서 약 2분간 조린다.

4. 마무리하기

물에 푼 전분가루를 둘러가며 넣고 섞어서 걸쭉하게 한다. 2의 가지를 다시 넣고 앞뒤를 뒤집는다. 참기름과 산초가루를 뿌리고 섞는다.

샐러리 유부조림

은은한 단맛과 담백한 맛으로
샐러리의 산뜻한 향을 살립니다.
유부를 첨가해 반찬으로도 손색이 없어요.

재료 2인분
샐러리 2줄기 / 유부 1장(30g)
조림 양념장 미림 2큰술 / 소금 ½작은술 / 물 1컵
1인분 120kcal / 조리 시간 30분

1. 준비하기

샐러리는 심을 제거한다. 줄기는 길이 6cm, 폭 1cm의 봉 모양으로 썬다. 잎은 먹기 좋은 크기로 잘게 찢는다. 유부는 미지근한 물에서 조물조물 씻어서▶ 99쪽 참조 물기를 짠다. 세로로 반 자른 다음, 2cm 폭으로 더 자른다.

2. 조리기

작은 프라이팬에 조림 양념장 재료를 넣어 중불로 가열한다. 끓어오르면 샐러리 줄기, 유부를 첨가해 약불에서 약 20분간 조린다. 잎을 넣고 빠르게 섞는다.

단호박조림

조림 양념을 머금은 포슬포슬한 단호박.
어머니의 손맛이 느껴진답니다.

재료 2인분
단호박 ¼개(400g)
조림 양념장 미림 3큰술 / 간장 1큰술 / 소금 약간 / 물 ½컵
1인분 210kcal / 조리 시간 20분

1. 단호박 자르기

단호박은 씨앗과 꼭지를 제거하고, 4~5cm 크기로 자른다. 필러로 껍질을 군데군데 벗긴다.

2. 조리기

약간 작은 프라이팬에 조림 양념장 재료를 넣고 중불로 달군다. 끓어오르면 단호박의 껍질이 아래로 가게 죽 늘어놓는다. 다시 끓어오르면 약불로 하고, 물에 적신 키친타월을 올린 다음 뚜껑을 닫고 10~12분간 조린다. 대나무 꼬치를 찔러봐서 쑥 들어가면 불을 끈다.

구운 채소 절임

가츠오부시를 넣은 절임 국물에 참기름으로 고소하게 구운 채소를 담그기만 하면 OK.
일식 요리의 풍미가 깊숙이 스며듭니다.

재료 2~3인분
당근 ½개(80g)
연근 작은 것 1덩이(100g)
그린 아스파라거스 4개
참기름 1큰술

절임 국물
가츠오부시 1컵(6~7g)
미림 ¼컵
간장 2큰술
식초 1큰술
물 ¼컵

1인분 110kcal
조리 시간 15분
–
맛이 배게 하는 시간은 제외한다.

1. 준비하기

당근과 연근은 깨끗이 씻어서, 껍질째로 8mm 두께의 통썰기를 한다. 아스파라거스는 밑동 부분을 약간 잘라내고, 아래 절반 껍질을 필러로 군데군데 벗겨 길이를 반으로 자른다.

2. 절임 국물 만들기

트레이에 절임 국물 재료를 넣어 섞는다.

3. 구워서 절이기

프라이팬에서 참기름을 중불로 가열한 후, 1의 채소를 죽 나열해 넣고 약 4분간 굽는다. 뒤집어서 4분간 더 굽고, 꺼내서 뜨거울 때 2의 절임 국물에 넣는다. 식을 때까지 그대로 두고 맛이 잘 배게 한다.

양배추 초절임

식초를 첨가해 찜을 하면,
자와크라우트(양배추를 식초에 절인 독일 요리)처럼 깊은 맛이 납니다.

재료 만들기 쉬운 분량
양배추 4~5장(300g)
마늘 1쪽
올리브유 2큰술

A
식초 2큰술
설탕 1큰술
소금 ½작은술
물 ¼컵

전체 290kcal
조리 시간 15분
–
식히는 시간은 제외한다.

1. 준비하기

양배추는 1cm 폭으로 썬다. 마늘은 세로로 4등분해서 심을 제거한다. A를 합쳐서 섞어둔다.

2. 볶기

냄비에 올리브유와 마늘을 넣고, 중불에 가열한다. 향이 나기 시작하면 양배추를 첨가하고 앞뒤로 뒤집어주면서 약 2분간 볶는다.

3. 찌기

A를 붓고 위아래를 뒤집는다. 뚜껑을 덮어 약불로 약 10분간 찐다. 볼에 옮겨 담아서 식힌다. 취향에 따라 냉장고에서 차갑게 식혀도 좋다.

오이 피클

새콤달콤한 상큼함으로 질리지 않는 맛!
도시락 반찬으로도 좋아요.

재료 만들기 쉬운 분량
오이 3개
소금 3작은술

피클액
식초·물 각 ½컵
설탕 4큰술
소금 1작은술
흑후추(굵게 간 것) ½작은술
홍고추 1개

전체 130kcal
조리 시간 7분
—
물을 끓이는 시간,
맛이 배게 하는 시간은 제외한다.

1. 준비하기

오이는 소금을 묻혀 도마에 문지른다. 물로 깨끗이 씻어 키친타월로 물기를 닦고, 2cm 간격으로 썬다. ▶ 42~43쪽 참조 밀폐용기에 피클액 재료를 섞어 담아둔다.

2. 오이 데치기

냄비에 물 3컵을 넣어 센 불로 가열한다. 끓어오르면 중불로 하고, 오이를 넣어 약 2분간 데친 다음 자루에 밭쳐서 물기를 뺀다.

3. 피클액에 절이기

2를 뜨거울 때 피클액에 담가서 2시간 이상 두어 맛이 배게 한다.

◆ 보존

식으면 밀폐용기의 뚜껑을 덮어 냉장고에 보관하고, 약 10일간을 기준으로 그 안에 다 먹도록 한다.

당근 카레 피클

팔팔 끓인 피클액에 담그기만 하면 OK!
오독오독한 식감과 매력적인 향으로 입과 코를 동시에 즐겁게 만드는 피클이랍니다.

재료 만들기 쉬운 분량
당근(大) 1개(200g)

피클액
식초 ½컵
설탕 3큰술
소금 1작은술
카레가루 1작은술
물 ½컵

전체 230kcal
조리 시간 5분
–
맛이 배게 하는 시간은 제외한다.

1. 당근 썰기

당근은 깨끗이 씻어 껍질째로 길이를 반으로 자르고, 1cm 두께의 봉 모양으로 썬다.

2. 피클액에 담그기

냄비에 피클액 재료를 넣어 중불로 가열하고, 끓어오르면 그대로 약 1분간 끓인다. 1의 당근을 첨가해 약 30초간 끓인 다음 불을 끄고, 밀폐용기에 옮긴다. 3시간 이상 그대로 두어 맛이 배게 한다.

◆ 보존

밀폐용기에 담아 냉장고에 보관하고, 약 일주일을 기준으로 그 안에 다 먹도록 한다.

건어물&해조류 인기 레시피

◆

선조들의 지혜가 담긴 건어물 요리. 알맞은 식감으로 불려서, 맛이 촉촉하게 배도록 합니다. 은은한 맛이 있어 아무리 먹어도 질리지 않는 대표 인기 레시피를 배워 볼까요?

당면 샐러드

씹는 식감이 살아 있는 당면과, 소금물에 살짝 절여 적당히 숨이 죽은 부드러운 채소의 조화!
새콤달콤한 양념이라 밥과도 잘 어울리는 샐러드입니다.

재료 2인분
전분면 70g
양상추 2장
오이 1개
당근 ¼개(35g)
게맛살 2개

소금물
소금 ½작은술, 물 3큰술

중국식 드레싱
식초 2큰술
간장 2큰술
설탕 1작은술
두반장 ½작은술
참기름 2큰술

1인분 280kcal
조리 시간 10분
–
양상추를 물에 담가놓는 시간, 채소에 소금물을 뿌려놓는 시간, 물을 끓이는 시간은 제외한다.

1. 채소 준비하기

양상추는 먹기 좋은 크기로 잘게 찢어 찬물에 약 20분간 담가서 아삭하게 한다. 오이와 당근은 채썬다. 볼에 오이와 당근을 넣고 소금물을 둘러가며 넣어 골고루 묻혀서 약 10분간 둔다.

2. 전분면 준비하기

냄비에 물 5컵을 끓여서 전분면을 넣고 중불로 약 1분간 데친다. 물에 헹궈서 식힌 다음, 체에 밭쳐서 물기를 빼고 키친타월로 물기를 닦는다. 길면 주방 가위를 이용해 먹기 편한 길이로 자른다.

3. 밑간하기

중국식 드레싱을 만들 재료를 섞어둔다. 볼에 2의 전분면을 넣고 드레싱의 ½양을 첨가해 손으로 주무르듯이 버무린다.

4. 무치기

1의 양상추는 물기를 빼고, 오이와 당근은 물기를 짠다. 게맛살은 풀어헤쳐 놓는다. 3에 모두 넣고 남은 드레싱을 첨가해 손으로 조물조물하듯이 버무린다.

톳조림

말랑말랑한 톳에 달콤 짭조름한 맛이 잘 배어 있을 뿐만 아니라,
유부의 감칠맛까지 더해져 맛을 한층 더 풍성하게 만든답니다.

재료 2인분
말린 톳• 4큰술(20g)
유부 1장
당근 ⅓개(50g)
참기름 1큰술

A
미림 3큰술
간장 2큰술
물 ⅔컵

1인분 150kcal
조리 시간 40분••

–

• 잎 톳, 줄기 톳을 이용할 경우에는 불리는 시간을 30분으로 하고, 불린 후에 먹기 좋은 길이로 자른다.
•• 톳을 불리는 시간은 제외한다.

1. 톳 불리기

톳은 물에 빠르게 씻어서 물기를 뺀다. 물 2컵에 담가서 약 20분간 두어 부드럽게 불린다. 체에 밭쳐 키친타월로 물기를 닦는다. ▶102쪽 참조

2. 그 밖의 재료 준비하기

유부는 미지근한 물에서 조물조물 씻어 ▶99쪽 참조 물기를 짠다. 세로로 반 잘라서 1cm 폭으로 자른다. 당근은 깨끗이 씻어서 껍질째 채썬다. A는 합쳐서 섞어둔다.

3. 볶고 조리기

냄비에 참기름을 둘러 중불로 가열하고, 당근을 넣어 약 1분간 볶는다. 톳, 유부를 첨가해 볶고 기름이 돌면 A를 붓는다. 끓어오르면 물에 적신 키친타월을 씌우고 뚜껑을 덮어서 약불에서 15~20분간 더 끓인다. 뚜껑을 열고 약간 센 중불로 물기를 날리면서 약 5분간 조린다.

무말랭이와 채소 간장절임

산뜻한 초간장이 맛있게 배어 있는 무말랭이.
샐러리의 향이 상큼하게 더해진 샐러드 느낌의 즉석 절임이에요.

재료 2인분
무말랭이 40g
샐러리 1줄기(100g)
붉은색 파프리카 ½개(80g)
홍고추 1개

절임 국물
식초 ¼컵
간장 2큰술
미림 1큰술
물 ¼컵

1인분 120kcal
조리 시간 10분
–
냉장고에 넣어두는 시간은 제외한다.

1. 무말랭이 씻기

무말랭이는 빠르게 씻어서 물기를 뺀다. 볼에 담아 물 1컵을 붓고 조물조물 비벼 씻는다. 거품이 일기 시작하면 물기를 짜고, 이것을 2회 반복한다. ▶101쪽 참조

2. 다른 재료 썰기

샐러리는 잎과 줄기로 나눠서, 줄기는 심을 제거하고 얇게 어슷썰기를 한다. 잎은 2~3cm 폭으로 썩둑썩둑 썬다. 파프리카는 꼭지와 씨를 빼고, 4~5mm 간격으로 어슷썰기를 한다. 홍고추는 씨를 뺀다.

3. 절이기

볼에 절임 국물 재료를 넣고 잘 섞는다. 무말랭이를 넣고 풀어헤치면서 잘 섞고 2를 첨가해 더 섞는다. 냉장고에 넣고 1시간 정도 두어 맛이 배게 한다.

밥이 들어간 인기 레시피

◆

나도 모르게 자랑하고 싶어지는 밥 요리에 한번 도전해볼까요? 채소와 고기 등 풍부한 재료로 만든 영양밥, 고슬고슬한 볶음밥, 보기에도 예쁜 스시. 제대로 익혀두면 평생의 동반자가 되어줄 인기 레시피랍니다.

닭고기와 버섯을 넣은 영양밥

닭고기의 감칠맛이 밥에 고스란히 배어 있어요.
당근의 색감과 백일송이버섯의 향이 눈과 코를 모두 만족시켜 준답니다.

재료 2~3인분
쌀 360㎖
닭다리 살 1덩이(200g)
백일송이버섯 1팩(100g)
당근 ⅓개(50g)
간장 2큰술
파래가루

A
물 1½컵(300㎖)
소금 ⅓작은술
간장 1큰술

1인분 520kcal
조리 시간 10분
–
쌀을 체에 밭쳐두는 시간, 밥을 짓는 시간은 제외한다.

1. 준비하기

쌀은 밥하기 30분 전에 씻어서 체에 밭쳐 둔다. ▶163~164쪽 참조 백일송이버섯은 밑동을 잘라내고 작은 송이로 나눈다. 당근은 깨끗이 씻어 껍질째 5mm 폭의 은행잎 모양으로 썬다. 닭고기는 여분의 지방을 제거하고 3mm 크기로 썬다.

2. 재료에 밑간하기

볼에 닭고기, 백일송이버섯, 당근을 넣고 간장을 첨가해 골고루 묻힌다.

3. 밥하기

전기밥솥 내솥에 쌀을 넣고, A를 섞어서 부어 준다. 표면을 평평하게 하고 2를 양념한 통째로 올려서 펼친 후 평소대로 밥을 한다. 밥이 다 되면 잘 섞어서 그릇에 담고 파래가루를 뿌린다.

고슬고슬 볶음밥

고슬고슬한 밥에 햄과 표고버섯의 감칠맛, 부추의 풍미가 가미된 볶음밥.
밥에 달걀을 풀어 섞는 것이 고슬고슬하게 마무리하는 포인트입니다.

재료 2인분
밥* 400g
햄 6장
표고버섯 4장(60g)
부추 ½단(50g)
달걀 2개
소금 적당량
참기름 적당량
굴소스 2작은술
후추 약간

1인분 630kcal
조리 시간 15분

–

* 뜨거운 밥이든 찬밥이든 상관없다.

1. 준비하기

햄은 사방 1.5cm로 자른다. 표고버섯은 줄기를 떼어 얇게 썰고, 부추는 2cm 폭으로 썬다. 볼에 달걀을 깨뜨려 넣고 잘 풀어놓는다(약 30회). ▶ 104~105쪽 참조 다른 볼에 밥을 넣고, 풀어놓은 달걀, 소금 두 꼬집을 첨가해 나무 주걱으로 밥 전체가 노랗게 될 때까지 잘 섞는다.

2. 볶기

프라이팬에 참기름 2큰술을 넣어 중불로 가열하고, 표고버섯을 펼쳐 넣는다. 약 1분간 두었다가 앞뒤를 뒤집으면서 약 1분간 볶는다. 프라이팬의 중앙을 비워서 1의 밥을 넣는다. 밥 알갱이가 뭉개지지 않도록 나무 주걱을 세워서 밥을 썰듯이 쫙 펼치고 약 1분간 그대로 둔다. 나무 주걱으로 바닥에서부터 퍼서 뒤집고, 썰듯이 섞어주면서 약 3분간 볶고 햄, 부추를 첨가해 같이 볶는다. 밥이 고슬고슬하게 되고 달걀이 프라이팬 바닥에 눌어붙지 않을 때까지 볶는다.

3. 마무리하기

소금 ½작은술을 뿌리고, 프라이팬 중앙을 비워 굴소스를 가미해 약 1분간 볶는다. 후추를 뿌리고 약간의 참기름을 둘러 가며 넣는다. 센 불로 빠르게 볶아 향과 윤기를 낸다.

미니 김초밥

랩을 이용해 다양한 김초밥을 만들어봅시다.
토막 참치를 사용하면 저렴하게 참치 초밥을 먹을 수 있답니다.

재료 2~3인분(8개 분량)
쌀 360㎖(2합)
물 1¾ 컵(350㎖)
식용유 ½작은술
오이 1개
소금 1작은술
참치(회용/토막낸 것) 100g
구운 김(전장) 4장
고추냉이 적당량

초밥용 식초
식초 3큰술
설탕 1큰술
소금 1작은술

1인분 430kcal
조리 시간 20분
–
쌀을 체에 밭쳐두는 시간, 밥하는 시간, 초밥용 밥을 식히는 시간은 제외한다.

1. 밥하기

쌀은 밥을 하기 30분 전에 씻어서, 체에 밭쳐둔다. 전기밥솥의 내솥에 넣고 분량의 물과 식용유를 첨가해 섞은 다음 평소대로 밥을 짓는다. ▶163~165쪽 참조

2. 초밥용 밥 만들기

초밥용 식초를 만들 재료를 합쳐서 섞어둔다. 밥이 다 되면 큰 볼에 옮겨서 초밥용 식초를 둘러가며 넣는다. 주걱으로 밥을 자르듯이 섞어서 펼친 다음, 물에 적신 키친타월을 덮고 랩을 느슨하게 씌워서 체온 정도로 식힌다. ▶166쪽 참조

3. 속 재료 준비하기

오이는 소금을 묻혀 비빈 다음 ▶42쪽 참조 빠르게 씻어서 키친타월로 물기를 닦고 세로 4등분으로 자른다. 참치는 약 1cm 크기로 자른다. 김은 길이를 반으로 자른다.

4. 말기

랩을 펼치고 중앙에 김을 1장 올린다. 초밥용 밥의 ⅛양을 올려서 반대편에 1cm를 남기고 밥을 펼쳐놓는다. 중앙에 고추냉이를 바르고 참치의 ¼양(또는 오이 1조각)을 올린다(사진 1). 자기 앞쪽에서 랩을 통째로 들어 올려 돌돌 만다(사진 2). 나머지도 똑같은 방식으로 말아준다. 랩을 씌운 상태로 먹기 좋은 길이로 자르고, 랩을 벗겨서 담아낸다.

1

2

연어말이 초밥

훈제연어를 비스듬히 늘어놓고 랩으로 말면
맛도 좋고 보기에도 예쁜 초밥이 완성된답니다.

재료 2~3인분(2줄분)
쌀 360㎖(2합)
물 1¾컵(350㎖)
식용유 ½작은술
훈제연어 16장
푸른 차조기 10장
레몬 적당량

초밥용 식초
식초 3큰술
설탕 1큰술
소금 1작은술

1인분 470kcal
조리 시간 20분
–
쌀을 체에 밭쳐두는 시간, 밥하는 시간, 초밥용 밥을 식히는 시간은 제외한다.

1. 초밥용 밥 만들기

'미니 김초밥' ▶ 234쪽 참조의 1, 2와 똑같이 초밥용 밥을 만들어 4등분한다.

2. 속 재료 준비하기

푸른 차조기는 겹쳐서 가로로 길게 놓고, 줄기를 떼어내고 동그랗게 말아서 끝에서부터 채썬다.

3. 말기

랩을 가로로 길게 펼친 후 중앙에 훈제연어 8장을 약간 겹치듯이 비스듬하게 쫙 늘어놓는다. 초밥용 밥의 ¼양을 가로로 길게 올리고 푸른 차조기의 ½양을 올린다(사진 1).

1

그리고 초밥용 밥의 ¼양을 올려 랩을 앞쪽에서부터 들어 올리며 말아준다(사진 2). 알루미늄 호일에 올려서 감싼 다음 봉 모양으로 모양을 다듬는다. 나머지도 같은 방법으로 만든다. 알루미늄 호일에 싼 상태에서 먹기 좋은 길이로 자르고, 알루미늄 호일과 랩을 벗겨서 그릇에 담는다. 빗모양으로 자른 레몬을 곁들인다.

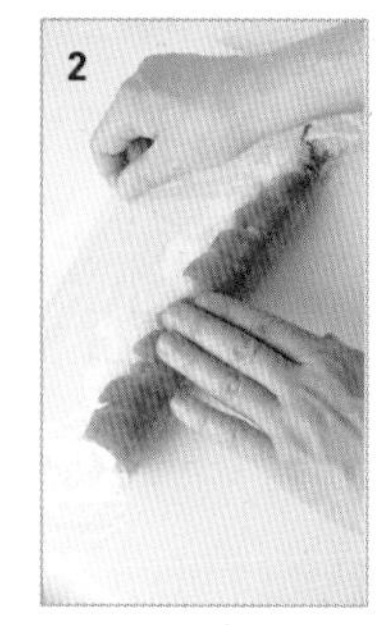
2

면 인기 레시피

◆

가정에서 면 요리를 즐길 때는 시간을 잘 맞춰 면을 삶고, 소스나 양념장의 비결만 확실히 파악해도 근사한 일품요리가 될 수 있습니다. 런치 메뉴나 술안주로도 안성맞춤이에요.

스파게티 페페론치노

마늘과 올리브유, 홍고추로 만드는 심플한 스파게티예요.
얇게 썬 마늘을 노릇해질 때까지 천천히 볶아서 은은한 마늘향을 내어보세요.

재료 2인분
스파게티 면 160g
마늘 3~4쪽
올리브유 4큰술
마른 홍고추 2개
소금 적당량
파슬리(다진 것) 1~2큰술

1인분 540kcal
조리 시간 20분
–
물 끓이는 시간은 제외한다.

1. 준비하기

마늘은 심을 제거한 다음 얇게 편썰기를 한다. 마른 홍고추는 물에 약 5분간 담가서 부드럽게 불린 다음 물기를 빼고 씨를 제거해 잘게 찢는다.

2. 스파게티 면 삶기

냄비에 약 2ℓ의 물을 끓여서 중불로 해두고, 소금 1큰술을 넣고 스파게티 면을 첨가한다. 포장지의 표시 시간보다 2분 전을 기준으로 삶기 시작한다.

3. 볶기

프라이팬에 1의 마늘, 올리브유를 넣어 중불에 볶는다. 마늘이 노릇노릇한 색이 되면 불을 끄고 홍고추, 소금 ½작은술, 파슬리를 첨가한다. 마늘이 탈 것 같을 때는 스파게티 면의 삶은 국물을 3~4큰술 첨가한다.

4. 스파게티 면과 합치기

다 삶은 스파게티 면을 집게로 집어 올려 3의 프라이팬에 넣고 다시 중불로 가열한다. 집게로 섞어주면서 20~30초간 수분을 묻히듯 볶는다.

스파게티 까르보나라

달걀노른자와 생크림으로 만드는 스파게티입니다.
노른자와 스파게티 면을 볼에서 같이 섞어주는 것이 부드럽게 마무리하는 요령이지요.

재료 2인분
스파게티 면 160g
베이컨 4장(80g)
마늘 1쪽
흑후추(굵게 간 것) 약간
소금 적당량
올리브유 1큰술

A
달걀노른자• 3개
생크림 ½컵
치즈가루 3~4큰술

1인분 870kcal
조리 시간 15분••

–

• 남은 달걀흰자는 미소국이나 수프에 넣어 이용한다.
•• 물 끓이는 시간은 제외한다.

1. 준비하기

베이컨은 2cm 폭으로 자른다. 마늘은 나무 주걱으로 눌러서 으깨고 심을 제거한다. 흑후추는 키친타월 사이에 껴서 스푼으로 눌러서 으깬다. 큰 볼에 A를 합쳐서 섞어 둔다.

2. 삶기

냄비에 물 2ℓ를 끓여서 중불로 한 후, 소금 1큰술을 넣고 스파게티 면을 첨가한다. 포장지의 표시 시간보다 2분 전을 기준으로 삶기 시작한다.

3. 볶기

프라이팬에 올리브유, 마늘, 베이컨을 넣어 중불에서 베이컨이 바삭하게 익을 때까지 약 5분간 볶은 다음 불을 끈다. 스파게티 면이 다 삶아졌으면 집게로 집어 올려 프라이팬에 넣고 중불로 20~30초간 볶는다.

4. 섞기

3을 1의 볼에 기름이 있는 채로 옮기고 빠르게 묻힌다. 그릇에 담아 흑후추를 뿌린다.

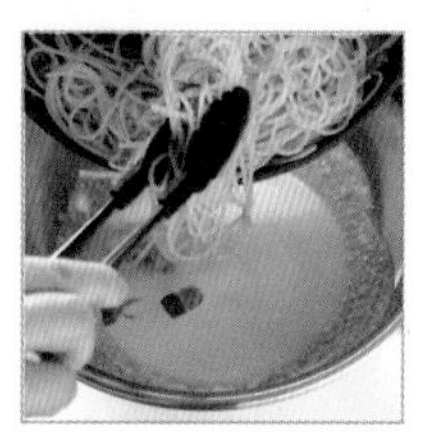

야키소바

돼지고기와 양배추, 양파로 만드는 심플한 요리예요.
남녀노소 누구나 다 좋아하는 맛이랍니다.

재료 2인분
중화면 2개(300g)
간장 1큰술
양배추 4~5장(200g)
양파 ½개
돼지고기 불고기용 100g
식용유 1큰술
붉은 생강절임 적당량

A
중화소스 3큰술
간장 2작은술

1인분 570kcal
조리 시간 15분

1. 준비하기

중화면은 봉지에서 꺼내 내열 접시에 담아 랩을 느슨하게 씌워 전자레인지(600W)에 약 1분간 돌린다. 이렇게 하면 면이 잘 풀어진다. 꺼내서 볼에 넣고 간장을 뿌린 후 면을 풀어주면서 전체적으로 묻힌다. 양배추는 사방 약 5cm로 자르고, 양파는 섬유질 방향을 따라 얇게 썬다. A를 합쳐서 섞어둔다.

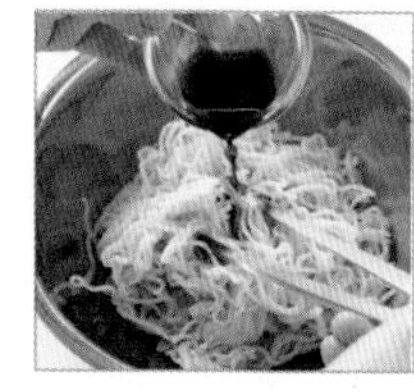

2. 볶기

프라이팬에 식용유를 둘러 중불로 가열하고, 돼지고기, 양배추, 양파를 순서대로 넣고 나무 주걱으로 가볍게 누르면서 약 1분간 데운다. 앞뒤를 뒤집으면서 약 1분간 볶는다. 프라이팬 중앙을 비워 중화면을 넣고 나무 주걱으로 중화면을 가볍게 누르면서 약 1분간 그대로 둔다. 나무 주걱과 조리용 젓가락으로 집어 가볍게 들어 올리면서 약 1분간 같이 볶는다.

3. 양념하기

다시 프라이팬의 중앙을 비우고 A를 첨가한다. 양념이 데워져 보글보글하기 시작하면 중화면에 고루 묻히면서 약 1분간 더 볶는다. 그릇에 담아 생강절임을 올린다.

붓카케소바

듬뿍 갈아 넣은 무와 매실 장아찌의 새콤한 맛이 더해져 상큼함이 두 배!
양념한 낫토를 묻혀 먹는, 국물이 필요 없는 메밀국수입니다.

재료 2인분
메밀국수 200g
무 ¼개
매실 장아찌 2개
낫토 2팩(100g)
간장 2큰술
쪽파 5줄기

1인분 440kcal
조리 시간 15분
–
물 끓이는 시간은 제외한다.

1. 준비하기

무는 강판에 갈아서 체에 밭쳐 가볍게 물기를 뺀다. 매실 장아찌는 씨를 제거한다. 낫토는 간장을 더해 잘 섞는다. 쪽파는 송송 썰어둔다.

2. 국수 삶기

냄비에 충분한 양의 물(약 2ℓ)을 끓여서, 메밀국수를 넣고 섞는다. 끓어오르면 약간 센 중불로 약 6분간(또는 표시 시간에 따라) 삶는다. 체에 밭쳐 흐르는 물로 헹구며 식히고 물기를 잘 뺀다. ▶149쪽 참조

3. 담기

메밀국수를 그릇에 담아 강판에 간 무즙, 낫토, 매실 장아찌를 올리고 쪽파를 흐트러뜨려 뿌린다.

경수채를 올린 유부 우동

다시국물의 감칠맛이 잘 밴 유부와 아삭한 경수채.
궁합이 좋은 두 재료의 조화로 우동의 맛이 일품이랍니다.

재료 2인분
냉동 우동면 2개(400g)
유부 1장(30g)
경수채 30g
시치미토가라시 약간

쯔유
다시국물▶ 170~172쪽 참조 3컵
간장 2큰술
미림 1큰술

1인분 370kcal
조리 시간 10분

1. 준비하기

유부는 미지근한 물에서 씻어 물기를 짜고, 세로로 반을 자른 다음 1.5cm 폭으로 썬다. ▶ 99쪽 참조

2. 쯔유 만들기

작은 냄비에 쯔유 만들 재료를 넣고 중불로 가열한다. 끓어오르면 유부를 첨가해 약 2분간 끓인 후 불을 끈다.

3. 우동 삶기

우동은 냉동된 상태 그대로 프라이팬에 넣고 물 2컵을 붓는다. 뚜껑을 덮고 센 불로 가열해 끓어오르면 뚜껑을 열어 조리용 젓가락으로 면을 풀어준다. 체에 밭쳐 찬물로 씻는다. ▶ 150쪽 참조

4. 담기

그릇에 우동을 담아 2를 붓고, 5cm 길이로 자른 경수채를 올린 후 시치미토가라시를 뿌린다.

국물 인기 레시피

◆

식재료 본연의 감칠맛을 최대한 끓여낸 국물이나 수프에는 몸과 마음을 따뜻하게 하는 힘이 있습니다. 건더기를 듬뿍 넣으면 한 끼 메뉴로도 손색이 없답니다.

닭고기 경단 버섯국

닭고기의 감칠맛이 가득한 부드러운 경단과 다시국물을 머금은 버섯의 조화로
훨씬 더 깊고 풍부한 맛을 즐길 수 있습니다.

재료 2인분

경단 재료

다진 닭고기 200g

달걀 1개

밀가루 3큰술

소금 ¼작은술

팽이버섯 ½봉지(50g)

잎새버섯 ½팩(50g)

쪽파 적당량

A

미림 2큰술

간장 1큰술

소금 ½작은술

1인분 310kcal

조리 시간 25분

1. 준비하기

팽이버섯은 밑동 부분을 떼어내고, 3cm 길이로 자른다. 잎새버섯은 작은 송이로 나눈다. 쪽파는 3~4cm 길이로 어슷썬다. 볼에 경단 만들 재료를 넣고 손으로 약 2분간 반죽한다.

2. 버섯 끓이기

냄비에 물 2½컵, 1의 팽이버섯과 잎새버섯을 넣고 중불로 가열한다. 끓어오르면 약한 불로 약 3분간 끓인다. A를 섞어서 첨가한다.

3. 경단 넣어 끓이기

1의 반죽을 숟가락 2개를 이용해 떠서 한입 크기로 둥글게 굴리고 2에 첨가한다. 전부 다 넣으면 다시 중불로 가열하고, 끓어오르면 약불로 낮춘다. 떠오르는 거품이나 불순물을 제거하면서 8~10분간 끓인다. 그릇에 담고 쪽파를 올린다.

돈지루

적당한 식감이 나도록 부드럽게 끓인 무와 당근.
돼지고기의 감칠맛이 푹 배어 있는 돼지고기 미소국입니다.

재료 2인분
돼지고기 삼겹살(얇게 썬 것) 150g
무 200g
당근 ⅓개(50g)
참기름 2작은술
파(파란 부분) 적당량

A
미소 2큰술
간장 1큰술

1인분 400kcal
조리 시간 25분

1. 준비하기

무, 당근은 8mm 두께의 은행잎 모양으로 썬다. 파는 송송 썰고, 돼지고기는 5~6cm 길이로 썬다.

2. 볶기

냄비에 참기름을 두르고 중불로 가열해, 무와 당근을 넣고 약 2분간 볶는다. 기름이 스며들면 돼지고기를 첨가해 색이 하얗게 변할 때까지 볶는다.

3. 끓이기

물 3컵을 부은 후, 끓어오르면 거품을 제거하고 약불에서 약 10분간 끓인다. 계량컵 같은 데에 A를 넣어 섞어주고, 국물을 국자로 ½국자 정도 더해서 풀어준다. 냄비에 다시 넣어 약 5분간 끓인다. 그릇에 담고 파를 올린다.

달걀국

부드러운 달걀이 주인공인 담백한 달걀국.
얇게 썬 표고버섯을 첨가해 향도 식감도 한층 업그레이드!

재료 2인분
달걀 1개
생표고버섯 30g
무순 30g
다시국물 ▶ 170~172쪽 참조 2컵

A
미림 1작은술
소금 ½작은술
간장 ½작은술

물에 푼 전분
전분가루 1작은술
물 2작은술

1인분 60kcal
조리 시간 15분

1. 준비하기

표고버섯은 줄기를 떼고, 얇게 썬다. 볼에 달걀을 깨뜨려 넣고 완전히 푼다(40~50회).
▶ 104~105쪽 참조

2. 끓이기

작은 냄비에 다시국물을 담아서 A를 넣고 중불로 가열해 끓어오르면 표고버섯을 첨가해 약 30초간 끓인다. 물에 푼 전분을 둘러가며 넣고 냄비 안을 크게 휘저어 걸쭉하게 한다.

3. 풀어놓은 달걀 첨가하기

국물이 끓어오르기 시작하면 풀어놓은 달걀의 ½양을 조금씩 흘려가며 넣는다. 그대로 약 5초간 두었다가 남은 달걀물을 똑같은 방식으로 넣는다. 조리용 젓가락으로 크게 천천히 휘젓고 불을 끈다. 그릇에 담고 밑동 부분을 자른 무순을 올린다.

클램 차우더

모시조개를 우유로 끓여
부드러운 크림 맛을 느낄 수 있는 대표적인 수프.
우유는 팔팔 끓지 않도록 불 조절을 잘해서
풍미를 살리는 것이 중요해요.

재료 2인분
모시조개 200g
양파 ¼개(50g)
감자 1개(150g)
버터 1큰술
우유 1½컵
소금 ½작은술
후추 약간
파슬리(다진 것) 적당량

소금물
소금 1작은술
물 1컵

부르마니에
버터 2큰술
밀가루 2큰술

1인분 350kcal
조리 시간 20분
–
모시조개를 해감하는 시간,
버터를 실온 상태로 만드는 시간은
제외한다.

1. 준비하기

모시조개는 소금물에 30분 이상 담가서 해감을 하고, 씻어서 물기를 뺀다.▶96쪽 참조 부르마니에 할 버터는 실온에 꺼내놓고 밀가루를 첨가해 반죽한다.▶126쪽 참조 양파와 감자는 각각 1cm 크기로 썬다.

2. 볶아서 끓이기

냄비에 버터를 넣어 중불로 가열하고, 양파, 감자를 넣어 약 3분간 볶는다. 모시조개, 물 ½컵을 첨가해 팔팔 끓이고 조개의 입이 벌어지면 꺼낸다. 우유를 붓고 끓어오를 것같이 되면 약불로 약 5분간 끓인다.

3. 마무리하기

섞어놓은 부르마니에 위에 국물을 약 ½국자 첨가해서 잘 푼 후 냄비에 넣고 섞어서 걸쭉하게 한다. 2의 모시조개를 다시 넣어 약 30초간 끓이고 소금, 후추로 간을 맞춘다. 그릇에 담아 파슬리를 흩뿌린다.

미네스트로네

미네스트로네(Minestrone)는 채소, 파스타 등으로 만든 이탈리아 전통 수프입니다.
5가지 채소 맛이 응축된 부드러움에 베이컨과 마늘로 깊은 맛을 더했지요. 속을 든든하게 채울 수 있답니다.

재료 2인분
감자(남작) 1개(150g)
당근 ½개(100g)
양파 ½개(100g)
피망 1개
양배추 2~3장(150g)
베이컨 3장
마늘 1쪽
올리브유 3큰술

국물
소금 1작은술
식초 1작은술
물 2컵

1인분 400kcal
조리 시간 40분

1. 준비하기

감자는 세로로 4등분해서 1cm 폭으로 자른다. 물에 약 5분 정도 담갔다가 물기를 뺀다. 당근은 1cm 두께의 은행잎 모양으로 썬다. 양파는 1.5cm 크기로 썰고, 피망은 세로로 반을 잘라 꼭지와 씨를 제거하고 사방 1.5cm로 썬다. 양배추는 사방 2cm로 썬다. 베이컨은 2cm 폭으로 자르고, 마늘은 굵게 다진다.

2. 볶아서 끓이기

냄비에 올리브유 2큰술, 마늘을 넣고 중불로 가열해 향이 나면 감자, 양파를 첨가해 약 2분간 볶는다. 올리브유 1큰술을 더 넣고 베이컨을 첨가해 재빠르게 볶는다. 양배추, 당근을 첨가해 약 2분간 더 볶는다.

3. 마무리하기

국물 재료를 넣어 표면을 평평하게 하고 뚜껑을 덮는다. 끓어오르면 피망을 넣고, 또 다시 끓어오르면 약불로 낮추고 뚜껑을 덮어 15~20분간 끓인다.

비네거수프

채소의 순한 맛에 버터로 풍미를 더했어요!
소시지의 진한 감칠맛에 식초의 새콤함이 잘 어울리는 수프입니다.

재료 2인분
비엔나소시지 2~3개(60g)
양파 ½개(100g)
샐러리 줄기 1줄기(80g)
토마토 1개(200g)
식용유 1큰술
버터 1큰술(10g)
식초 2작은술
흑후추(굵게 간 것) 약간

A
소금 ½작은술
물 1½컵

1인분 230kcal
조리 시간 20분

1. 준비하기

소시지는 2cm 폭으로 자르고 양파는 1.5cm 크기로 썬다. 샐러리는 심을 제거하고 1.5cm 폭으로 썬다. 토마토는 꼭지를 떼고 2cm 크기로 썬다. A를 섞어놓는다.

2. 볶아서 끓이기

냄비에 식용유를 둘러 중불로 가열하고, 소시지를 약 1분간 볶는다. 향이 나기 시작하면 양파, 샐러리를 첨가해 약 2분간 볶는다. 토마토를 더해 약 2분간 더 볶고, 섞어놓은 A를 따른다. 끓어오르면 약불로 낮추고 중간중간 거품을 걷어내면서 7~8분간 끓인다.

3. 마무리하기

버터, 식초 순으로 첨가해 섞어서 버터를 녹인다. 그릇에 담고 흑후추를 뿌린다.

중국식 콘수프

다진 닭고기를 섞어 푼 달걀로 감칠맛이 업그레이드!
옥수수의 단맛과 합쳐져 진한 맛을 느낄 수 있는 수프입니다.

재료 2인분

달걀물
달걀 1개
닭고기 다진 고기 50g
간장 1작은술

콘 작은 것 ⅔캔
(통조림, 150g)*
쪽파 적당량

A
참기름 ½작은술
소금 ½작은술
후추 약간

물에 녹인 전분가루
전분가루 2작은술
물 4작은술

1인분 160kcal
조리 시간 10분

–

* 나머지는 스크램블 에그나 미소국 등에 넣으면 좋다.

1. 준비하기

볼에 달걀을 깨뜨려 넣고 멍울 없이 깔끔하게 잘 풀어서(40~50회)▶104~105쪽 참조 다진 고기, 간장을 첨가해서 달걀물을 만든다.

2. 끓이고 걸쭉하게 만들기

작은 냄비에 콘, 물 1½컵, A를 넣고 중불로 가열한다. 끓어오르면 물에 녹인 전분가루를 둘러가며 넣고 저어서 걸쭉하게 만든다.

3. 달걀물을 첨가해 마무리하기

다시 끓어오르기 시작하면 1의 달걀물을 한 국자 떠서 빙 둘러가며 넣고 약 5초가 지나면 나머지 달걀물을 넣는다. 20초 정도 끓여서 다진 고기가 익으면 조리용 젓가락으로 크게 섞고 불을 끈다. 그릇에 담고 쪽파를 올린다.

부록

요리가 더 맛있어지는 양념장&소스

음식을 하나하나 만드는 것이 익숙해졌다면,

수고스러움을 줄이고도 요리가 더 맛있어지는 비장의 비법을 소개하겠습니다.

양념장과 소스로 여러분의 레퍼토리도 훨씬 더 다양해질 거예요.

쓰임이 많은 '양념장'

깊은 맛을 간편하게 즐기기에는 직접 만든 양념장만 한 것이 없지요. 그대로 뿌려도 좋고 조미료처럼 사용해도 OK. 시판 양념장으로는 맛볼 수 없는 특별한 맛을 느낄 수 있어 더욱 좋답니다.

일본풍 검은 양념장

간장과 미림만으로 양념을 한 양념장입니다. 푹 졸여서 국물을 없애면 좀 더 오래 보존할 수 있어요.

전체 340kcal / 조리 시간 15분

재료 만들기 쉬운 분량(약 300㎖)
팽이버섯 2봉지(300g) / 구운 김(전장) 4장
간장 6큰술 / 미림 4큰술

1. 준비하기

팽이버섯은 밑동을 자르고, 1cm 폭으로 자른다. 김은 사방 1~2cm로 찢는다.

2. 끓이기

냄비에 1, 간장, 미림을 넣어서 섞고 뚜껑을 닫아 중불로 가열해 약 3분간 끓인다. 뚜껑을 열어 앞뒤를 뒤집고 계속해서 저어주면서 4~5분간 국물이 거의 없어질 때까지 졸인다.

◆ 보존

밀폐용기에 옮겨 담고 식으면 뚜껑을 덮어 냉장고에 넣는다. 약 3주를 기준으로 그 안에 다 사용하도록 한다.

◆ 활용 예

볶음밥 양념으로 사용하거나 삶은 돼지고기를 찍어 먹어도 좋고, 파스타나 데친 시금치에 곁들여도 좋다. 뜨거운 물을 부으면 즉석 국물로 변신하기도 한다.

밥에 올려서

뜨거운 밥에 '일본풍 검은 양념장'을 올리면 고소한 김의 향기가 식욕을 자극한다. 뜨거운 차를 부어 오차즈케(녹차를 우려낸 물에 밥을 말아 먹는 음식)로 먹어도 좋다.

만들어봅시다! 

닭고기 검은 양념장볶음

재료 2인분 1인분 330kcal / 조리 시간 10분
닭 가슴살 1덩이(200g) / 당근 ½개(80g) / 밀가루 1큰술 / 식용유 1큰술 / 일본풍 검은 양념장 6큰술

1 당근은 채를 썬다. 닭고기는 세로로 반을 자른 다음 얇게 잘라서 밀가루를 묻힌다.
2 프라이팬에 식용유를 둘러 중불로 가열하고, 껍질을 아래로 해서 닭고기를 한 토막씩 넣는다. 그 주변에 당근을 펼쳐 넣고 그대로 약 2분간 둔다. 앞뒤로 뒤집어 약 1분간 함께 볶는다.
3 일본풍 검은 양념장을 첨가해 전체적으로 묻힌다.

만능 마늘간장

간장에 굴소스와 참기름으로 감칠맛과 풍미를 더했어요. 굵게 다진 마늘의 식감도 아주 매력적이지요. 하루만 두어도 맛이 잘 배어난답니다.

전체 580kcal / 조리 시간 5분(냉장고에서 맛을 숙성시키는 시간은 제외한다.)

재료 만들기 쉬운 분량(약 300㎖)
마늘 4쪽 / 간장 6큰술 / 굴소스 6큰술
식초(담백한 맛의 곡물 식초가 좋다.) 4큰술
설탕 2큰술 / 청주 2큰술 / 참기름 2큰술

1. 준비하기

마늘은 굵게 다진다.

2. 섞기

볼에 마늘과 나머지 재료를 넣고 고무 주걱으로 잘 섞는다. 냉장고에 하루 정도만 있어도 맛이 잘 숙성된다.

◆ 보존

밀폐용기에 옮겨 담고, 뚜껑을 덮어 냉장고에 넣는다. 약 1개월을 기준으로 그 안에 다 사용한다.

◆ 활용 예

구운 고기의 양념장 개념으로, 고기의 밑간으로 쓰거나 찍어 먹는 양념장이다. 중국풍 드레싱으로 샐러드에 사용해도 좋다. 참치 회에 곁들이거나 삶은 달걀에 뿌리면 인상적인 일품요리가 된다.

두부에 뿌려서!

'만능 마늘간장'을 잘 섞어서 잘라놓은 두부에 뿌리면 깊은 맛을 느낄 수 있는 중국풍 냉두부가 된다.

땅콩버터장

땅콩버터와 양념을 섞기만 하면 에스닉풍의 맛이 나면서 레퍼토리를 더욱 확장할 수 있어요. 취향에 따라 고추기름을 가미해도 OK.

전체 620kcal / 조리 시간 5분

재료 만들기 쉬운 분량(약 150㎖)
땅콩버터(가당/알갱이 타입) 6큰술(약 80g)
설탕 2큰술(땅콩버터의 단맛이 강할 경우, 1큰술로 줄인다.)
A 간장 3큰술 / 식초 1큰술 / 물 1큰술

1. 땅콩버터 개기

볼에 땅콩버터를 넣고 고무 주걱 등으로 약 1분간 갠다. 이렇게 하면 향이 좋아진다.

2. 섞기

설탕을 첨가해 땅콩버터에 갈아서 섞어 넣듯이 잘 섞는다. A를 조금씩 첨가하고, 그때마다 고무 주걱으로 잘 섞는다.

◆ 보존

밀폐용기에 옮겨 담고 뚜껑을 닫아 냉장고에 넣는다. 약 3주를 기준으로 그 안에 다 사용한다.

◆ 활용 예

데친 채소와 튀긴 두부, 잘게 찢은 양배추 등에 뿌려서 샐러드로, 구운 떡에 바르거나 구운 고기나 생선의 양념에 가미해도 OK. 굳었을 때는 소량의 물이나 우유를 타서 묽게 하면 좋다.

구운 떡에 발라서!

떡을 오븐토스터나 프라이팬에서 노릇하게 구워 뜨거울 때에 달콤 짭조름한 '땅콩버터장'을 바른다.

수제 '소스'

화이트소스나 레드와인소스를 만들어두면 고급 레스토랑 못지않은 맛을 즐길 수 있습니다. 순서대로 만들면 초보자도 쉽게 성공할 수 있답니다. 친숙한 재료들로 특별한 소스를 만들어보세요.

화이트소스

크림 요리에 결코 빠질 수 없는 화이트소스. 넉넉하게 만들어서 냉동 보관해두면 편리하지요.

전체 840kcal / 조리 시간 15분

재료 만들기 쉬운 분량(약 450㎖)
버터 4큰술(50g) / 밀가루 3큰술(30g)
우유 2½컵 / 소금 ½작은술 / 후추 약간

1. 밀가루 볶기

버터는 1cm 크기로 자른다. 작은 냄비에 버터를 넣고 중불로 가열한다. 버터가 녹으면 밀가루를 체에 넣고 흔들면서 첨가한다. 고무 주걱으로 재빨리 섞고, 약 1분간 볶는다.

2. 우유 첨가하기

불에서 내려 젖은 행주 위에 올리고, 우유 1큰술 정도를 첨가해 빠르게 젓는다. 이것을 3~4회 반복한다. 매끄러워지면 남은 우유를 2~3회에 나눠 첨가하고, 그때마다 잘 젓는다.

3. 졸이기

우유를 전부 다 넣었으면 다시 중불로 가열하고, 저어 주면서 졸인다. 몽글몽글 기포가 나고 끓어오르기 시작하면 2~3분간 더 저어주면서 졸인다. 두툼하게 고무 주걱으로 긁어서 바닥이 보일 정도의 농도가 되면 소금, 후추를 첨가해 섞어준다.

브로콜리에 뿌려서!

뜨거운 물로 데친 브로콜리에 따뜻한 '화이트소스'를 듬뿍 뿌려서 묻혀 먹는다.

◆ 보존

밀폐용기로 옮겨 담고 식으면 뚜껑을 덮어 냉장고에 보관한다. 또는 지퍼백에 넣어 식힌 다음 냉동시킨다. 보존 기간은 냉장에서 약 2주, 냉동에서 약 1개월이 기준. 냉동된 것을 사용할 때는 자연 해동시킨다. 푹 끓이는 요리에는 냉동된 채 넣어도 된다.

◆ 활용 예

갓 만든 소스(또는 전자레인지로 데워서)는 파스타에 쓰거나 데친 채소에 곁들여도 맛있고, 식빵에 발라 햄과 치즈를 올려서 구워도 맛있다. 우유로 희석해서 오믈렛의 소스로 쓰는 것도 추천한다.

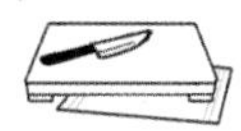

새우 순무 크림스튜

재료 2인분 1인분 350kcall / 조리 시간 30분
새우(두절새우) 8마리(150g) / 소금 · 후추 각 적당량 / 밀가루 2작은술
순무 3~4개(200~250g) / 순무 잎(부드러운 부분) 적당량 / 백일송이버섯 1팩(100g)
버터 1½큰술(20g) / 화이트소스 1컵

1 새우는 껍질을 벗겨 등에 칼집을 내고, 등에 있는 내장은 제거한다. 물로 씻어서 키친타월로 물기를 닦는다. 소금, 후추를 약간씩 뿌리고 밀가루를 묻힌다. 순무는 세로로 4등분하고 잎은 4~5cm 길이로 자른다. 백일송이 버섯은 줄기를 떼어내고 작은 송이로 나눈다.
2 냄비에 버터를 넣어 중불로 녹이고, 새우, 백일송이버섯을 약 1분간 볶는다. 불을 끄고 트레이 위에 꺼내놓는다.
3 **2**의 냄비에 물 1컵, 순무를 넣고 다시 중불로 가열한다. 끓어오르면 뚜껑을 덮고 약불에서 10분간 끓인다. 화이트소스를 첨가해 풀고, 새우와 백일송이버섯을 다시 넣어 순무 잎을 넣는다. 중불로 가열해 끓어오르면 약불로 5분 정도 끓인다. 소금, 후추를 약간씩 넣어 간을 한다.

레드와인소스

센 불로 한 번에 바짝 졸이면 알코올 성분이 날아가 와인의 풍미가 부드러워집니다. 벌꿀의 단맛과 진한 맛이 맛을 더 깊게 한답니다.

전체 730kcal / 조리 시간 15분

재료 만들기 쉬운 분량(약 200㎖)
레드와인 ½컵 / 마늘 2쪽
A 간장 8큰술 / 벌꿀 6큰술 / 식초 3큰술

1. 재료 섞기

마늘은 다져둔다. 프라이팬에 마늘, A를 넣고 고무 주걱 같은 것으로 섞어주고 레드와인을 부어 한 번 더 섞어준다.

2. 졸이기

1을 센 불로 가열하고, 가볍게 저어주면서 푹 끓여서 거품이나 불순물을 제거한다. 그대로 약 8분간, 국물의 양이 줄어들기 시작해 반 정도가 될 때까지 바짝 졸인다.

◆ 보존

밀폐용기에 옮겨 담고, 식으면 뚜껑을 덮어 냉장고에 넣는다. 약 1개월을 기준으로 그 안에 다 사용하도록 한다.

◆ 활용 예

스테이크 같은 육류나 삶은 달걀에 뿌려도 좋다. 양파나 루콜라, 믹스 리프 같은 향이 좋은 채소나 요구르트, 아이스크림 등의 유제품에도 잘 어울린다. 조림이나 구이의 양념장으로 사용해도 좋다.

로스트비프에 뿌려서!

시판용 로스트비프에 얇게 썬 양파나 물냉이를 곁들여 담고, 레드와인소스를 뿌린다.

초보자의 '메뉴' 선정

메뉴의 기본 '일즙삼채'는 1가지 국물에 3가지 반찬이라는 의미.
하지만 꼭 이렇게 고집하지 않아도 괜찮아요.

주인공이 될 메인 반찬과 채소를 사용한 간단한 서브 반찬 2가지를 중심으로 하고, 국물을 곁들인 심플한 메뉴라면 문제없어요. 메인 반찬은 고기나 생선을 선택합니다. 서브 반찬은 메인 반찬과 다른 식재료나 양념으로 준비하면 변화를 줄 수 있어요. 메인 반찬에 곁들이는 것이 많을 때나 국물에 건더기가 많다면 서브 반찬을 줄여도 괜찮아요.

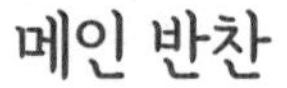

메인 반찬

돼지고기 생강구이 ▶ 181쪽

전갱이 튀김 ▶ 201쪽

육즙이 촉촉한 햄버그 ▶ 188쪽

\+

서브 반찬

소송채 겨자무침 ▶ 159쪽

토마토 샐러드 ▶ 42쪽

포테이토 샐러드 ▶ 215쪽

\+

국물

나메코 미소국 ▶ 174쪽

돈지루 ▶ 244쪽

달걀국 ▶ 245쪽

초보자가 하기 쉬운 '실수'

재빠르게만 하려는 것은 실수의 원인이 됩니다.
각 요리 포인트를 잘 파악하는 것이 중요해요.

손이 빠른 것이 곧 '요리를 잘함'을 뜻하는 것은 아닙니다. 요리에 따라서 천천히 해야 더 맛있게 되는 경우도 있으니까요. 이 책에서는 초보자가 실수하지 않고 만들 수 있도록 순서나 분량, 불 조절 등을 설명해두었으니 서두를 필요가 없습니다. 잠깐 그대로 두었다가 볶기 시작하는 등 정성스러운 작업이 맛의 결정타가 되는 경우도 많아요. 레시피에 적힌 포인트를 놓치지 말고 잘 만들어봅시다.

채소볶음을 할 때 채소를 넣고 곧바로 섞으면 NG!

물기가 생겨서 채소가 숨이 죽어요.

▶바르게 만드는 방법 116쪽 참조

튀김옷을 밀가루, 달걀, 빵가루의 순서대로 대강 묻히면 NG!

돈가스 튀김옷이 떨어지고 고기도 질겨요.

▶바르게 만드는 방법 131쪽 참조

볶음밥을 만들 때 밥을 갑자기 넣어 볶으면 NG!

잘 섞이지 않고 색깔도 얼룩덜룩해져요.

▶바르게 만드는 방법 233쪽 참조

재료별 요리 색인

채소

육류

요리별 재료 손질부터 익히는
나만의 일본 가정식 (원제 : NHK「きょうの料理ビギナーズ」ハンドブック基本がわかる! ハツ江の料理教室)

1판 1쇄 2017년 12월 1일
개정판 1쇄 2020년 3월 16일

지 은 이 다카키 하츠에
옮 긴 이 김영주

발 행 인 주정관
발 행 처 북스토리라이프
주 소 경기도 부천시 길주로 1 한국만화영상진흥원 311호
대표전화 032-325-5281
팩시밀리 032-323-5283
출판등록 2016년 3월 8일 (제387-2016-000012호)
홈페이지 www.ebookstory.co.kr
이 메 일 bookstory@naver.com

ISBN 979-11-88926-09-1 13590

이 도서의 국립중앙도서관 출판시도서목록(CIP)은 서지정보유통지원시스템 홈페이지(http://seoji.nl.go.kr)와 국가자료공동목록시스템(http://www.nl.go.kr/kolisnet)에서 이용하실 수 있습니다.(CIP제어번호: CIP2020007433)